U0892816

点阵 LCD 驱动显控原理与实践

张新强　编著

北京航空航天大学出版社

内 容 简 介

本书主要从单片机编程方面介绍点阵 LCD 显示模块的驱动显控原理，总结出一套通用于各种单片机平台并适用于各种点阵 LCD 模块的驱动程序。在此基础上，重点讲解了将该驱动程序移植至不同单片机平台的方法，以及几种针对具体的 LCD 模块特性调整驱动程序的方法。

以 MCS-51 单片机为基础，以 ST 公司推出的 STM32 系列 32 位微控制器作为介绍应用的平台，以 Keil μVision 集成开发环境作为程序设计和调试的环境。所有程序都使用 C 语言编写，所以，书中例程及编程方法亦适用于其他单片机平台。

本书适合普通高校计算机类、电子类、电气自动化等专业学生作为参考用书。同样，也适用于电子爱好者以及从事嵌入式应用设计的工程师作为实践工作的参考。

图书在版编目(CIP)数据

点阵 LCD 驱动显控原理与实践/张新强编著. —北京：北京航空航天大学出版社，2010.3
ISBN 978-7-5124-0021-4

Ⅰ.①点… Ⅱ.①张… Ⅲ.①液晶显示器—电路设计 Ⅳ.①TN873

中国版本图书馆 CIP 数据核字(2010)第 023135 号

点阵 LCD 驱动显控原理与实践
张新强 编著
责任编辑 董立娟
*
北京航空航天大学出版社出版发行
北京市海淀区学院路 37 号(100191) 发行部电话：010-82317024 传真：010-82328026
http://www.buaapress.com.cn E-mail:emsbook@gmail.com
北京市媛明印刷厂印装 各地书店经销
*
开本：787×960 1/16 印张：15.5 字数：347 千字
2010 年 3 月第 1 版 2010 年 3 月第 1 次印刷 印数：4 000 册
ISBN 978-7-5124-0021-4 定价：28.00 元

前　言

本书主要介绍一种通用点阵 LCD 显示模块的驱动编程方法(在本书中被称为通用 LCD 驱动程序),该驱动程序可以方便地移植到不同的单片机上使用,也可以经过简单的修改应用到不同的 LCD 模块应用中。本书以一款较典型规格的 COG 单色点阵 LCD 模块为例,详细介绍 LCD 模块的驱动方法、构建通用 LCD 驱动程序的思路,以及基于该通用 LCD 驱动程序的简单菜单应用程序、移植驱动程序的方法。本书从最底层 LCD 模块的接口驱动编程到稍上层的字符显示、绘图显示编程来介绍通用 LCD 驱动程序的编程思想;此外,在介绍了几种不改变通用 LCD 驱动程序架构的基础上,利用 LCD 模块及单片机本身的特性来提高驱动程序效率的方法;结合彩色 TFT 显示模块,介绍几种彩色图像的显示方法以及简单的综合应用方案供读者参考。笔者将本书的内容以及程序呈现给读者,但不希望读者以完全照搬的方式来使用书中介绍的程序,而是希望带给读者一种驱动控制的编程方法。

书中的部分内容已于 2007 年在网络上推出第一版,很多阅读过的朋友都反映不错,给予了笔者一定的肯定,此为笔者最感欣慰之事。而随着时间的推移,笔者又在多种单片机平台以及多种产品设计当中使用了本书介绍的通用 LCD 驱动程序;而对于不同种类的 LCD 模块,笔者也将通用 LCD 驱动程序套用于其中,实践证明了它的可移植性和通用性。不过,随着单片机平台以及 LCD 模块的变化,在很多应用中,或多或少都对原版的通用 LCD 驱动程序进行了改进,以便于充分发挥单片机及 LCD 模块的性能,这点在本书中将会有一章的内容来介绍。

本书在介绍基于单色点阵 LCD 模块的通用 LCD 驱动程序时,以 MCS-51 单片机为介绍的重点,以便于众多具备 51 单片机编程基础的读者能够更快地理解;而对于近两年风靡 MCU 市场的 ST 公司的 STM32 系列 32 位 ARM 芯片,本书也针对它编写了大量的例程,并且在第 4 章中详细介绍如何将本书介绍的 LCD 驱动程序移植到该系列 MCU 之上。

本书更适合什么样的 LCD 模块?

本书主要针对单色的点阵 LCD 进行介绍,而且是针对本身就集成了驱动控制 IC 以及显存的 LCD 模块。那些字符型以及段码型的 LCD 不在介绍之列,但也可以在一定程序上参考本书的驱动编程方法来编写这些 LCD 的驱动程序。此外,有些小规模的(一般是 3.5 寸以下)彩色 TFT LCD 也有内置驱动控制器以及显存,也可参考这里的介绍来编写它们的驱动程序。

这里的 LCD 驱动程序更适合什么样的 MCU?

MCU 即常说的单片机,本书介绍的通用 LCD 驱动程序适用于各种类型 MCU;只不过笔者从应用的角度出发，为读者建议更适合使用本书介绍驱动程序的 MCU 类型。

目前市面上的 MCU 非常多，从功能和资源角度来看，大概可分为以下几类：

- 小资源 MCU。类似于传统 51 的 89S51 单片机、PIC 等的小资源单片机等；通常它们的资源都很少，片内的 ROM 少于或等于 4 KB，RAM 少于或等于 128 字节，速度较慢，MIPS 数通常在 10 MMIPS 以内。
- 中资源 MCU。这类 MCU 的涵盖面非常广，在实际的产品设计中应用非常多，如增强型 51 单片机、中资源的 AVR 单片机、16 位的 MSP430 系列单片机、凌阳的 SPCE061A、PIC 的中等资源单片机等，甚至包含至 ARM7 核心的 LPC 系列 MCU（如 LPC21XX 系列等）；一般来说指的是片内的 ROM 资源在 8 KB 以上，RAM 在 256 字节以上，MCU 的运行速度较快，片内资源丰富，应用面非常广；而 STM32 是一个非常强劲的 MCU，推荐大家使用。
- 跑操作系统的大资源 MCU。这类 MCU 其实大部分指 ARM7、ARM9 核心或与这些核心同等级的处理器了，通常都会在设计中跑操作系统，也就是现在常说的 32 位嵌入式处理器。

本书介绍的 LCD 驱动程序更适合于中等资源的 MCU，因为它们有足够的片内资源和运行的速度，而且在应用它们的设计当中往往会涉及 LCD 的人机界面显示。

其实这里就是要说明，如果使用一些类似 2051、89S51 级别的 MCU，就没有太多必要使用本书所介绍的驱动程序，因为此类 MCU 存储空间有限，从而以致于很有可能连 LCD 驱动中的自带字库都装不下去，不过驱动的方法还是可以参考的。而如果使用的是较大资源的嵌入式处理器，而且本身就跑着图形操作系统的话，那就更没必要了，因为往往这类 MCU 都会自带 LCD 的控制器，而操作系统也带有完整的图形界面接口。

为什么用 C 语言？

本书中全部的源码都是以 C 语言为平台的。当前，没有 C 语言编译器支持的中等资源的 MCU 是极其少见的；使用 C 语言对 MCU 进行开发已经形成当前的主流模式。

ASM 的执行效率比 C 语言的代码要好？当然，这是肯定的，不过现在 MCU 速度和性能已经提升上来了，而且很多优秀的 C 编译器编译的结果就未必比自己使用 ASM 编程的结果效率低。

ASM 的代码短小精悍？从某个角度来说是的，不过时下优秀的 C 编译器对 C 代码的优化比自已使用 ASM 编写得还要好；况且，在编写结构复杂的程序时，C 语言肯定比 ASM 占优势，比如编程速度、可读性以及可移植性等。

本书共分 12 章，第 1～3 章详细介绍了通用 LCD 驱动程序的架构；读者可以通过这 3 章的介绍，理解贯穿本书的通用 LCD 驱动程序的编程思想。第 4～6 章介绍了通用 LCD 驱动程序移植到不同 MCU（以 STM32F103RC 为例）的方法；也以几种常用的 LCD 模块为例，介绍将通用 LCD 驱动程序移植到不同 LCD 模块的应用；另外，还针对某些 MCU 平台和 LCD 模块的特点对通用 LCD 驱动程序进行优化。第 7～11 章的内容介绍了彩色 TFT 模块的显示驱动方法；而针对彩色图像的显示应用，这里介绍了彩色图像取模显示、BMP 文件解码显示和 JPG 文件解码显示的例子。第 12 章介绍了一个简单的 SD 卡图像浏览器的方案。

编写本书的过程中得到很多朋友的帮助，在此致以诚挚的谢意：感谢 Powerint 提供 JPG 解码应用库，以及在长期的合作中给予笔者在编程思想上的启发；感谢身边的同事以及朋友，为笔者专心写书给予种种生活以及工作上的帮助；感谢"我们正在学习 ARM"QQ 群的各位网友，没有他们的支持，也不会有编写本书的创意。

本书的出版得到了北京航天航空大学出版社的大力支持，在此表示感谢。另，特别感谢牵线笔者与出版社的网友——"得蜜"。

本书在规划和编排过程中，稍显仓促，如果有不足之处，敬请各位读者指正。欢迎发邮件到 xinqiang@mzdesign.com.cn 与笔者进一步交流，或联系 QQ：55693338。

笔 者

2009 年 11 月

目 录

第1章

典型单色点阵 LCD 模块

1.1 MzL02LCD 模块简介

当前市面上的 LCD 模块种类非常多。各个厂家生产的编号都有所不同，即使使用同样的玻璃、同样的驱动控制 IC(芯片)都有可能存在不同的产品编号；但真正意义上对于应用设计者(软/硬件工程师)来说有用的，只是 LCD 模块当中的驱动控制 IC(或称为驱动控制器)型号以及驱动控制器芯片与玻璃的连接方法(也就是生产 LCD 模块时驱动控制器与玻璃引脚的连接，以及一些驱动控制器封装好的特性等)。无论如何，各种不同的 LCD 模块仍然可以总结出一些应用上的共性，这里以 MzL02－12864 LCD 模块为对象进行介绍，并不代表本书仅适用于该 LCD 模块，其他厂家生产的不同型号 LCD 模块也可以套用本书的介绍去理解、掌握 LCD 驱动程序的编程方法。

1.1.1 LCD 模块的结构

通常见到的 LCD 模块分为几部分：LCM(玻璃)、背光、PCB 板；而背光和 PCB 板部分其实是可有可无的，视具体的 LCD 模块而定。点阵的 LCD 模块按照驱动控制器的集成方式，可分为两种：COB 和 COG。COG 是将驱动控制器芯片集成到玻璃上，而模块背后的 PCB 板上只是一些驱动控制器芯片无法集成的电容电阻而已；COB 的 LCD 模块是将驱动控制器焊接在 LCD 模块后面的 PCB 板上。

MzL02－12864(后面简称 MzL02 模块)为一块 128×64 点阵的单色 LCD 显示模块，模块上的 LCM 采用 COG 技术将控制(包括显存)、驱动器集成在 LCM 的玻璃上，接口简单、操作方便；为方便用户的使用，在 LCM 的基础上设计了 MzL02 模块，将模块所必需的外围电容电阻集成到模块上，并引出多种形式的引线接口以方便用户使用。MzL02 模块与各种 MCU 均可进行方便简单的接口操作。

MzL02 LCD 模块的特性如下：

- 128×64 点阵 FSTN；
- 1/64 占空比，1/9 偏压比；
- 单电源供电对比度编程可调；
- 并行接口为 6800 时序 MPU 接口方式；
- 3.3 V 的白色 LED 背光，美观大方；
- 集成 S6B0724 驱动控制 IC。

1.1.2 MzL02 结构尺寸

图 1-1 为 MzL02 模块中 LCM 的结构尺寸示意图。MzL02 模块的正面示意图如图 1-2 所示，接口引脚说明如表 1-1 所列。

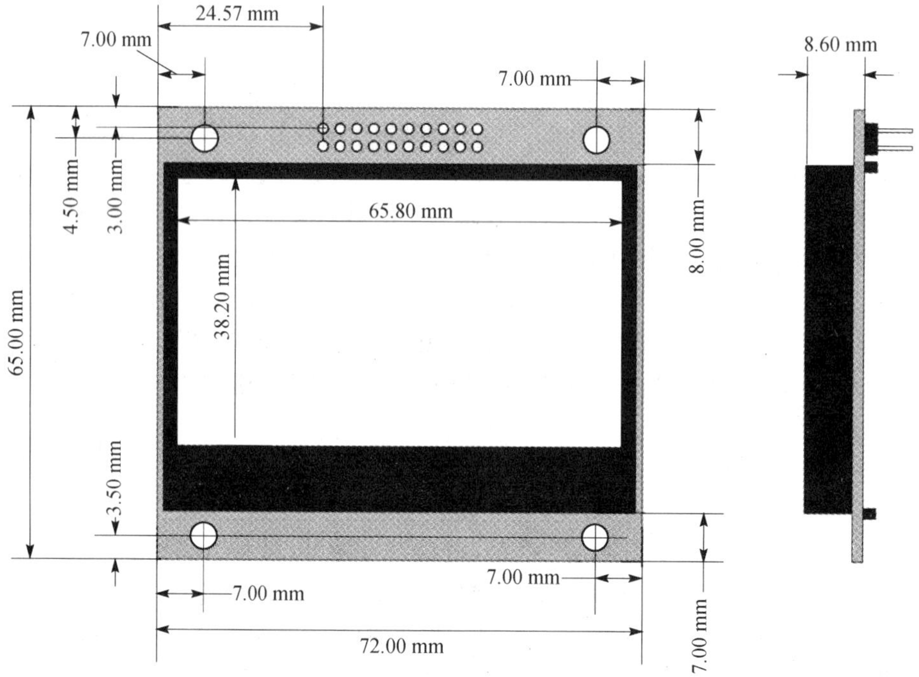

图 1-1 MzL02 模块 LCM 结构尺寸

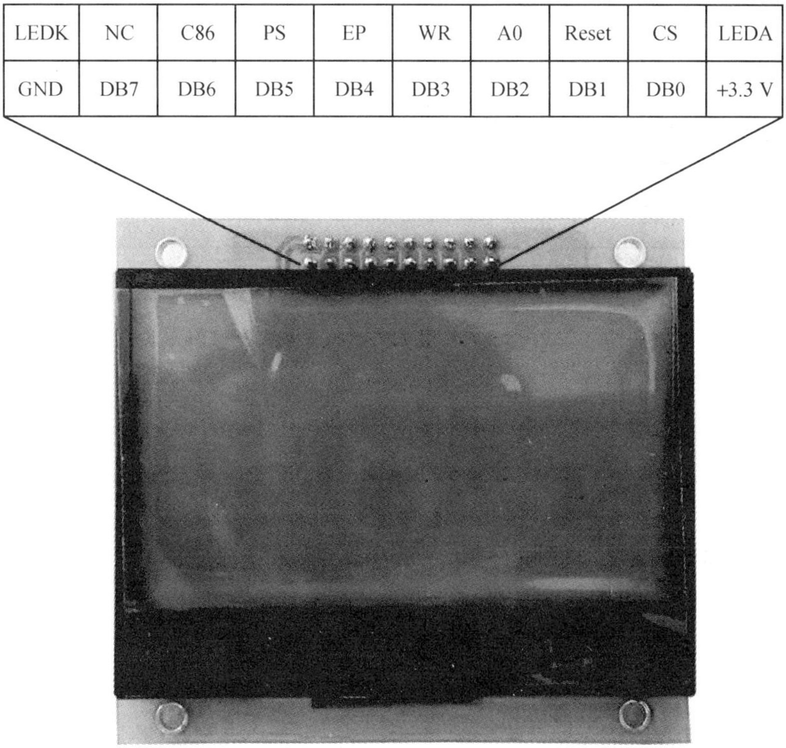

图 1－2　MzL02 模块正面示意图

表 1－1　MzL02 模块接口引脚说明

引　脚	接口引脚名	说　明
1	LEDK	背光负极输入
2	NC	空
3	C86	并行接口选择 高电平：6800 总线；低电平：8080 总线
4	PS	串行/并行接口选择 高电平：并行总线接口；低电平：串行接口
5	EP	6800 系列 MPU 的时钟信号使能脚(EP)。当选择总线接口为 8080 时，该线为 RD 信号
6	WR	6800 系列 MPU 的读/写控制信号(R/W)。8080 系列 MPU 总线的写使能信号
7	A0	数据命令选择脚(一些资料称其为 RS、C/D 等)
8	Reset(RST)	复位脚(低电平复位)
9	CS	片选(低电平有效)

续表 1-1

引　脚	接口引脚名	说　明
10	LEDA	背光正极输入
11	GND	地
12～19	DB7～DB0	8 位数据总线
20	+3.3 V	LCM 供电

1.2　LCD 模块总线选择及时序图

MzL02 模块提供了两个 LCM 的引脚(C86 和 PS 引脚)供用户选择模块的接口类型，分别可以选择 6800 并行总线、8080 并行总线或者 SPI 串行接口。模块在默认情况下(即连接 LCD 模块时 C86 和 PS 的引针悬空时)，由模块背后 PCB 中的上拉电阻将 C86 和 PS 脚上拉至高电平，此时为 6800 的总线接口，如图 1-3 所示。用户也可以通过给引针上 C86、PS 不同的电平来选择 LCD 模块的总线接口类型。

图 1-3　总线模式预选电阻

图 1-3 中，R7 为 C86 的上拉电阻，R9 为 PS 的上拉电阻。

如果用户在 C86 和 PS 引针上连接有固定的电平，则模块根据连接在这两个引脚上的电平状态来决定模块的总线接口类型。

1.2.1　6800 并行总线接口

当 PS 为高电平、C86 为高电平时，LCD 模块的总线接口为 6800 并行总线接口。LCD 的时序如图 1-4 所示，参数见表 1-2。

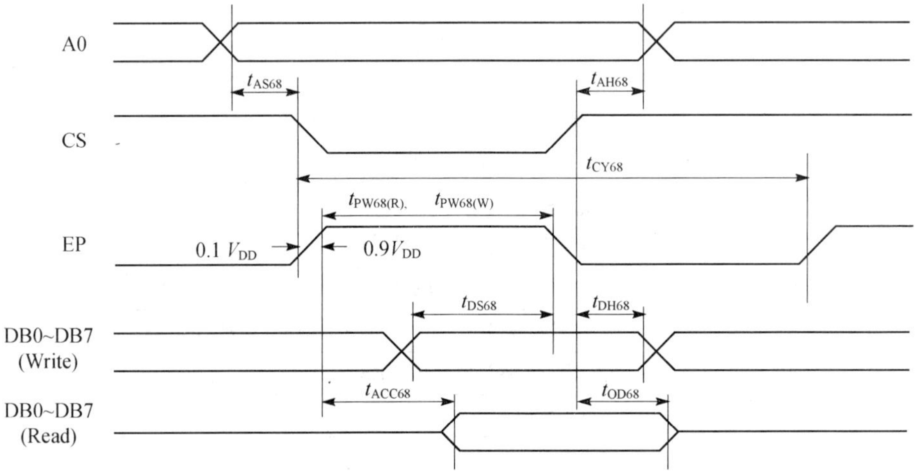

图 1-4　6800 时序示意图

表 1-2　时序参数(V_{DD}＝2.4～3.6V)

项　目		信　号	标　识	最　小	典　型	最　大	单　位	备　注
地址建立时间		RS	t_{AS68}	0	—	—	ns	
地址保持时间			t_{AH68}	0				
读写周期		RS	t_{CY68}	300	—	—	ns	
数据建立时间		DB7～DB0	t_{DS68}	40	—	—	ns	—
数据保持时间			t_{DH68}	15				
总线时间			t_{ACC68}	—	—	140	ns	C_L＝100 pF
输出禁止时间			t_{OD68}	10		100		
使能脉宽	读	E_RDB	$t_{PW68(R)}$	120	—	—	ns	
	写		$t_{PW68(W)}$	60				

6800 总线接口的模式下，WR 线为读写控制信号线，当 WR 为高电平时为读状态，当 WR 为低电平时为写入状态。

1.2.2　8080 并行总线接口

当 PS 为高电平、C86 为低电平时，LCD 模块的总线接口为 8080 并行总线接口。LCD 的时序如图 1-5 所示。

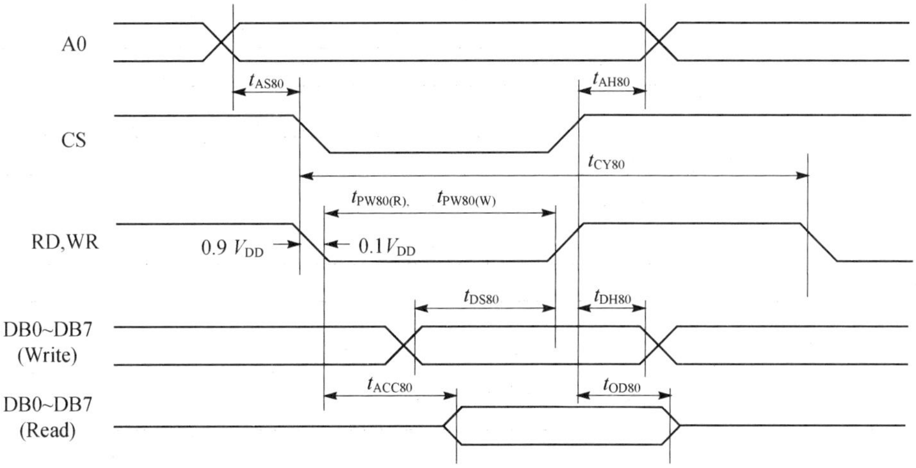

图 1-5　8080 时序示意图

LCD 模块处于 8080 总线模式下时，原 LCD 模块上的 EP 引脚将作为 8080 总线的 RD(读使能信号线)。8080 时序的参数如表 1-3 所列。

表 1-3 时序参数(V_{DD}=2.4～3.6 V)

项　目	信　号	标　识	最　小	典　型	最　大	单　位	备　注
地址建立时间 地址保持时间	RS	t_{AS80} t_{AH80}	0 0	—	—	ns	
读写周期	RS	t_{CY80}	300			ns	
读周期	E_RDB	$t_{PW80(R)}$	60	—	—	ns	
写周期	RW_WRB	$t_{PW80(W)}$	60			ns	
数据建立时间 数据保持时间	DB7～DB0	t_{DS80} t_{DH80}	40 15	—	—	ns	
总线时间 输出禁止时间	DB7～DB0	t_{ACC80} t_{OD80}	— 10	—	140 100	ns	C_L=100 pF

1.2.3 SPI 串行接口

当 PS 为低电平时，LCD 模块的总线接口为 SPI 串行总线接口；而当模块处于 SPI 串行接口模式下时，LCD 模块控制器不提供读操作的功能，仅为写入。而 SPI 模式下，原并行总线的数据线 DB6 将作为时钟输入线(SCLK)，而 DB7 将作为数据输入线(SID)。

LCD 的时序如图 1-6 所示，其时序如表 1-4 所列。

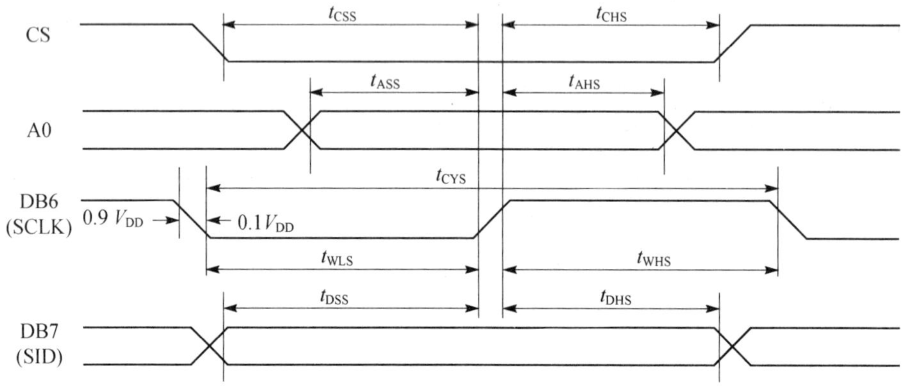

图 1-6 串行时序示意图

表 1-4 时序参数(V_{DD}=2.4～3.6 V)

项　目	信　号	标　识	最　小	典　型	最　大	单　位
时钟周期 时钟高电平持续时间 时钟低电平持续时间	DB6 (SCLK)	t_{CYS} t_{WHS} t_{WLS}	250 100 100	— — —	— — —	ns

续表 1-4

项　目	信　号	标　识	最　小	典　型	最　大	单　位
地址建立时间 地址保持时间	RS	t_{ASS} t_{AHS}	150 150	— —	— —	ns
数据建立时间 数据保持时间	DB7 (SID)	t_{DSS} t_{DHS}	100 100	— —	— —	ns
片选建立时间 片选保持时间	CS	t_{CSS} t_{CHS}	150 150	— —	— —	ns

1.3　显存映射情况

1.3.1　显存与 LCD 屏上点的关系

对于 LCD 模块，了解清楚驱动控制 IC 当中的显存与 LCD 玻璃上点的对应关系非常重要，是编写 LCD 驱动程序的基础。

MzL02 模块显示器(玻璃)上的显示点与驱动控制芯片中的显示缓存 RAM 是一一对应的。驱动控制芯片当中共有 65(8 Page×8 bit+1)×132 个位的显示 RAM 区，而显示器的显示点阵大小为 64×128 点，所以实际上在液晶显示模块中有用的显示 RAM 区为 64×128 个位；按字节为单位划分，共分为 8 个 Page，每个 Page 为 8 行，而每一行为 128 位(即 128 列)。

驱动控制器芯片的显示 RAM 区每个字节的数据对应屏上点的排列方式为：纵向排列，低位在上高位在下，如图 1-7 所示。

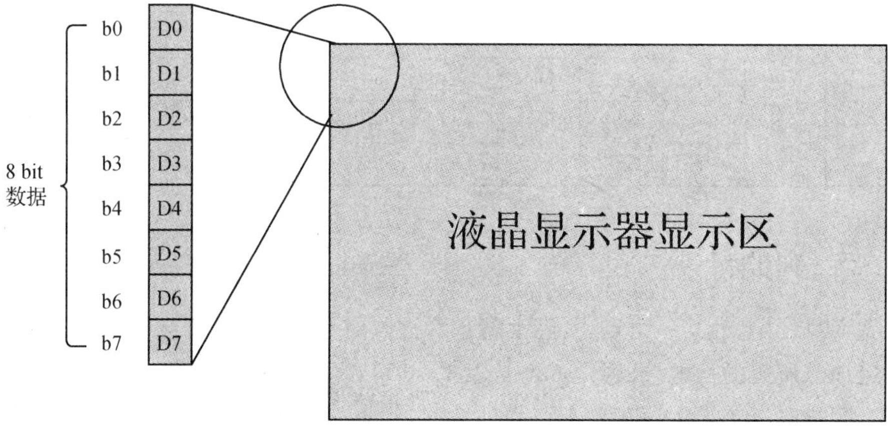

图 1-7　字节数据排列情况

MzL02 模块显示屏上的每一个点都对应着控制器片内显存 RAM 中的一位，显示屏上 64×128 点分别对应着显存 RAM 区的 8 个 Page，每一个 Page 有 128 字节的空间对应。因此，显示 RAM 区中的一个 Page 空间对应 8 行的点，而该 Page 中的 1 字节数据则对应一列(8 点)。表 1-5 为显存 RAM 区与显示屏的点映射关系。

表 1-5　MzL02 显存与显示屏上像素点映射关系表

			列 / 行	LCD 显示器横向坐标(自左至右)								
				0	1	2	3	…	…	125	126	127
LCD 显示器纵向坐标(自上至下)	Page0	8 bit 数据	0	bit0	bit0	bit0	bit0	…	…	bit0	bit0	bit0
			1	bit1	bit1	bit1	bit1	…	…	bit1	bit1	bit1
			2	bit2	bit2	bit2	bit2	…	…	bit2	bit2	bit2
			⋮	⋮	⋮	⋮	⋮	⋮	⋮	⋮	⋮	⋮
			6	bit6	bit6	bit6	bit6	…	…	bit6	bit6	bit6
			7	bit7	bit7	bit7	bit7	…	…	bit7	bit7	bit7
	Page1	8 bit 数据	8	bit0	bit0	bit0	bit0	…	…	bit0	bit0	bit0
			9	bit1	bit1	bit1	bit1	…	…	bit1	bit1	bit1
			⋮	⋮	⋮	⋮	⋮	⋮	⋮	⋮	⋮	⋮
			15	bit7	bit7	bit7	bit7	…	…	bit7	bit7	bit7
	⋮		⋮	⋮	⋮	⋮	⋮	⋮	⋮	⋮	⋮	⋮
	⋮		⋮	⋮	⋮	⋮	⋮	⋮	⋮	⋮	⋮	⋮
	Page7	8 bit 数据	56	bit0	bit0	bit0	bit0	…	…	bit0	bit0	bit0
			⋮	⋮	⋮	⋮	⋮	⋮	⋮	⋮	⋮	⋮
			59	bit7	bit7	bit7	bit7	…	…	bit7	bit7	bit7
			60	bit0	bit0	bit0	bit0	…	…	bit0	bit0	bit0
			61	bit1	bit1	bit1	bit1	…	…	bit1	bit1	bit1
			62	bit2	bit2	bit2	bit2	…	…	bit2	bit2	bit2
			63	bit3	bit3	bit3	bit3	…	…	bit3	bit3	bit3

1.3.2　行、列地址

要点亮 LCD 屏上的某一个点，实际上就是对该点对应显示 RAM 区中的某一个位置 1，所以就要确定该点所处的行地址、列地址。从表 1-5 可以看出，MzL02 模块的行地址实际上就是 Page 的信息，每一个 Page 应有 8 行；而列地址则表示该点的横坐标，在屏上为从左到右排列，Page 中的一个 Byte 对应的是一列(8 行，即 8 点)，达 128 列。

可以根据这样的关系在程序中控制 LCD 显示屏的显示。

注意：MzL02 模块的显示缓存 RAM 区实际上比模块上的显示器对应的 RAM 区要大；而 LCD 模块具体设置 Page(有时也称页)时，屏上的位置与驱动控制 IC 当中哪里的 RAM 区对应还与驱动控制器芯片与屏的连接有关；所以，在实际使用时请参考所提供的范例设置(主要是设置 COM 反向扫描、SEG 设置为正向扫描，按此设置方法，则每个 Page 中的前 3 列以及最后一列是不对应在 LCD 屏幕上的)。

市面上的 LCD 模块在屏幕点与显存对应关系方面都不尽相同，这主要是由玻璃的 SEG、COM 与驱动器间的连接关系确定的，所以，在编写一块 LCD 模块的驱动程序前，对这块 LCD 模块的显存和显示点对应关系的了解是非常必要的。

1.4　LCD 的 6800 总线接口

一般来说，LCD 模块(带有驱动控制器)的接口多为总线的接口，不是 6800 就是 8080，或者是串行 SPI(及类 SPI 时序)；除了这些总线的端口外，有的 LCD 模块还引出了一些功能性的端口，如偏压调节输入、负压输出等，当然还有电源输入端口，这些一般与编写驱动程序没有太多的关系。这里以 MzL02 模块的 6800 总线时序为例做介绍，后面的例程亦以 6800 总线配置时驱动 MzL02 为例。

操作时序如图 1－8 所示。

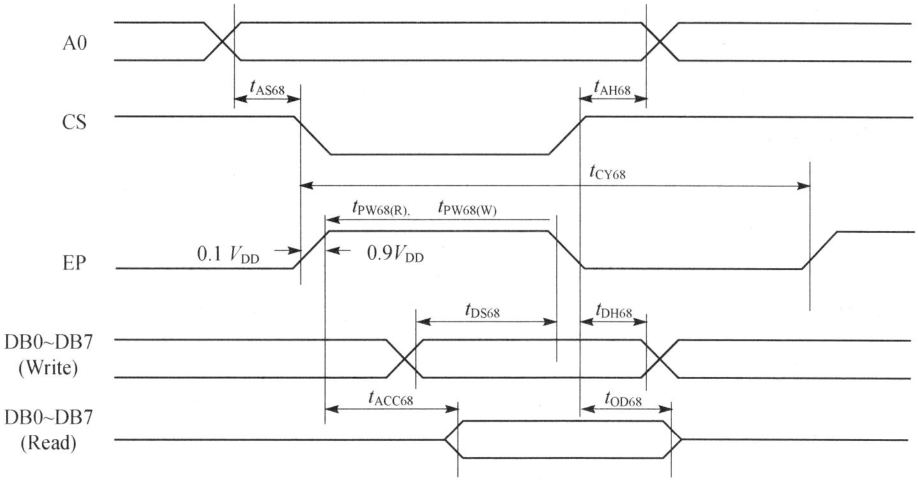

图 1－8　MzL02 模块 6800 时序图

一般来说，片选信号 CS 要在整个时序过程当中保持有效(低电平)；而 A0(RS)信号是一种状态的设定，以此来告诉被操作的 LCD 驱动控制器当前的操作是针对其中的寄存器还是显存的。而数据(包括设置寄存器的数据等只要是数据线上的信号)的载入和装载(指被操作的 LCD 控制器将要读取的数据装载至数据端口,以供驱动控制 LCD 模块的单片机读取)的触发都是由 EP 信号的下降沿触发的。

1.5 LCD 控制器的特性

用户程序对 LCD 模块进行显示控制就是通过对 LCD 模块内部驱动控制器当中的寄存器进行设置操作,如 LCD 的显示开/关、显存操作地址(行与列地址)的设置等。这些寄存器一般都在 LCD 模块的驱动控制器文档中有详细介绍,所以在编写驱动程序时有必要拿到一份驱动控制器的文档;不过,常用到的寄存器不会太多(除了一些在上电后需要初始化的寄存器外)。

MzL02LCD 模块共有 22 种显示指令,接下来分别介绍其中一些重要的指令。

注意:下面的指令介绍中,A0 信号指的是 RS 信号。

(1) 显示开关指令

当 A0(RS)为低电平时,对总线的写入操作即为对 MzL02 模块进行指令写入操作。显示开关指令的各位含义如表 1-6 所列。

表 1-6 显示开关指令

A0	EP	WR	DB7	DB6	DB5	DB4	DB3	DB2	DB1	DB0	设置
0	1	0	1	0	1	0	1	1	1	1	打开显示
										0	关闭显示

打开显示的指令为 0xAF,而关闭显示的指令为 0xAC。

(2) 显示起始行设置

显示起始行设置指令如表 1-7 所列。该指令设置了对应显示屏上首行显示 RAM 行号。有规律地修改该行号可以实现滚屏功能。

表 1-7 显示起始行设置指令

A0	EP	WR	DB7	DB6	DB5	DB4	DB3	DB2	DB1	DB0	设置
0	1	0	0	1	0	0	0	0	0	0	0
					0	0	0	0	0	1	1
					0	0	0	0	1	0	2
								↓			↓
					1	1	1	1	1	0	62
					1	1	1	1	1	1	63

由表 1－7 中的指令可看出，显示起始行由该指令的低 6 位数据表示。

(3) 页地址设置

该指令用于确定当前数据操作的显存地址中对应于 LCD 屏上页(Page)的地址，结合列地址可以确定显存中的唯一显存单元，详见表 1－8。

表 1－8　页地址设置指令

A0	EP	WR	DB7	DB6	DB5	DB4	DB3	DB2	DB1	DB0	设　置
0	1	0	1	0	1	1	0	0	0	0	0
							0	0	0	1	1
							0	0	1	0	2
								↓			↓
							0	1	1	1	7
							1	0	0	0	8

(4) 设置列地址

1.3.1 小节中可以看出显示 RAM 分成 9 页，每页 132 个字节。设置了页地址和列地址就确定了显示 RAM 中的唯一单元，该单元由低到高的各个数据位对应于显示屏上某一列的 8 行数据位。

注意：在该模块中，与 LCD 屏上对应的显示 RAM 仅为 8 页有效(0～7)，每页 128 字节，所以每页当中的头一列和最后的三列是不在显示屏上有点对应的，这点用户在使用时请注意，可以参考提供的驱动程序。

列地址的设置需要连续写两次指令。如表 1－9 所列，指令数据为 0001XXXXB 和 0000XXXXB 都是用它们的低 4 位分别放置 8 位列地址数据的高 4 位和低 4 位数据，而指令的 DB4 指明当前设置的是高 4 位地址还是低 4 位地址。

表 1－9　设置列地址指令

A0	EP	WR	DB7	DB6	DB5	DB4	DB3	DB2	DB1	DB0	设　置
0	1	0	0	0	0	1	A7	A6	A5	A4	A7～A4
						0	A3	A2	A1	A0	A3～A2

(5) 读状态

LCD 状态各个位所对应的标志信息如表 1－10 所列，具体含义如表 1－11 所列；可以通过读取 LCD 模块的状态字来获取当前 LCD 的工作状况。

表 1-10 读 LCD 状态

A0	EP	WR	DB7	DB6	DB5	DB4	DB3	DB2	DB1	DB0	设 置
0	1	0	BUSY	ADC	ON/OFF	RESET	0	0	0	0	—

表 1-11 LCD 状态字含义

BUSY	当 BUSY 为 1 时，忙状态；当 BUSY 为 0 时，准备好状态
ADC	表示行和列的关系 ADC：1 正常输出（n－131＝＝SEGn） ADC：0 为反向输出（131－n ＝＝SEG n）
ON/OFF	表示液晶显示开和关 0：显示打开，1：显示关闭
RESET	0：正常工作状态，1：复位

(6) 写显存数据

写显存数据指令如表 1-12 所列。该指令可以将显存数据(8 位)写到 RAM 中，当前指向的显存地址会自动加 1。

表 1-12 写显存数据

A0	EP	WR	DB7	DB6	DB5	DB4	DB3	DB2	DB1	DB0	设 置
1	1	0	要写入显存的数据								—

(7) 读显存数据

读显存指令如表 1-13 所列。该指令从当前指定地址中读取显示数据。MzL02 模块的 LCD 控制芯片为 S6B0724，该芯片要求在读取显示数据时必需连续两次读操作才能读取到显示数据，或者说第一次读操作是将数据装载好，再一次读取数据时才会将装载好的数据读到总线上，同时将下一个数据装载好；即每次开始读取显存中的数据时，需要第一次空读操作，之后跟着的、连续的读操作才可以连续读取到显存中的数据。而一般情况下（读/改/写模式没有设置的情况下）每一次读取一个显存中的数据，就自动将当前操作的显存地址自加 1；当然首次的空读操作不会使显存地址改变。

表 1-13 读显存数据

A0	EP	WR	DB7	DB6	DB5	DB4	DB3	DB2	DB1	DB0	设 置
1	0	1	读出的显存数据								—

(8) ADC 选择(Segment 方向选择)

ADC 选择设置指令如表 1-14 所列。该指令用于将 Segment 驱动输出反向。

表 1-14 ADC 选择(Segment 方向选择)

A0	EP	WR	DB7	DB6	DB5	DB4	DB3	DB2	DB1	DB0	设 置
0	1	0	1	0	1	0	0	0	0	0	正常
										1	反向

(9) 正向/反向显示

正向/反向选择设置指令如表 1-15 所列。该指令用于设置显示正向和反向。正向为正常模式,反向时 LCD 屏的显示将反色显示;但执行该指令后,显示 RAM 中的内容不变。

表 1-15 正向/反向显示选择

A0	EP	WR	DB7	DB6	DB5	DB4	DB3	DB2	DB1	DB0	设 置
0	1	0	1	0	1	0	0	1	1	0	正常
										1	反色

(10) 全屏消除显示

全屏消除显示指令如表 1-16 所列。该指令使所有的液晶点全屏消除,不管显示 RAM 中是否有任何数据。此命令优先于正向/反向显示。当液晶处于显示关闭状态时,写入此指令将自动进入节电状态。

表 1-16 全屏消除显示

A0	EP	WR	DB7	DB6	DB5	DB4	DB3	DB2	DB1	DB0	设 置
0	1	0	1	0	1	0	0	1	0	0	正常
										1	全屏显示清除

(11) LCD 偏压设置

LCD 偏压设置指令如表 1-17 所列。该指令用于液晶显示的偏压设置。

表 1-17 LCD 偏压设置

A0	EP	WR	DB7	DB6	DB5	DB4	DB3	DB2	DB1	DB0	设 置
0	1	0	1	0	1	0	0	0	1	0	1/9 bias
										1	1/7 bias

(12) 读/改/写模式设置

一旦写入此命令,则读显示数据命令不再修改列地址,但是写显示数据命令还可以使列地址自动加1。当有结束命令输入时,列地址恢复到读/改/写时的列地址。读/改/写模式设置指令如表1-18所列,该指令在光标显示功能中很有用。

表1-18 读/改/写模式设置

A0	EP	WR	DB7	DB6	DB5	DB4	DB3	DB2	DB1	DB0	设 置
0	1	0	1	1	1	0	0	0	0	0	—

(13) 读/改/写模式结束

读/改/写模式结束指令如表1-19所列。该指令用于结束读/改/写模式。

表1-19 读/改/写模式结束

A0	EP	WR	DB7	DB6	DB5	DB4	DB3	DB2	DB1	DB0	设 置
0	1	0	1	1	1	0	1	1	1	0	—

(14) 复 位

复位指令如表1-20所列。该指令用于初始化显示起始行、起始列地址、起始页地址、正常输出模式,并结束读/改/写模式和测试模式。但该指令不影响显示RAM中的数据。

表1-20 复位指令

A0	EP	WR	DB7	DB6	DB5	DB4	DB3	DB2	DB1	DB0	设 置
0	1	0	1	1	1	0	0	0	1	0	—

(15) COM口扫描方向选择

COM扫描方向选择设置如表1-21所列。该指令用于确定COM口扫描的方向。

表1-21 COM扫描方向选择

A0	EP	WR	DB7	DB6	DB5	DB4	DB3	DB2	DB1	DB0	设 置
0	1	0	1	1	0	0	0	x	x	x	正常
							1	x	x	x	反向

对于实际应用来说,该指令可以使得显示屏与显存中映射关系的LCD屏上的*Y*轴方向进行倒置。

(16) 上电控制设置

上电控制设置指令中各位的含义如表1-22所列。

表 1-22 上电控制设置

A0	EP	WR	DB7	DB6	DB5	DB4	DB3	DB2	DB1	DB0	设 置
0	1	0	0	0	1	0	1	0			Bootster circuit:关
								1			Bootster circuit:开
									0		电压调节:关
									1		电压调节:开
										0	电压跟随:关
										1	电压跟随:开

(17) V5 电压内部电阻调整设置

V5 内部电阻调整设置指令中各位的含义如表 1-23 所列。

表 1-23 V5 内部电阻调整设置

A0	EP	WR	DB7	DB6	DB5	DB4	DB3	DB2	DB1	DB0	设 置
0	1	0	0	0	1	0	0	0	0	0	小
								0	0	1	
								0	1	0	
									↓		↓
								1	1	0	
								0	0	0	大

(18) 电量(electronic Volume)设置模式

该指令用于调整显示屏的亮度,如表 1-24 所列。此命令用到双字节:一个设置为电量设置指令,紧跟着的数据写入操作为指令数据。表 1-25 为电量设置指令所附带数据的说明。

表 1-24 电量设置指令

A0	EP	WR	DB7	DB6	DB5	DB4	DB3	DB2	DB1	DB0	设 置
0	1	0	1	0	0	0	0	0	0	1	—

表 1-25 电量设置指令数据

A0	EP	WR	DB7	DB6	DB5	DB4	DB3	DB2	DB1	DB0	设 置
0	1	0	—	—	0	0	0	0	0	1	小
			—	—	0	0	0	0	1	0	
			—	—	0	0	0	0	1	1	

续表 1-25

A0	EP	WR	DB7	DB6	DB5	DB4	DB3	DB2	DB1	DB0	设　置
							↓				↓
			—	—	1	1	1	1	1	0	
			—	—	1	1	1	1	1	1	大

(19) 静态指示器

静态指令器开/关指令如表 1-26 所列。该指令用于控制静态驱动指示器显示，为双字节命令。静态指示器寄存器设置状态如表 1-27 所列。

表 1-26　静态指示器开/关指令

A0	EP	WR	DB7	DB6	DB5	DB4	DB3	DB2	DB1	DB0	设　置
0	1	0	1	0	1	0	1	1	0	0	关闭
										1	打开

表 1-27　静态指示器开/关指令数据

A0	EP	WR	DB7	DB6	DB5	DB4	DB3	DB2	DB1	DB0	设　置
0	1	0	x	x	x	x	x	x	0	0	关闭
				x	x	x	x	x	0	1	打开(每 0.5 s 整屏闪一次)
			x	x	x	x	x	x	1	0	打开(每 1 s 整屏闪一次)
			x	x	x	x	x	x	1	1	打开(不闪)
			x								

1.6　LCD 驱动的基本流程

本节介绍基本的 LCD 驱动控制方法，从时序的模拟或者是总线的连接，再到利用 LCD 的特性来做一些显示的处理。例如，单色液晶如何显示一个点，彩色 LCD 如何显示一个点的关系；操作地址与 LCD 上点的对应关系；而对于 LCD 控制器的特性，如指针自动加/减特性如何利用、滚屏特性如何利用、COM 和 SEG 扫描正相/反相的特性利用等，这里不再介绍。

1.6.1　LCD 模块的连接

在很多书籍中，通常介绍了两种 LCD 模块的连接方法：直接控制和间接控制。直接控制指LCD模块的总线接口直接与MCU端口连接，然后MCU通过程序控制端口模拟LCD模块的总线时序来完成对其控制操作；而间接控制指MCU本身就有外部总线拉出，程序直接操作总线以控制LCD。

目前，很多单片机并没有将总线引出，所以，使用单片机控制LCD模块时经常会选择直接控制的方式，即利用端口来模拟总线时序。当然，如果本身就有总线而且也与LCD模块的总线配得上，那么更建议使用总线连接的间控方式。

本书的例子中将MzL02模块的总线接口配置为6800总线，这与绝大部分引出外部总线的单片机时序是不一样的；所以，这里采用端口模拟总线的方式对LCD模块进行控制。

采用端口模拟时序的方式控制LCD模块时，端口的连接非常简单也有很大的自由度；一般来说，选择8个（跟总线宽度相同的个数）连续的端口作为数据端口与LCD模块的数据端口连接，而其他的如CS、RS(A0)、RESET(RST)、WR、EP之类的引脚连接时就比较随意了，视具体情况而定。当然，有的LCD模块还有一些其他的引脚需要连接，不过如前面所述，跟这里介绍的驱动程序的关系不大，在此不作说明，可以参考LCD模块的文档介绍即可。

图1-9为MCS-51单片机（传统51单片机，典型的可以参考Atmel公司的AT89C51单片机）与MzL02模块的连接电路图，这里采用直控的端口模拟时序的方式。

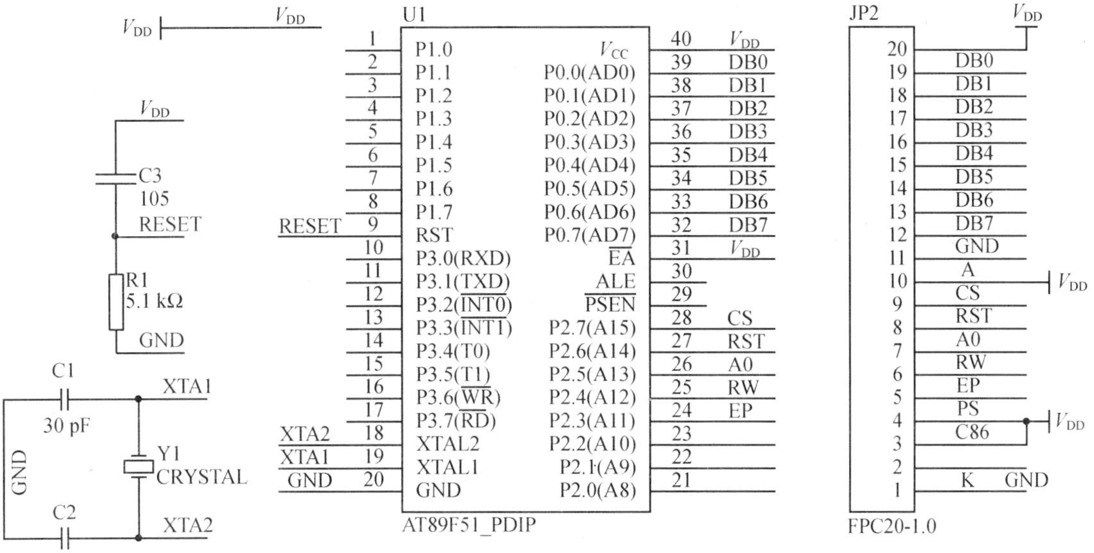

图1-9　MCS51单片机与MzL02连接示意图

51单片机多工作在5 V的环境，因此，与MzL02的3.3 V电平会有些不相兼容。最简单的方法是在51的端口与MzL02之间串入一个100 Ω左右的电阻，并在51的输出端加上拉电阻。

1.6.2 控制 LCD 模块显示一个点

点阵 LCD 模块的特点就是以像素点的形式呈现给用户想要显示的图形，故点阵 LCD 又称为图形点阵 LCD。通常，在编写一个 LCD 模块的驱动程序时，最基本的功能是绘制一个具体指定像素点，只有在这样的功能基础上，才能通过各个像素点的组合呈现出点阵的图形。

其实，绘制一个指定位置的像素点就是将显存当中对应该点的数据位进行操作；在前面的 LCD 显示 RAM 区映射介绍当中可以得知显存中数据与 LCD 屏幕上点的对应关系，这样就可以在程序中通过简单的换算有序地控制 LCD 屏上点的显示。

比如在 MzL02 模块当中，要将坐标位置(0,0)的点点亮，则该点对应显存的情况分析如下：对于坐标为(0,0)的像素点，这里定义其位于屏幕正向时左上角的点。根据前面介绍的内容可以得知，该点屏上显存的 Page0 中第一个 byte 数据的第 0 位(bit0)上。这样就可以对显存中行地址(Page)为 0、列地址为 1(前面寄存器的介绍中已注明，第 0、129、130、131 列在屏中没有对应的点，所以列地址为 1 时正是屏上点的最左边一列)的显存写入 0x01，以点亮程序中坐标为(0,0)的点，如图 1-10 所示。

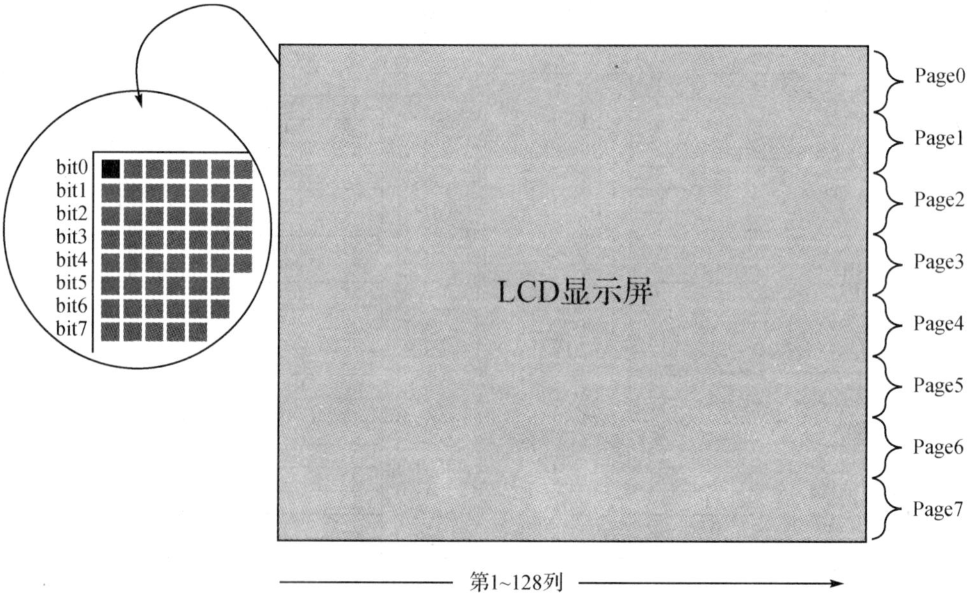

图 1-10 显存操作与屏上点对应图例一

了解了在 LCD 屏上绘点的基本原则就可以灵活地应用于不同的显示操作。比如在 Page0 上的第 0、1、2、3、4、5、6 列分别填入数据 0x00、0x24、024、0x24、0x24、0x24、0x00 后，就可以在屏上显示出字符:"＝",如图1-11显示,实际上就相当于在Page0的第0列起始显示了一个8×7(高8点、宽7点)的字符。

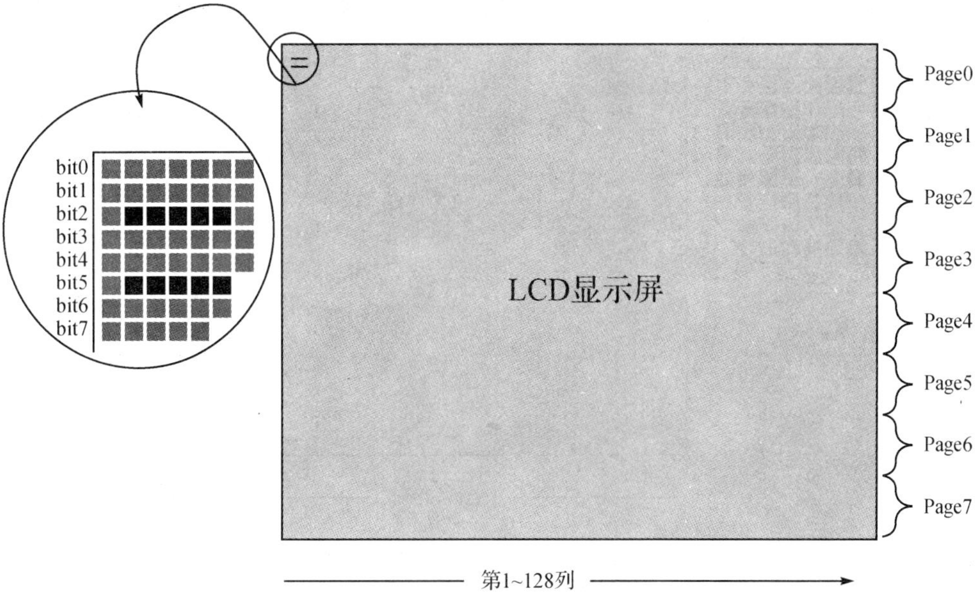

图1-11 显存操作与屏上点对应图例二

前面所述的方法是很多工程师在编写LCD驱动程序时采用的直接填充方式的字符显示方法,不过,这种方法显示字符在这种单色的LCD模块当中是不能实现任意位置显示字符的。而本书介绍的字符显示方法并没有采用这样的方法,接下来的介绍中会有详细的叙述。

再返回到绘点原理上,这里建议采用"读—改—写"的方式来完成一个点的显示,即实现本书所介绍的、通用LCD驱动程序架构的、最基本的绘图子函数:绘点函数。实际上,"读—改—写"的绘点方式在单色点阵LCD模块驱动程序中的思想就是:从要绘制的点所在的显存Byte读回原来LCD屏上显示的点所对应的一个byte数据,然后针对要绘制的点所在该Byte的实际bit位置来改变该bit的数据(无非就是0或者1),而保留该byte的其他bit数据不变,然后再将改完的byte数据写回读取它的显存位置。

例如,在LCD屏上已经在坐标(0,0)的位置上显示了黑点,这时想在坐标位置(0,4)的点上再绘制一个点。如图1-10所示,该点对应的显存数据为0x01,将其读回;改变该byte的bit4值,则数据变为0x11;再将其写回原位置,就可以显示了,如图1-12所示。

依此方法绘制点,就可以具备以下的优点:

➤ 可以在任意位置显示点,而不影响该点以外点的显示;

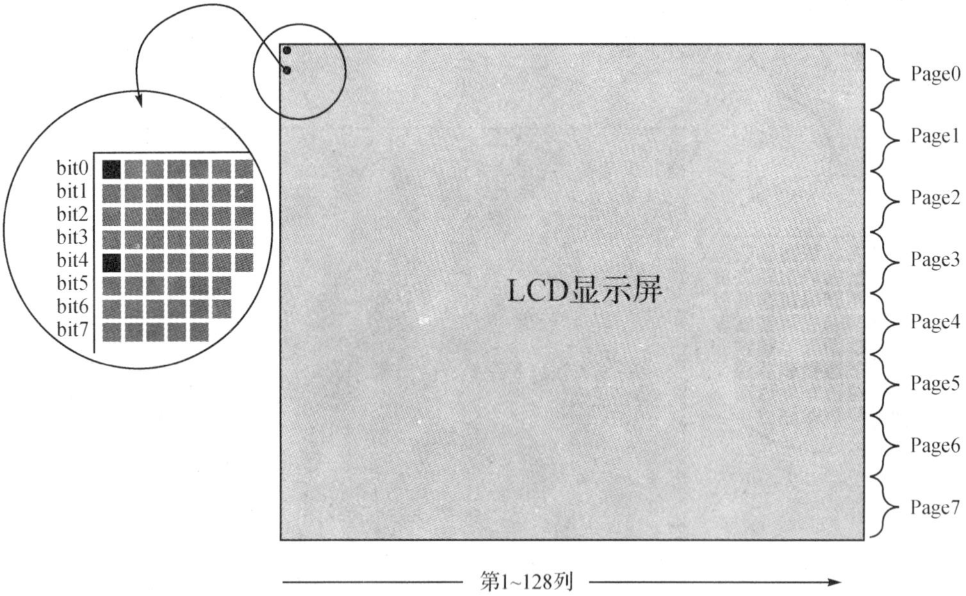

图 1-12　显存操作与屏上点对应图例三

- 在此绘点功能的基础上构建的字符显示/图形显示可以实现任意位置的显示；
- 在此绘点功能的基础上构建的上层绘图、显控程序很简练、易理解。

而在彩色的屏幕中，如 256 色屏、16 位色屏等，往往与单色的 LCD 模块不大一样，主要就是点与显存的对应关系不同。256 色屏中的一个点对应着显存中的一个 byte 数据，而 16 位色屏中一个点则对应显存中的两个 byte 数据；这样在做绘点操作时就简便得多，可以不必将原先数据读回，直接将要在该点显示的颜色数据写入对应的 byte 位置即可。

使用 LCD 模块进行显示控制时，往往有些工程师会利用 LCD 控制器本身所提供的一些特性，以期实现特殊的显示效果。比如实现纵向/横向的滚屏、坐标轴的翻转等，或者是实现不同图层的叠加显示效果等，这些都与 LCD 控制器所提供的特性有关，也就是看一下 LCD 控制器是否提供了设置这些特性功能的寄存器。

MzL02 模块中提供了 COM 显示起始行设置的寄存器，该寄存器除了在初始化时定义显示起始行对应显存 RAM 中的哪一行之外，还可以依此实现垂直方向的滚屏显示。而 ADC 选择(Segment 方向选择)寄存器以及 COM 口扫描方向设置寄存器可以实现坐标轴的变化，即相对于用户的坐标轴零点位于左上角还是右下角，或者左下角、右上角。这些寄存器的使用最好可以自己去进行一下简单的实验，这样才可更深刻地理解它们的作用。一般来说，很多寄存器的初始化都会有供货商提供的建议初始化值，使用时初始化可以按此来即可，如想了解具体每个寄存器设置的含义最好还是通过实验的方式，在此不做过多的介绍。

第2章

点阵 LCD 的驱动与显控

2.1 驱动程序架构思想

本章以 MzL02 的通用 LCD 驱动程序为对象，介绍一种 LCD 驱动程序的设计思想；以在 LCD 上的绘点功能程序为基础，构建较为完整的驱动程序（包括显示控制）。通过图 2-1 来大概了解一下这种驱动程序的结构以及各模块之间的关系。

通用 LCD 驱动程序由 8 个文件组成，分别为底层驱动程序文件 LCD_PortConfig.h、LCD_Driver_User.c，用户 API 功能接口函数文件 LCD_Driver_User.h、LCD_Config.h、LCD_ASCII.c、LCD_Dis.c、GB_Table.c 和 LCD_Dis.h。

- LCD_PortConfig.h：该文件为底层驱动程序的头文件，主要对使用到的端口进行定义以及配置。用户在使用基础驱动程序时，要使端口的分配符合实际硬件的接线。
- LCD_Driver_User.c：该文件为底层驱动程序，负责 MCU 与 LCD 模块的数据传输任务，主要包括初始化模块、写控制指令、写数据、读数据等函数；这些函数仅供上一层的 LCD_Dis.c 调用，不建议用户在应用程序中调用这些函数。
- LCD_Driver_User.h：该文件为 LCD_Driver_User.c 的对应头文件，对 LCD_Driver_User.c 文件中的函数进行外部声明。
- LCD_Config.h：该文件为 LCD 模块的功能配置文件。实际上此基础驱动程序是通用于各种不同 LCD 模块的，如果需要将驱动程序应用于其他的 LCD 模块，则可以在该文件里面修改相关的配置；另外，功能配置文件里面提供了软件的坐标轴翻转功能配置（有些版本的代码中将此功能屏蔽了，以便让 MCU 对 LCD 的操作更快些）。
- LCD_Dis.c：该文件中提供了供用户应用程序调用的 LCD 驱动 API 功能函数，如绘制点、绘线、绘矩形、绘圆形等绘图函数，以及写字符、字符串等功能。

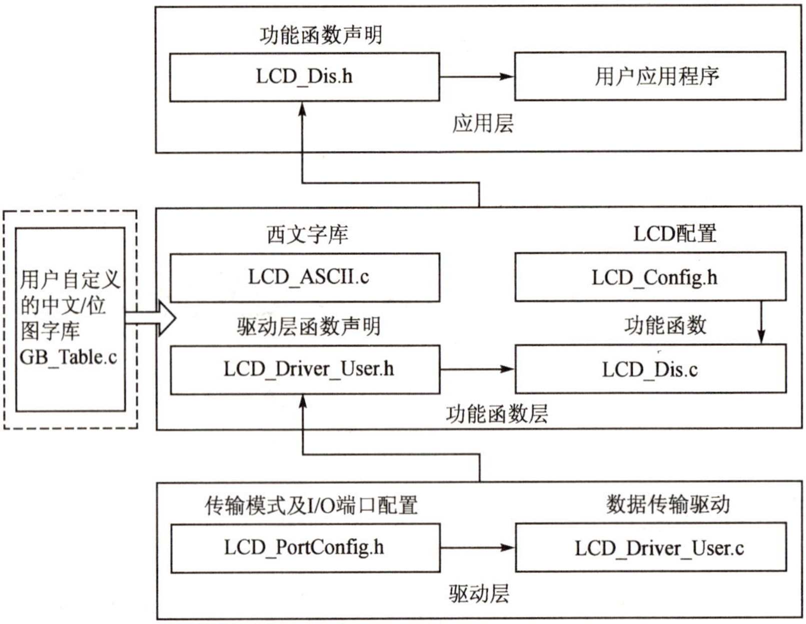

图 2-1　驱动程序架构

- LCD_ASCII. c：该文件为基础驱动程序的自带西文字库的数据文件。
- GB_Table. c：该文件为基础驱动程序的汉字/位图字库的数据文件，用户自定义时使用；另外，如果定义了一些有别于基础程序所提供的范例汉定规格的字库，则用户需要自行修改 LCD_Dis. c 当中的 FontSet 函数。
- LCD_Dis. h：该文件为 LCD_Driver_User. c 的对应头文件，其对 LCD_Dis. h 文件中的函数进行外部声明。

2.2　基本驱动程序 LCD_Driver_User

2.2.1　端口配置头文件 LCD_Portconfig

这里以 MCS-51 单片机的通用 LCD 驱动程序为例，看看基本驱动程序的主要内容。

首先，LCD_PortCongif. h 文件对驱动程序中用到的端口进行了定义和配置，实际上就是对这些端口进行了重定义，如下：

```
//note:如果您使用 C 语言编写 LCD 的底层接口程序的话，这里的定义才会有用
// this file for MCU I/O port or the orthers hardware config
```

```
// for LCD Display
#ifndef  _LCD_PORTCONFIG_H_
#define   _LCD_PORTCONFIG_H_

#include "REG51.h"
#include "intrins.h"              //包含此头文件可直接操作内核的寄存器以及一些定义好的宏

#define LCD_Ctrl_GPIO()           LCD_CS_SET();LCD_RE_SET();\
                                  LCD_A0_SET();LCD_RW_SET();LCD_EP_SET()
#define LCD_Ctrl_Out()                    //无定义
#define LCD_Ctrl_Set(n)                   //无定义
#define LCD_Ctrl_Clr(n)                   //无定义

sbit LCD_CS  =  P2^7;
#define LCD_CS_SET()              LCD_CS  =  1
#define LCD_CS_CLR()              LCD_CS  =  0

sbit LCD_RE  =  P2^6;
#define LCD_RE_SET()              LCD_RE  =  1
#define LCD_RE_CLR()              LCD_RE  =  0

sbit LCD_A0  =  P2^5;
#define LCD_A0_SET()              LCD_A0  =  1
#define LCD_A0_CLR()              LCD_A0  =  0

sbit LCD_RW  =  P2^4;
#define LCD_RW_SET()              LCD_RW  =  1
#define LCD_RW_CLR()              LCD_RW  =  0

sbit LCD_EP  =  P2^3;
#define LCD_EP_SET()              LCD_EP  =  1
#define LCD_EP_CLR()              LCD_EP  =  0

#define LCD_Data_GPIO()                   //无定义
#define LCD_Data_Out()                    //无定义
#define LCD_Data_In()             P0  =  0xff
#define LCD_Data_BUS_Clr()                //无定义
#define LCD_Data_BUS_Set(n)       P0  =  n
#define LCD_Data_Read()           P0

#endif
```

上面程序中大量使用了标准 C 语言中的宏定义代码，包括了一些条件编译、define 定义等，只有一个目的：方便移植及修改。例如，在前面的代码当中就使用了一个条件编译的宏代码：

```
//note:如果您使用 C 语言编写 LCD 的底层接口程序的话,这里的定义才会有用
// this file for MCU I/O port or the orther's hardware config
// for LCD Display
#ifndef   _LCD_PORTCONFIG_H_
#define   _LCD_PORTCONFIG_H_
……//在此省略代码
#endif
```

第一行"#ifndef _LCD_PORTCONFIG_H_" 如果没有做过"_LCD_PORTCONFIG_H_"的定义,则 C 编译器会把该行之后的代码(宏)进行编译,直至"#endif"处;而在第二行中有"#define_LCD_PORTCONFIG_H_",对"_LCD_PORTCONFIG_H_"进行了定义,此行的意义在于当该头文件重复多次被包含时,这些被#ifndef～～～～#endif 之间的宏以及相关的代码不重复编译。其实将一些指令译成中文意义,大概如下(这样可能对一些初学者来说更容易理解一些):

```
如果没有定义宏  _LCD_PORTCONFIG_H_ 则往下进行编译
在此处定义宏  _LCD_PORTCONFIG_H_
……//在此省略代码
结束前面对应的"如果"条件编译
```

接下来对一些连接 LCD 的控制端口进行了定义,如控制 LCD 的 CS 端口的定义如下:

```
sbit LCD_CS = P2^7;
#define LCD_CS_SET()        LCD_CS = 1
#define LCD_CS_CLR()        LCD_CS = 0
```

利用 C51 的位定义指令 sbit 将 LCD_CS 等同于端口位 P2^7,即 P2 端口的最高位,而在 LCD 驱动程序中对 LCD 操作时,将不会直接出现对 P2 端口的操作,我们使用 LCD_CS 的位变量定义来替代它;接着做了两个定义,如将"LCD_CS_SET()"定义为"LCD_CS = 1",则在之后的代码中再出现" LCD_CS_SET()"时,就等同于出现"P2^7 = 1",即将 P2 的 bit7 端口置 1,相当于将 LCD 的 CS 端口置高电平。同样的,还将"LCD_CS_CLR()"定义为"LCD_CS = 0"。

然而为什么非要这样使用呢?其实可以这样来考虑,如果需要修改连接端口,将 LCD 模块的 CS 端口连接到 P1 口的 bit0 位时,在前面的定义中,只需要修改"sbit LCD_CS = P1^0;"即可;而对于为何要定义"LCD_CS_SET()"和"LCD_CS_CLR()",感兴趣的朋友将可以从后面的章节中体会到(移植通用 LCD 驱动程序至另一个 MCU)。

上面的程序代码对 P0 端口进行了重定义,即"#define DAT_PORT P0",这样,在其他的代码里面都将使用 DAT_PORT 操作 P0 端口,实际上是定义了与 MzL02 的 8 位数据端口连接的 P0 口;如果在其他的应用当中不再使用 P0 口作数据口,如改用了 P1 口等,则只要在

LCD_PortConfig.h 中修改这个重定义就可以了。

其他的端口定义也类似：LCD_EP 定义为 P2.3 口，即接 MzL02 的 EP 口；LCD_RW 定义为 P2.4 口，即接 RW 读/写控制；LCD_A0 定义为 P2.5 口，即接 A0 数据命令选择端口；LCD_CS 定义为 P2.7 口，即接片选；LCD_RS 定义为 P2.6 口，即接 LCD 模块的外部复位端口。

2.2.2　MCU 与 LCD 的基本时序控制程序

一般来说，LCD 模块的控制都是通过单片机对 LCD 模块的内部寄存器、显存进行操作来最终完成的。这里设计了 3 个基本的时序控制程序，分别是写寄存器函数(LCD_RegWrite)、数据写函数(LCD_DataWrite)、数据读函数(LCD_DataRead)。这 3 个函数需要严格地按照 LCD 所要求的时序来编写。MzL02 模块的时序如图 2-2 所示。

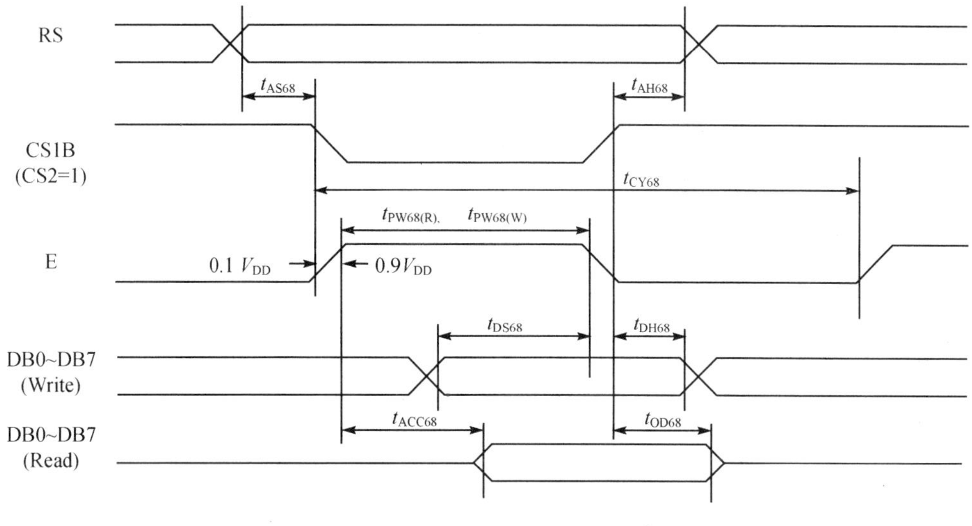

图 2-2　MzL02 模块的 6800 时序示意

注意：图 2-2 是该模块控制 IC 资料中的原版时序图，有些示意不太确切(少标了 RW 线信号的要求)，不过这些不再讨论。

图 2-2 中的 CS1B(CS2)信号即为片选 CS，RS 为数据/寄存器的选择端口 A0 信号，E 为 EP。写入寄存器数据时，首先要将 A0 置低，以通知 LCD 模块即将进行的是对寄存器的操作；而 RW 线需要置低，以示即将要进行的是写入的操作；然后片选 CS 信号置低，装载数据至总线，然后在 EP 线上产生一个下降沿以触发 LCD 模块将总线上的数据最终载入；这些操作完成后一般都会将各个信号线的状态恢复。而数据(显存)写入、数据读出的操作时序也比较类似，直接参考例程即可。

```
//==========================================================================
// 函数：void LCD_RegWrite(unsigned char Command)
// 描述：写一个字节的数据至 LCD 中的控制寄存器当中
// 参数：Command          写入的数据，低 8 位有效(byte)
// 返回：无
// 版本：
//        2007/01/09        First version
//==========================================================================
void LCD_RegWrite(LCDBYTE Command)
{
    LCD_A0_CLR();                         //A0 置低，示意进行寄存器操作
    LCD_RW_CLR();                         //RW 置低，示意进行写入操作
    LCD_EP_SET();                         //EP 先置高，以便后面产生跳变沿
    LCD_CS_CLR();                         //片选 CS 置低
    LCD_Data_BUS_Clr();                   //将数据总线清零(当然对于本例，没有定义)
    LCD_Data_BUS_Set(Command);            //装载数据置总线
    LCD_EP_CLR();                         //产生有效的跳变沿
    LCD_CS_SET();
}
```

数据写入以及读出的函数源码如下：

```
//==========================================================================
// 函数：void LCD_DataWrite(unsigned char Dat)
// 描述：写一个字节的显示数据至 LCD 中的显示缓冲 RAM 当中
// 参数：Data  写入的数据
// 返回：无
// 版本：
//        2007/01/09        First version
//==========================================================================
void LCD_DataWrite(LCDBYTE Dat)
{
    LCD_A0_SET();                     //A0 置高，示意进行显存数据操作
    LCD_RW_CLR();                     //RW 置低，示意进行写入操作
    LCD_EP_SET();                     //EP 先置高，以便后面产生跳变沿
    LCD_CS_CLR();
    LCD_Data_BUS_Clr();
    LCD_Data_BUS_Set(Dat);
    LCD_EP_CLR();
    LCD_CS_SET();
```

```
}
//=========================================================================
// 函数：unsigned char LCD_DataRead(void)
// 描述：从LCD中的显示缓冲RAM当中读一个字节的显示数据
// 参数：无
// 返回：读出的数据
// 版本：
//       2007/01/09       First version
//=========================================================================
LCDBYTE LCD_DataRead(void)
{
    LCDBYTE Read_Data;
    LCD_Data_In();                        //51的端口在输入之前,要先给端口全置1
    LCD_A0_SET();                         //A0置高,示意进行显存数据操作
    LCD_RW_SET();                         //RW置高,示意进行读出操作
    LCD_EP_SET();                         //EP先置高,以便后面产生跳变沿
    LCD_CS_CLR();                         //片选CS置低
    LCD_EP_CLR();                         //先在EP产生一个有效跳变沿,即空读操作
    LCD_EP_SET();
    LCD_EP_CLR();                         //再由EP产生一个有效跳变沿,数据载入至总线
    LCD_EP_SET();
    Read_Data = LCD_Data_Read();
    LCD_Data_Out();                       //读完后恢复数据端口为输出(本例无定义)
    LCD_CS_SET();
    return Read_Data;
}
```

以上便是要介绍的最基本的时序操作程序,它们几乎是整个LCD驱动程序当中与底层硬件打交道的代码了。要改变驱动LCD的MCU端口时或者换用别的MCU来驱动LCD时,基本上只需要在这些代码里做一下修改即可。

(1) 关于读LCD状态

一般的LCD模块中还有一个功能同样重要,就是读LCD状态;可以通过此操作获取当前LCD模块的忙状态以及一些相关的状态信息。当LCD模块正处于忙状态时,不宜对它进行数据的写入或读出操作(有很多较老式的LCD控制器规定在忙的状态下不允许写入或读出数据)。所以,很多LCD的驱动程序会在寄存器写入、数据写入/读出的操作前加入读取LCD状态并判别忙状态的代码。不过,对于像MzL02这样较新推出的LCD控制器来说,已经对忙状态不是很在乎了,或者说影响已经很小了;所以前面的代码当中并没有加入这样的代码。至于有没有必要加入读状态判忙的代码,要视具体的LCD控制器而定。

(2) 关于时序的时间要求

时序的一个非常重要的数据就是类似图 2-2 中标出的 t_{AS88} 之类的时间长短要求，只是该图中并没有标出它们最大、最小值的具体要求；但在编写这类时序接口程序时，它们还是非常重要的，当然还要看 MCU 的端口操作速度以及 MCU 的指令执行速度。打个比方，有的时序里就要求某些信号的电平保持最小宽度，而如果 MCU 的指令执行速度以及端口操作速度非常快，就需要酌情在连续操作端口的代码之间加入适量的延时（通常用空操作来代替；具体需要多少个空操作，就要视具体的单片机系统以及 LCD 控制器而定），以保证该信号的脉冲宽度满足要求。

本文列出的源代码中并没有为时序的要求而插入空操作或延时处理，因为例程调试时使用的单片机速度并不是非常快（MCS-51，11.059 2 MHz 的速度，12 指令周期），况且现在 LCD 控制器的总线速度都很快，因此没有必要加入了。

2.3 LCD 的初始化

LCD 模块的初始化主要就是对 LCD 模块的寄存器进行初始化，也就是对 LCD 控制器当中的寄存器写入要预设的数据，设置好 LCD 的特性。MzL02 模块的初始化如下：

```
//==========================================================================
// 函数：void LCD_Init(void)
// 描述：LCD 初始化程序，在里面会完成 LCD 初始所需要设置的许多寄存器，具体如果
// 用户想了解，建议查看 DataSheet 当中各个寄存器的意义
// 参数：无
// 返回：无
// 版本：
//        2006/10/15        First version
//        2007/01/09          V1.2
//==========================================================================
//延时程序
void TimeDelay(WORD Time)
{
    WORD i;
    while(Time > 0)
    {
        for(i = 0;i < 800;i++)
        {
            ;
        }
```

```
        Time -- ;
    }
}
void LCD_Init(void)
{
    //LCD 驱动所使用到的端口的初始化(如果有必要的话)
//  LCD_PortInit();
    LCD_RS = 0;
    TimeDelay(200);
    LCD_RS = 1;

    LCD_RegWrite(0xaf);                     //LCD On
    LCD_RegWrite(0x2f);                     //设置上电控制模式

    LCD_RegWrite(0x81);                     //电量设置模式(显示亮度)
    LCD_RegWrite(0x1f);                     //指令数据 0x0000~0x003f

    LCD_RegWrite(0x27);                     //V5 内部电压调节电阻设置
    LCD_RegWrite(0xa2);                     //LCD 偏压设置

    LCD_RegWrite(0xc8);                     //Com 扫描方式设置,反向
    LCD_RegWrite(0xa0);                     //Segment 方向选择,正常
    LCD_RegWrite(0xa4);                     //全屏点亮/变暗指令
    LCD_RegWrite(0xa6);                     //正向反向显示控制指令

    LCD_RegWrite(0xac);                     //关闭静态指示器
    LCD_RegWrite(0x00);                     //指令数据

    LCD_RegWrite(0x40 + 32);                //设置显示起始行对应 RAM
    LCD_RegWrite(0xe0);                     //设置读写改模式
}
```

可以看到,有一行屏蔽掉的代码:“LCD_PortInit();”。有些单片机的端口在使用前是需要初始化的,这时就需要在 LCD 初始化之前完成对端口的初始化,而 MCS-51 的端口是双向口,无需初始其方向,所以在此将该函数屏蔽。

对寄存器进行写入操作前,一般会控制端口对 LCD 模块进行一次外部的硬件复位,即给 LCD 模块的复位端口一个低电平的脉冲,这样就可以确保 LCD 完成正确的复位。当然,如果在硬件上可以保证 MCU 对 LCD 操作前 LCD 模块已经完全完成了复位,则也可以不需要这样的代码。此外,从合理性来说,对 LCD 的复位操作最好是放置在 LCD_PortInit 函数当中,

因为如果放在上面代码中的那个位置，则需要移植驱动程序到另外的单片机时，这块的代码也可能需要修改，相对麻烦一些而已。

一般来说，LCD 模块的初始化代码(即 LCD 模块的寄存器初始化时所需要的设置)都由厂商提供，因为有些设置与集成 LCD 模块时的配置有关；如不告知用户推荐设置，则往往会让使用者浪费时间在摸索合适的配置上。

在初始化的代码当中可以看到，都是通过之前写好的寄存器写入子函数来对 LCD 进行操作的，当需要换用另外的单片机来驱动控制同样的 LCD 模块时，则不需要修改这部分代码。

若想了解 LCD 屏一些寄存器设置的作用，最好的方法是做实验修改一下设置，再观察现象，做一下简单的对比即可了解。

而对于现在的很多单片机来说，它们的端口在使用前都需要进行初始化，以便定义 LCD 驱动程序要使用到的端口到底是作为输入还是输出端口，端口初始化程序如下：

```
//==============================================
// 函数：void LCD_PortInit(void)
// 描述：与 LCD 连接的端口初始化代码
// 参数：无
// 返回：无
//      2007/01/09      First version
//==============================================
void LCD_PortInit(void)
{
    LCD_Ctrl_GPIO();
    LCD_Ctrl_Out();
    LCD_Data_GPIO();
    LCD_Data_Out();
}
```

端口初始化程序中引用了 LCD_PortConfig.h 中定义的一些宏，读者可以在那里将所定义的宏替代进去看一下。当然，对于 MCS-51 单片机来说，它的端口是三态的，是不需要进行方向的初始化的；然而为了便于保留这些程序的结构，依然将这些空的宏定义继续引用在该程序当中。

注意：LCDBYTE、DOTBYTE 等的重定义数据类型在 LCD _Config.h 当中进行了定义。

2.4 绘点子程序

2.4.1 基本绘点函数

前面已经提到，通用 LCD 驱动程序是基于绘点功能的，这里介绍这个基本的绘点子程序，源代码如下：

```
//=========================================================================
// 函数：void Write_Dot_LCD(unsigned char x,unsigned char y,unsigned char i)
// 描述：在 LCD 的真实坐标系上的 X、Y 点绘制填充色为 i 的点
// 参数：x          X 轴坐标
//       y          Y 轴坐标
//       i          要填充的点的颜色
// 返回：无
//      2006/10/15      First version
//      2007/01/09        V1.2
//=========================================================================
void Write_Dot_LCD(DOTBYTE x,DOTBYTE y,LCDBYTE i)
{
    DOTBYTE x_low,x_hight;                    //定义列地址的高低位指令
    DOTBYTE Dot_Mask_Buf = 0x01;
    DOTBYTE y_Page;                           //用于存放要画点的位置所在的 byte 数据位置
    x = x+1;
    x_low = (x&0x0f);                         //定位列地址设置的低位指令
    x_hight = ((x>>4)&0x0f) + 0x10;           //定位列地址设置的高位指令
    switch(y&0x07)
    {
        case 0: Dot_Mask_Buf = 0x01;break;
        case 1: Dot_Mask_Buf = 0x02;break;
        case 2: Dot_Mask_Buf = 0x04;break;
        case 3: Dot_Mask_Buf = 0x08;break;
        case 4: Dot_Mask_Buf = 0x10;break;
        case 5: Dot_Mask_Buf = 0x20;break;
        case 6: Dot_Mask_Buf = 0x40;break;
        case 7: Dot_Mask_Buf = 0x80;break;
    }
    y_Page = (y>>3) + 0xb0;                   //Get the page of the byte
    LCD_RegWrite(y_Page);
    LCD_RegWrite(x_low);
    LCD_RegWrite(x_hight);
    y_Page = LCD_DataRead();
    if(i) y_Page |= Dot_Mask_Buf;
    else y_Page &= ~Dot_Mask_Buf;
    LCD_DataWrite(y_Page);
}
```

1.6 节已经介绍了在 LCD 屏上绘制点的程序设计思想，而上面的代码更具体地展现了这一基本的程序设计思路。

该函数执行时，首先会对 X 轴坐标进行加 1 的操作，实际上是因为 LCD 的控制 IC 当中显存的点数为 132×65，而 LCD 玻璃屏上只有 128×64 点；所以，会有 4 列显存在 LCD 屏上没有对应的点，而具体哪些列不对应在 LCD 屏上则由 LCD 玻璃的封装厂在配置时决定，通常是开头或者最后的几列。MzL02 模块中，当 Segment 采用正向扫描时，第 0 列和最后的 3 列不对应于 LCD 玻璃上。所以，为了使坐标轴归零才在这个函数中对 X 轴坐标加 1，这样，从上层的程序看起来，LCD 的显示依然从第 0 列开始对应最左边的一列。

X 轴坐标需要分两个寄存器设置，所以在代码当中对处理过的 X 轴坐标进行高低位数据的分离。而 Y 轴的坐标在传递入该函数时是以 0～63 的点范围传递过来的，而在第 1 章中已有说明，MzL02 模块的 Y 轴实际上是以 Page 形式存在的，每个 Page 有 8 个点，分别对应 1 字节的 8 位；所以也对 y 值进行处理，提取出该点所对应的 Page 值以及该点对应 Byte 当中具体位的位置。

处理完 X 和 Y 轴的坐标值后，代码当中调用寄存器写入函数来完成显存数据指针的指向设置操作，以表明即将进行的读/写操作是针对于显存中的哪一个数据进行操作的。

在"读—改—写"的操作流程中可以看到，代码里依据 i 的值来对读回的数据进行操作，如下面代码片断：

```
……
    y_Page = LCD_DataRead();
    if(i) y_Page |= Dot_Mask_Buf;
    else y_Page &= ~Dot_Mask_Buf;
    LCD_DataWrite(y_Page);
……
```

当 i 为 1 时，将要绘点的位进行置位操作，即画出黑点；当 i 为零时，对其进行清零操作，即清除该点；操作完成之后再将数据写入显存当中，这些操作是不会影响屏上其他点状态的。

上面便是 MzL02 模块的绘点函数，其具体的操作流程是与 LCD 模块的特性相关的，即 LCD 屏的操作方法相关；所以，在移植通用 LCD 驱动程序至另外一块 LCD 屏时，该函数是需要进行一定修改的。

2.4.2 一些扩展的基础功能函数

除了基本的绘点函数之外，在这个通用 LCD 驱动程序中还编写了一个全屏填充的函数，用于清屏或全屏填充，程序如下：

```
//===============================================
// 函数：void LCD_Fill(unsigned char Data)
```

```
// 描述：全屏填充以 Data 的数据至各点中
// 参数：Data 要填充的颜色数据
// 返回：无
// 版本：
// 2006/10/15        First version
// 2007/01/09        V1.2
//=============================================
void LCD_Fill(LCDBYTE Data)
{
    DOTBYTE i,j = 0;
    DOTBYTE uiTemp;
    uiTemp = Dis_Y_MAX;
    uiTemp = uiTemp>>3;
    for(i = 0;i<= uiTemp;i++)                          //往 LCD 中填充初始化的显示数据
    {
        LCD_RegWrite(0xb0 + i);
        LCD_RegWrite(0x00 + 1);
        LCD_RegWrite(0x10);
        for(j = 0;j<= Dis_X_MAX;j++)
        {
            LCD_DataWrite(Data);
        }
    }
    LCD_RegWrite(0xe0);
}
```

2.5　驱动配置头文件 LCD_Config

驱动程序中还设计了一个头文件 LCD_Config.h，该文件里对 LCD 模块的点阵数量以及坐标轴方向做了软件的定义，另外还定义了一些在 LCD 初始化时的 LCD 寄存器命令。下面先看看有关 LCD 寄存器命令的定义，如下：

```
//以下定义为针对于 MzL02 的功能指令进行定义的,局部可修改~
//LCD 供电电平选择
#define     M_LCD_VDD_SET     M_LCD_SETR_4        //3.3V 供电时选此二项
#define     M_LCD_VDD         M_LCD_BIAS_9        //...
//#define   M_LCD_VDD_SET     M_LCD_SETR_4        //5.0V 供电时选此二项
//#define   M_LCD_VDD         M_LCD_BIAS_9        //...
//LCD 指令
```

```
//LCD 开关命令
#define     M_LCD_ON            0xaf
#define     M_LCD_OFF           0xae
//设置上电控制模式
#define     M_LCD_POWER_BC      0x2c
#define     M_LCD_POWER_VR      0x2a
#define     M_LCD_POWER_VC      0x29
#define     M_LCD_POWER_ALL     0x2f
//V5 内部电压调节电阻设置……
#define     M_LCD_SETR_0        0x20
#define     M_LCD_SETR_1        0x21
#define     M_LCD_SETR_2        0x22
#define     M_LCD_SETR_3        0x23
#define     M_LCD_SETR_4        0x24
#define     M_LCD_SETR_5        0x25
#define     M_LCD_SETR_6        0x26
#define     M_LCD_SETR_7        0x27
//...end
#define     M_LCD_ELE_VOL       0x81                    //电量设置模式(显示亮度)
//偏压设置
#define     M_LCD_BIAS_9        0xa2                    //V5 时选此选项设置
#define     M_LCD_BIAS_7        0xa1                    //V3 时选此选项设置
//Com  扫描方式设置命令
#define     M_LCD_COM_NOR       0xc0                    //正常方式
#define     M_LCD_COM_REV       0xc8                    //反相
//Segment 方向选择
#define     M_LCD_SEG_NOR       0xa0                    //正常
#define     M_LCD_SEG_REV       0xa1                    //反向
//全屏点亮/变暗指令
#define     M_LCD_ALL_LIGNT     0xa5                    //LCD ALL paint ON
#define     M_LCD_ALL_LOW       0xa4                    //Normal Display mode
//正相反相显示控制指令,RAM 中数据不变
#define     M_LCD_ALL_NOR       0xa6                    //正相
#define     M_LCD_ALL_REV       0xa7                    //反相
//静态指示器控制指令
#define     M_LCD_STATIC_ON     0xad                    //ON
#define     M_LCD_STATIC_OFF 0xac                       //OFF
//设置显示起始行对应 RAM 行号
#define     M_LCD_BEGIN_LINE 0x40                       //基数,后面可加的尾数可为 0～63
```

```
//设置当前页基数
#define    M_LCD_COL_PAGE      0xb0                    //基数指令,后可加尾数 0～8
//设置当前列基数
#define    M_LCD_COL_LINE_LOW  0x04                    //基数指令,低四位有效
#define    M_LCD_COL_LINE_HIG  0x10                    //基数指令,低四位有效
```

LCD 控制器的寄存器设置命令(实际上就是命令与数据的结合)在 LCD 的初始化代码当中使用(前面列出的 LCD 初始化代码是做了修改的,只是把宏定义换为数字表示而已),下面可以再看看实际程序中的初始化代码:

```
void LCD_Init(void)
{
    //LCD 驱动所使用到的端口的初始化(如果有必要的话)
//  LCD_PortInit();
    LCD_RS = 0;
    TimeDelay(200);
    LCD_RS = 1;
    TimeDelay(20);

    LCD_RegWrite(M_LCD_ON);                     //LCD On
    LCD_RegWrite(M_LCD_POWER_ALL);              //设置上电控制模式

    LCD_RegWrite(M_LCD_ELE_VOL);                //电量设置模式(显示亮度)
    LCD_RegWrite(0x1f);                         //指令数据 0x0000～0x003f

    LCD_RegWrite(M_LCD_VDD_SET);                //V5 内部电压调节电阻设置
    LCD_RegWrite(M_LCD_VDD);                    //LCD 偏压设置,V3 时选

    LCD_RegWrite(M_LCD_COM_REV);                //Com 扫描方式设置
    LCD_RegWrite(M_LCD_SEG_NOR);                //Segment 方向选择
    LCD_RegWrite(M_LCD_ALL_LOW);                //全屏点亮/变暗指令
    LCD_RegWrite(M_LCD_ALL_NOR);                //正向反向显示控制指令

    LCD_RegWrite(M_LCD_STATIC_OFF);             //关闭静态指示器
    LCD_RegWrite(0x00);                         //指令数据

    LCD_RegWrite(M_LCD_BEGIN_LINE + 32);        //设置显示起始行对应 RAM
    LCD_Fill(LCD_INITIAL_COLOR);
}
```

而 LCD_Config. h 头文件对一些数据类型进行了重定义,以便于移植液晶程序时无须修改整个程序。当然这些定义还对应着液晶模块的一些特性,如下:

```
typedef unsigned char LCDBYTE;          //重定义有关 LCD 的,也即 LCD 当中的数据位宽
typedef unsigned char DOTBYTE;          //重定义有关 LCD 的,也即 LCD 的点阵数量
```

```
typedef signed short   DISWORD;            //重定义在 LCD_Dis.c 文件中一些中间处理的数据的宽度
typedef code unsigned char FLASH;          //重定义驱动当中存放到 CODE 的数据类型声明
typedef unsigned char BYTE;
typedef unsigned short WORD;
typedef unsigned long DWORD;
typedef unsigned int BOOL;
```

例如，LCDBYTE 关系着 LCD 模块的数据位宽，一般单色的 LCD 模块直接使用 unsigned char，毕竟 C 语言当中也不好去定义小于这个长度的变量；而彩色的 TFT(比如 16 位色深度的 TFT)则使用 unsigned short，即该变量长度的定义决定着驱动程序中传输给 LCD 模块显示的点的颜色位数，即数据位宽。

DOTBYTE 的定义与 LCD 模块的点阵数量有关系，比如 MzL02 模块的点阵数为 128×64，也就是，在表示这个模块的 X 和 Y 轴地址时，是不会超过 unsigned char 的最大值的，而像一些点数多的模块，如 320×240 的模块，就不能再用 unsigned char 了，而应该用 unsigned short 或者 int 型。

DISWORD 的定义一般用在一些绘图计算时产生中间量数据的定义。而 LCD_Config.h 当中还有一些定义，如下：

```
#define LCD_X_MAX              128 - 1                //屏幕的 X 轴的物理宽度
#define LCD_Y_MAX              64 - 1                 //屏幕的 Y 轴的物理宽度

#define LCD_XY_Switch          0                      //显示时 X 轴和 Y 由交换
#define LCD_X_Rev              0                      //显示时 X 轴反转
#define LCD_Y_Rev              0                      //显示时 Y 轴反转

#if LCD_XY_Switch == 0
    #define Dis_X_MAX          LCD_X_MAX
    #define Dis_Y_MAX          LCD_Y_MAX
#endif

#if LCD_XY_Switch == 1
    #define Dis_X_MAX          LCD_Y_MAX
    #define Dis_Y_MAX          LCD_X_MAX
#endif

#define LCD_INITIAL_COLOR      0x00                   //定义 LCD 屏初始化时的背景色
#define LCD_DIS_CIRCLE         0                      //定义是否需要绘制圆形的功能
```

配置文件中对 LCD 的物理尺寸(点数)进行了定义，且随后定义了软件上进行坐标变换以及坐标轴反转；在 LCD 驱动的功能接口程序当中会引用这些定义来限制对 LCD 的显控操作，以防止操作超出 LCD 的显示范围。

在完整版驱动程序的功能程序当中，程序会从 Dis_X_MAX 和 Dis_Y_MAX 获得定义的 LCD 屏物理点数，所以，LCD_XY_Switch 的定义决定 X 轴和 Y 轴的坐标是否对调了。当然，代码当中还会有一些代码根据 LCD_XY_Switch 的定义而有选择性地进行编译，以配合坐标轴的变换。类似的定义还有 LCD_X_Rev 和 LCD_Y_Rev，都在功能程序中有相应的宏定义选择对应的代码进行编译。

LCD_INITIAL_COLOR 定义了 LCD 屏初始化时的背景色。而由宏 LCD_XY_Switch、LCD_X_Rev 和 LCD_Y_Rev 管控的坐标轴变换体系的条件编译代码当然也是在 LCD_Config. h 当中：

```
#if LCD_XY_Switch == 0&&LCD_X_Rev == 0&&LCD_Y_Rev == 0
    #define Pos_Switch(x,y)
    #define Writ_Dot(x,y,c)           Write_Dot_LCD(x,y,c)
    #define Get_Dot(x,y)              Get_Dot_LCD(x,y)
    #define Set_Dot_Addr(x,y)         Set_Dot_Addr_LCD(x,y)
#endif
#if LCD_XY_Switch == 0&&LCD_X_Rev == 1&&LCD_Y_Rev == 0
    #define Pos_Switch(x,y)           x = Dis_X_MAX - x
    #define Writ_Dot(x,y,c)           Write_Dot_LCD(Dis_X_MAX - x,y,c)
    #define Get_Dot(x,y)              Get_Dot_LCD(Dis_X_MAX - x,y)
    #define Set_Dot_Addr(x,y)         Set_Dot_Addr_LCD(Dis_X_MAX - x,y)
#endif
#if LCD_XY_Switch == 0&&LCD_X_Rev == 0&&LCD_Y_Rev == 1
    #define Pos_Switch(x,y)           y = Dis_Y_MAX - y
    #define Writ_Dot(x,y,c)           Write_Dot_LCD(x,Dis_Y_MAX - y,c)
    #define Get_Dot(x,y)              Get_Dot_LCD(x,Dis_Y_MAX - y)
    #define Set_Dot_Addr(x,y)         Set_Dot_Addr_LCD(x,Dis_Y_MAX - y)
#endif
#if LCD_XY_Switch == 0&&LCD_X_Rev == 1&&LCD_Y_Rev == 1
    #define Pos_Switch(x,y)           x = Dis_X_MAX - x;\
                                      y = Dos_Y_MAX - y
    #define Writ_Dot(x,y,c)           Write_Dot_LCD(Dis_X_MAX - x,Dis_Y_MAX - y,c)
    #define Get_Dot(x,y)              Get_Dot_LCD(Dis_X_MAX - x,Dis_Y_MAX - y)
    #define Set_Dot_Addr(x,y)         Set_Dot_Addr_LCD(Dis_X_MAX - x,Dis_Y_MAX - y)
#endif

#if LCD_XY_Switch == 1&&LCD_X_Rev == 0&&LCD_Y_Rev == 0
    #define Pos_Switch(x,y)           x = x + y;\
                                      y = x - y;\
                                      x = x - y;
```

```
    #define Writ_Dot(x,y,c)            Write_Dot_LCD(y,x,c)
    #define Get_Dot(x,y)               Get_Dot_LCD(y,x)
    #define Set_Dot_Addr(x,y)          Set_Dot_Addr_LCD(y,x)
#endif
#if LCD_XY_Switch == 1&&LCD_X_Rev == 1&&LCD_Y_Rev == 0
    #define Pos_Switch(x,y)            x = Dis_X_MAX - x;\
                                       x = x + y;\
                                       y = x - y;\
                                       x = x - y;
    #define Writ_Dot(x,y,c)            Write_Dot_LCD(y,Dis_X_MAX - x,c)
    #define Get_Dot(x,y)               Get_Dot_LCD(y,Dis_X_MAX - x)
    #define Set_Dot_Addr(x,y)          Set_Dot_Addr_LCD(y,Dis_X_MAX - x)
#endif
#if LCD_XY_Switch == 1&&LCD_X_Rev == 0&&LCD_Y_Rev == 1
    #define Pos_Switch(x,y)            y = Dis_Y_MAX - y;\
                                       x = x + y;\
                                       y = x - y;\
                                       x = x - y;
    #define Writ_Dot(x,y,c)            Write_Dot_LCD(Dis_Y_MAX - y,x,c)
    #define Get_Dot(x,y)               Get_Dot_LCD(Dis_Y_MAX - y,x)
    #define Set_Dot_Addr(x,y)          Set_Dot_Addr_LCD(Dis_Y_MAX - y,x)
#endif
#if LCD_XY_Switch == 1&&LCD_X_Rev == 1&&LCD_Y_Rev == 1
    #define Pos_Switch(x,y)            x = Dis_X_MAX - x;\
                                       y = Dis_Y_MAX - y;\
                                       x = x + y;\
                                       y = x - y;\
                                       x = x - y;
    #define Writ_Dot(x,y,c)            Write_Dot_LCD(Dis_Y_MAX - y,Dis_X_MAX - x,c)
    #define Get_Dot(x,y)               Get_Dot_LCD(Dis_Y_MAX - y,Dis_X_MAX - x)
    #define Set_Dot_Addr(x,y)          Set_Dot_Addr_LCD(Dis_Y_MAX - y,Dis_X_MAX - x)
#endif

#define Match_xy(s,e) if(s>e){s = s + e;e = s - e;s = s - e;}
```

这些重定义函数在 LCD_Config.h 中都有详细的注释，在此就不一一说明，而其中 Writ_Dot(x,y,c)的宏定义对底层驱动中 Write_Dot_LCD 函数进行了重新的包装，当然是针对于不同的坐标轴变换条件下，这样在 LCD_Dis.c 中的各种绘图、字符显示功能程序就调用 Writ_Dot 宏来间接调用 Write_Dot_LCD 函数；如果需要修改 LCD 屏显示的坐标关系，则只需要修改 LCD_Config.h 当中的宏定义即可。实际上，这里相当于做了一个软件的坐标变换体系。

2.6　LCD驱动功能接口程序

通用LCD驱动功能接口程序为LCD_Dis.c文件当中的函数，主要包括两大类：

- 基本绘图功能函数：绘点、直线、矩形、矩形框、圆形、圆框等；
- 字符显示功能函数：西文字符显示、西文字符串显示、中文字符显示。

这些功能接口程序都基于前面介绍的绘点函数，其实，这样的做法并不是很高效，可以说是利用软件而牺牲了硬件的速度；但考虑到普通的人机界面程序要求并不是非常快，只要在人的视觉能反应过来的时间里完成显示的刷新就可以，而且也综合考虑了移植性、可读性，才选用了这样的程序架构。

一般LCD模块都会提供这样或者那样的特性，以便于MCU对其显示控制，但通常每种LCD模块都有自己的一套特殊功能。所以，若要编写最高效的LCD驱动程序，就不必参考本书介绍的架构了，直接根据每个LCD屏的特性来编写即可；不过现在常用的单片机性能已经不同于传统的MCS-51了，利用软件牺牲一下硬件也未尝不可。

2.6.1　基本绘图功能函数

在本书提供的MzL02模块的通用LCD驱动程序当中，基本绘图功能函数一共提供了如下几个：

- 绘制点：PutPixel；
- 绘制直线：Line；
- 绘制矩形(框)：Rectangle。

考虑到圆形(框)绘制的功能极少用到，所以将这块代码裁减掉了。

绘点程序的代码如下：

```
//==============================================================
// 函数：void PutPixel(int x,int y)
// 描述：在x、y点上绘制一个前景色的点
// 参数：x  X轴坐标       y  Y轴坐标
// 返回：无
// 备注：使用前景色
// 版本：
//       2006/10/15       First version
//==============================================================
void PutPixel(DOTBYTE x,DOTBYTE y)
{
    Writ_Dot (x,y,BMP_Color);
}
```

绘点程序非常简单，就是直接调用了之前介绍的绘点函数；这里只不过重新做一下包装，统一函数接口。

不过，在代码中可以看到有一个屏蔽掉的函数：Writ_Dot，它就是我们前面所说的实现坐标变换功能的软绘点子程序；这个函数与 LCD 驱动配置头文件里的坐标轴相关的定义有关联，实现了在软件上的坐标轴变换处理。

绘制直线程序是基于绘点函数的，依据的是直线起始坐标位置算出的斜率，然后从起点开始一个点一个点地绘制。源码如下：

```
//================================================================
// 函数：void Line(unsigned char s_x,unsigned char s_y,unsigned char e_x,unsigned char e_y)
// 描述：以 s_x、s_y 为起始坐标，e_x、e_y 为结束坐标绘制一条直线
// 参数：x  X轴坐标        y  Y轴坐标
// 返回：无
// 备注：使用前景色
//        2006/10/15        First version
//================================================================
void Line(LCDBYTE s_x,LCDBYTE s_y,LCDBYTE e_x,LCDBYTE e_y)
{
    signed short Offset_x,Offset_y,Offset_k = 0;
    signed short Err_d = 1;
    if(s_y>e_y)
    {
        Offset_x = s_x;
        s_x = e_x;
        e_x = Offset_x;
        Offset_x = s_y;
        s_y = e_y;
        e_y = Offset_x;
    }
    Offset_x = e_x-s_x;
    Offset_y = e_y-s_y;
    Writ_Dot(s_x,s_y,BMP_Color);
    if(Offset_x<0)
    {
        Offset_x = s_x-e_x;
        Err_d = -1;
    }
    if(Offset_x==0)
```

```
{
    while(s_y<e_y)
    {
        s_y++;
        if(s_y>Dis_Y_MAX) return;
        Writ_Dot (s_x,s_y,BMP_Color);
    }
    return;
}
else if(Offset_y==0)
{
    while(s_x!=e_x)
    {
        s_x+=Err_d;
        if(s_x>Dis_X_MAX) return;
        Writ_Dot (s_x,s_y,BMP_Color);
    }
    return;
}
if(Offset_x>Offset_y)
{
    Offset_k += Offset_y;
    while(s_x!=e_x)
    {
        if(Offset_k>0)
        {
            s_y+=1;
            Offset_k += (Offset_y-Offset_x);
        }
        else Offset_k += Offset_y;
        s_x+=Err_d;
        if(s_x>Dis_X_MAX||s_y>Dis_Y_MAX) break;
        Writ_Dot (s_x,s_y,BMP_Color);
    }
}
else
{
    Offset_k += Offset_x;
    while(s_y!=e_y)
```

```
            {
                if(Offset_k>0)
                {
                    s_x+=Err_d;
                    Offset_k += (Offset_x-Offset_y);
                }
                else Offset_k += Offset_x;
                s_y+=1;
                if(s_x>Dis_X_MAX||s_y>Dis_Y_MAX) break;
                Writ_Dot (s_x,s_y,BMP_Color);
            }
        }
    }
```

在绘制直线的子程序里，首先对起始点和结束点的坐标值进行判断，以便统一从 X 轴由小到大的方向绘直线上的点；然后计算直线的起始点和结束点相对的偏移值，并绘制起始点。

假设直线的相对斜率 K=offset_x/offset_y，则在后续的代码中会判断 K 值是否大于 1，并据此选择以 X 轴还是以 Y 轴为基准绘制直线。绘制直线的过程实际上就是从起始点开始一个点一个点地绘制，每个绘制点的位置都是紧随着上一个绘制点的位置依据 K 值的计算得出的。程序中使用的是简化算法，如果不太理解，建议自行将假设的起始点和结束点的值代入程序计算一下。

上面的代码利用 LCD 驱动配置头文件中定义的 Dis_X_MAX 和 Dis_Y_MAX 限制 X 和 Y 轴的范围，以防绘直线过程中直线超出 LCD 的显示范围。

矩形绘制程序是基于绘制直线函数的，代码如下：

```
//============================================
// 函数：void Rectangle(unsigned char left, unsigned char top, unsigned char right,
//                      unsigned char bottom, unsigned char Mode)
// 描述：以 x,y 为圆心 R 为半径画一个圆(mode = 0) or 圆面(mode = 1)
// 参数：left - 矩形的左上角横坐标，范围 0～127
//       top - 矩形的左上角纵坐标，范围 0～63
//       right - 矩形的右下角横坐标，范围 1～127
//       bottom - 矩形的右下角纵坐标，范围 1～63
//       Mode - 绘制模式，可以是下列数值之一：
//              0：   矩形框(空心矩形)
//              1：   矩形面(实心矩形)
// 返回：无
```

```
// 备注：使用前景色
//       2007/01/21       First version
//=========================================================
void Rectangle(DOTBYTE left, DOTBYTE top, DOTBYTE right, DOTBYTE bottom, BYTE Mode)
{
    unsigned char uiTemp;
    if(Mode == 0)
    {
        Line(left,top,left,bottom);
        Line(left,top,right,top);
        Line(right,bottom,left + 1,bottom);
        Line(right,bottom,right,top + 1);
    }
    else
    {
        if(left>right)
        {
            uiTemp = left;
            left = right;
            right = uiTemp;
        }
        if(top>bottom)
        {
            uiTemp = top;
            top = bottom;
            bottom = uiTemp;
        }
        for(uiTemp = top;uiTemp<= bottom;uiTemp ++ )
        {
            Line(left,uiTemp,right,uiTemp);
        }
    }
}
```

调用该程序时需要将矩形左上角的坐标值以及右下角的坐标值传递进来。要绘制的类型还有 Mode，包括矩形框和矩形块。

(1) 绘图设置子程序

前面介绍的 3 个绘图功能接口程序当中，实际上有一个全局变量是很重要的，即 BMP_Color。它管控着绘图的前景色，对于单色的 LCD 模块无非就是黑与白的区分；不过为了扩展通用驱动程序应用于彩色 LCD 模块上，就使用了一个变量来表示，它可以通过一个接口函数来进行设置，如下：

```
//==========================================================================
// 函数：void SetPaintMode(int Mode,unsigned int Color)
// 描述：绘图模式设置
// 参数：Mode  绘图模式     Color   像素点的颜色，相当于前景色
// 返回：无
// 备注：Mode 无效
// 版本：
//       2006/10/15       First version
//==========================================================================
void SetPaintMode(BYTE Mode,LCDBYTE Color)
{
    Mode = Mode;//Plot_Mode = Mode;              //仅仅是为了保持与其他驱动的一致性，绘图模
                                                 //式在该版驱动中未用
    BMP_Color = Color;
}
```

在整个 LCD 的驱动程序当中，Mode 并没有使用到，仅仅是为了保留功能的扩展。

(2) 关于数据类型

从前面的程序可看出，使用的基本上都是 unsigned char(即上述程序中的 LCDBYTE、DOTBYTE)型数据，其实是针对 MCS-51 系列 MCU 而修改的，仅仅为了减少 RAM 的占用。所以这款 LCD 通用驱动程序与其他的稍稍有些不一样，希望读者理解；本书介绍的并不在于某一个驱动程序，而真正的在于介绍一种编程的思想和方法。

2.6.2 字符显示功能函数

MzL02 模块的通用 LCD 驱动程序提供了 ASCII 西文字符以及中文字符显示的控制函数接口，在驱动程序当中直接集成了 ASCII 西文字符库，而中文字符则需要用户在使用时自行利用字模提取工具按需提取。本小节只简单介绍有关字符显示的 3 个函数：

驱动程序当中，提供了 4 个有关字符显示控制的函数，如下：

- 字体选择设置函数：FontSet；
- 字符覆盖模式设置函数：FontMode；
- 单个字符显示函数：PutChar；
- 字符串显示函数：PutString。

以上函数中，字符串显示函数只能实现 ASCII 码即西文字符串的显示，对中文是无效的；而 PutChar 函数既可用于 ASCII 西文字符显示，也可用于用户定义好的中文字符显示或者是

图形显示。

字符的显示实际上还需要有字符的字模库才可以实现，驱动程序中配备了两个字库文件，分别是LCD_ASCII(ASCII码西文字符库字模集)、GB_Table(留给用户进行中文字符字模定义用的)。

2.7　字符显示原理

2.7.1　字符与字模

驱动程序中，字符库(也就是字模的集全)中每一个字模的数据组织形式类似于LCD模块中与屏上像素点映射的显存，即字模当中的一个位代表LCD显示中的一个像素点，取点方式为从左到右、自上到下。对于这点，驱动中自带的ASCII码西文字库的字模和用户可自定义的中文字库中的字模是一样的。字模采用了以Byte为单位的位流结构，即当一行取点不为8的整数倍时，补齐数据至8位，无用位填0。

下面用几个字符取字模的例子来解释一下其对应的关系。所有的字符都可以将其栅格化，化成一个点的阵列来表示，如图2-3所示。

图2-3为取字模工具中输入字符‘A’后显示的栅格情况，字体选择较小，整个字用8×12的点阵表示。其实在取这个字符的字模时，只需要取6×12的点就够了；但为了补齐8位的byte数据才用了8×12的点阵规模。

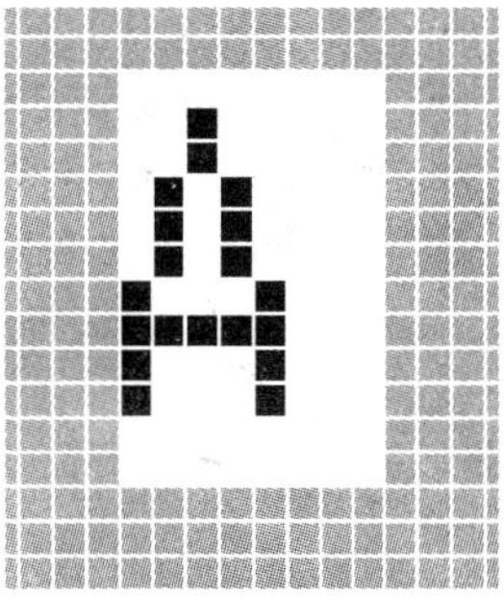

图2-3　字符栅格化

数据位补齐的原则与取模的方向有关，本驱动当中的字模取向为从左到右、自上到下；以横向为基准，所以要在横向满足最小存储单元的位数倍数要求时才补齐字模为8×12。如果取字模的方向为自上至下、从左到右(纵向优先)，则补齐字模就会为6×16的了。

字模数据的补齐只是针对于字模将要存储在MCU的存储空间的，实际在显示字符时仍然可以根据字符最合适的尺寸来显示，比如在本驱动当中的ASCII码西文字库的字模就为6×10的，但占用的数据位数为8×10。

采用从左到右、自上至下的顺序取的字模数据如下所示：

```
/*--  文字：  A  --*/
/*--  MS Gothic9；  此字体下对应的点阵为：宽 x 高 = 6x12    --*/
/*--  宽度不是 8 的倍数，现调整为：宽度 x 高度 = 8x12   --*/
0x00,0x20,0x20,0x50,0x50,0x50,0x88,0xF8,0x88,0x88,0x00,0x00
```

将上面的数据配入图2-3中，图中的一行栅格点对应一个Byte的数据，左边的点对应高位，右边的点对应低位，如图2-4所示。再取一个点阵大一点的汉字字模，如图2-5所示。

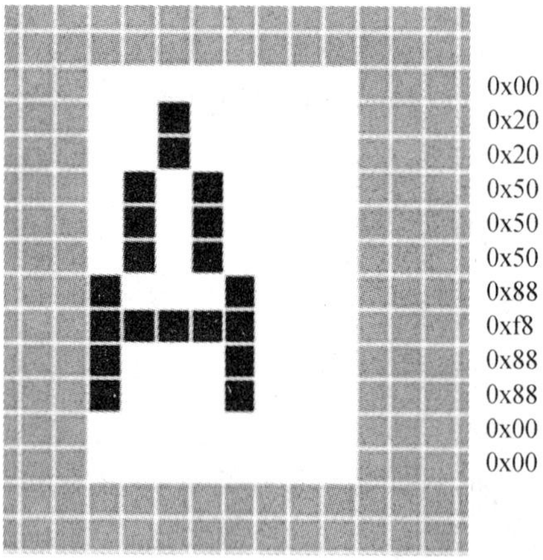

图 2－4　字符与字模对比

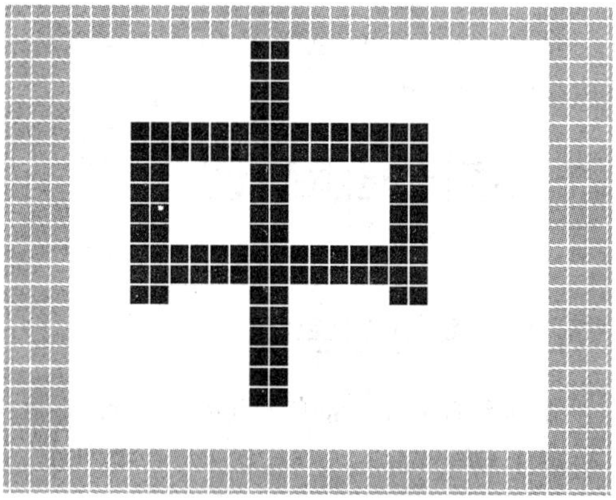

图 2－5　字符栅格化示意二

从图 2－5 中，可以看出，这次取的汉字“中”的横向点数依然不为 8 的整倍，所以也是需要进行对齐调整的；取出的字模数据如下：

```
/*－－　文字：　中　－－*/
/*－－　黑体 15；　此字体下对应的点阵为：宽 x 高 = 20x20　　－－*/
/*－－　宽度不是 8 的倍数，现调整为：宽度 x 高度 = 24x20　　－－*/
0x00,0x60,0x00,0x00,0x60,0x00,0x00,0x60,0x00,0x00,0x60,0x00,0x1F,0xFF,0xC0,0x1F,
0xFF,0xC0,0x18,0x60,0xC0,0x18,0x60,0xC0,0x18,0x60,0xC0,0x18,0x60,0xC0,0x1F,0xFF,
0xC0,0x1F,0xFF,0xC0,0x18,0x60,0xC0,0x00,0x60,0x00,0x00,0x60,0x00,0x00,0x60,0x00,
0x00,0x60,0x00,0x00,0x60,0x00,0x00,0x00,0x00,0x00,0x00,0x00
```

每一行的点利用 3 个 Byte 的数据表示，最后不足 8 整倍数的在后面补齐 0；所以上面“中”字的字模数据所占用的存储单元(Byte)数为 3×20，共计 60 个 Byte。再取一个小一点字号的“中”字字模，如图 2－6 所示。

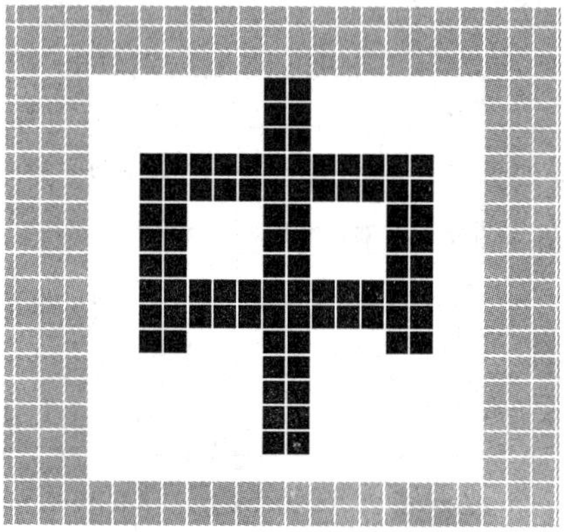

图 2－6　字符栅格化示意三

利用工具所取得的字模数据为：

```
/*－－　文字：　中　－－*/
/*－－　黑体 12；　此字体下对应的点阵为：宽 x 高 = 16x16　　－－*/
0x01,0x80,0x01,0x80,0x01,0x80,0x3F,0xFC,0x3F,0xFC,0x31,0x8C,0x31,0x8C,0x31,0x8C,
0x3F,0xFC,0x3F,0xFC,0x31,0x8C,0x01,0x80,0x01,0x80,0x01,0x80,0x01,0x80,0x00,0x00
```

2.7.2　字模与字库

字库就是字模数据的集合，比如 ASCII 码西文字库就是根据 ASCII 码的编码顺序将 127 个 ASCII 码字符的字模数据组成一个数组；当然，字库与字模一样，也是要规定每个字模尺寸大小的，同一字库当中的字模都是一样的点阵大小，这样才能在字库中方便地检索到所需要字符的字模数据。

例如，在 MzL02 模块的 MCS－51 版通用 LCD 驱动程序中，集成在驱动程序里面的 ASCII 码西文字库统一为 6×10 的点阵，而针对 Byte 进行对齐后，每个字模占用的点阵位数为 8×10；此外，为了节省空间的占用，这里并没有把全部的 127 个 ASCII 码字符的字模都用上，而是把前 32 个编号的字符去掉了，只取后面的。该字库定义如下：

```
code unsigned char Asii0610[] =
{
//--   MS Gothic8；  此字体下对应的点阵为:宽 x 高 = 6x10     --
//--   宽度不是 8 的倍数,现调整为:宽度 x 高度 = 8x10     --
    0x00,0x00,0x00,0x00,0x00,0x00,0x00,0x00,0x00,0x00,0x00,0x40,0x40,0x40,0x40,0x40,0x00,
0x60,0x00,0x00,
    0xA0,0xA0,0xA0,0x00,0x00,0x00,0x00,0x00,0x00,0x00,0x00,0x28,0x28,0xFC,0x50,0xFC,0x50,0x50,
0x00,0x00,
    0x20,0x70,0xA8,0xA0,0x70,0x28,0xA8,0x70,0x20,0x00,
    0x00,0xC8,0xD0,0xD0,0x20,0x58,0x58,0x98,0x00,0x00,0x00,0x20,0x50,0x20,0x60,0x98,0x90,0x68,
0x00,0x00,
    0x40,0x40,0x80,0x00,0x00,0x00,0x00,0x00,0x00,0x00,0x10,0x20,0x40,0x40,0x40,0x40,0x40,
0x20,0x10,0x00,
    0x80,0x40,0x20,0x20,0x20,0x20,0x20,0x40,0x80,0x00,0x00,0x20,0xA8,0x70,0x70,0xA8,0x20,
0x00,0x00,0x00,
    0x00,0x00,0x20,0x20,0x70,0x20,0x20,0x00,0x00,0x00,0x00,0x00,0x00,0x00,0x00,0x00,0xC0,
0x40,0x80,0x00,
    0x00,0x00,0x00,0x00,0xF0,0x00,0x00,0x00,0x00,0x00,0x00,0x00,0x00,0x00,0x00,0x00,0x00,
0xC0,0x00,0x00,
    0x10,0x10,0x20,0x20,0x40,0x40,0x80,0x80,0x00,0x00,0x00,0x60,0x90,0x90,0x90,0x90,0x90,
0x60,0x00,0x00,
    0x00,0x20,0x60,0x20,0x20,0x20,0x20,0x20,0x00,0x00,0x00,0x60,0x90,0x10,0x20,0x40,0x80,
0xF0,0x00,0x00,
    0x00,0x60,0x90,0x10,0x60,0x10,0x90,0x60,0x00,0x00,0x00,0x30,0x30,0x50,0x50,0x90,0xF8,
0x10,0x00,0x00,
    0x00,0xF0,0x80,0xE0,0x10,0x10,0x90,0x60,0x00,0x00,0x00,0x60,0x90,0x80,0xE0,0x90,0x90,0x60,
0x00,0x00,
```

```
    0x00,0xF0,0x10,0x20,0x20,0x40,0x40,0x40,0x00,0x00,0x00,0x60,0x90,0x90,0x60,0x90,0x90,
0x60,0x00,0x00,
    0x00,0x60,0x90,0x90,0x70,0x10,0x90,0x60,0x00,0x00,0x00,0x00,0x60,0x00,0x00,0x00,0x00,
0x60,0x00,0x00,
    0x00,0x00,0x60,0x00,0x00,0x00,0x60,0x20,0x40,0x00,0x00,0x10,0x20,0x40,0x80,0x40,0x20,
0x10,0x00,0x00,
    0x00,0x00,0x00,0xF0,0x00,0xF0,0x00,0x00,0x00,0x00,0x00,0x80,0x40,0x20,0x10,0x20,0x40,
0x80,0x00,0x00,
    0x00,0x60,0x90,0x10,0x20,0x20,0x00,0x20,0x20,0x00,0x00,0x70,0x88,0xB8,0xA8,0xB8,0x80,0x70,
0x00,0x00,
    0x00,0x60,0x60,0x90,0x90,0xF0,0x90,0x90,0x00,0x00,0x00,0xE0,0x90,0x90,0xE0,0x90,0x90,0xE0,
0x00,0x00,
    0x00,0x60,0x90,0x80,0x80,0x80,0x90,0x60,0x00,0x00,0x00,0xE0,0x90,0x90,0x90,0x90,0x90,
0xE0,0x00,0x00,
    0x00,0xF0,0x80,0x80,0xE0,0x80,0x80,0xF0,0x00,0x00,0x00,0xF0,0x80,0x80,0xE0,0x80,0x80,0x80,
0x00,0x00,
    0x00,0x60,0x90,0x80,0xB0,0x90,0x90,0x70,0x00,0x00,0x00,0x90,0x90,0x90,0xF0,0x90,0x90,
0x90,0x00,0x00,
    0x00,0x40,0x40,0x40,0x40,0x40,0x40,0x40,0x00,0x00,0x00,0x10,0x10,0x10,0x10,0x10,0x90,
0x60,0x00,0x00,
    0x00,0x90,0x90,0xA0,0xC0,0xA0,0x90,0x90,0x00,0x00,0x00,0x80,0x80,0x80,0x80,0x80,0x80,0xF0,
0x00,0x00,
    0x00,0x88,0x88,0xD8,0xD8,0xA8,0xA8,0xA8,0x00,0x00,0x00,0x90,0x90,0xD0,0xD0,0xB0,0xB0,0x90,
0x00,0x00,
    0x00,0x60,0x90,0x90,0x90,0x90,0x90,0x60,0x00,0x00,0x00,0xE0,0x90,0x90,0x90,0xE0,0x80,
0x80,0x00,0x00,
    0x00,0x60,0x90,0x90,0x90,0xD0,0xA0,0x50,0x00,0x00,0x00,0xE0,0x90,0x90,0xE0,0x90,0x90,0x90,
0x00,0x00,
    0x00,0x60,0x90,0x80,0x60,0x10,0x90,0x60,0x00,0x00,0x00,0xF0,0x40,0x40,0x40,0x40,0x40,
0x40,0x00,0x00,
    0x00,0x90,0x90,0x90,0x90,0x90,0x90,0x60,0x00,0x00,0x00,0x88,0x88,0x88,0x50,0x50,0x20,
0x20,0x00,0x00,
    0x00,0xA8,0xA8,0xA8,0xA8,0x50,0x50,0x50,0x00,0x00,0x00,0x90,0x90,0x60,0x60,0x60,0x90,0x90,
0x00,0x00,
    0x00,0x88,0x88,0x50,0x20,0x20,0x20,0x20,0x00,0x00,0x00,0xF0,0x10,0x20,0x20,0x40,0x80,
0xF0,0x00,0x00,
    0x30,0x20,0x20,0x20,0x20,0x20,0x20,0x20,0x30,0x00,0x00,0x88,0x50,0x20,0xF0,0x20,0xF0,
0x20,0x00,0x00,
    0xC0,0x40,0x40,0x40,0x40,0x40,0x40,0x40,0xC0,0x00,0x40,0xA0,0x00,0x00,0x00,0x00,0x00,0x00,
```

```
0x00,0x00,
    0x00,0x00,0x00,0x00,0x00,0x00,0x00,0x00,0xF8,0x00,0x80,0x40,0x00,0x00,0x00,0x00,0x00,
0x00,0x00,0x00,
    0x00,0x00,0x00,0xE0,0x10,0x70,0x90,0x70,0x00,0x00,0x00,0x80,0x80,0xE0,0x90,0x90,0x90,0xE0,
0x00,0x00,
    0x00,0x00,0x00,0x60,0x90,0x80,0x90,0x60,0x00,0x00,0x00,0x10,0x10,0x70,0x90,0x90,0x90,
0x70,0x00,0x00,
    0x00,0x00,0x00,0x60,0x90,0xF0,0x80,0x70,0x00,0x00,0x00,0x60,0x40,0xF0,0x40,0x40,0x40,
0x40,0x00,0x00,
    0x00,0x00,0x00,0x50,0xA0,0xA0,0x40,0xB0,0x90,0x60,0x00,0x80,0x80,0xE0,0x90,0x90,0x90,0x90,
0x00,0x00,
    0x00,0x20,0x00,0x20,0x20,0x20,0x20,0x20,0x00,0x00,0x00,0x20,0x00,0x20,0x20,0x20,0x20,
0x20,0xE0,0x00,
    0x00,0x80,0x80,0x90,0xA0,0xE0,0x90,0x90,0x00,0x00,0x00,0x20,0x20,0x20,0x20,0x20,0x20,
0x20,0x00,0x00,
    0x00,0x00,0x00,0xD0,0xA8,0xA8,0xA8,0xA8,0x00,0x00,0x00,0x00,0x00,0xE0,0x90,0x90,0x90,0x90,
0x00,0x00,
    0x00,0x00,0x00,0x60,0x90,0x90,0x90,0x60,0x00,0x00,0x00,0x00,0x00,0xE0,0x90,0x90,0xE0,
0x80,0x80,0x00,
    0x00,0x00,0x00,0x70,0x90,0x90,0x70,0x10,0x10,0x00,0x00,0x00,0x00,0xA0,0xC0,0x80,0x80,
0x80,0x00,0x00,
    0x00,0x00,0x00,0x70,0x80,0x60,0x10,0xE0,0x00,0x00,0x00,0x40,0x40,0xF0,0x40,0x40,0x40,
0x60,0x00,0x00,
    0x00,0x00,0x00,0x90,0x90,0x90,0x90,0x60,0x00,0x00,0x00,0x00,0x00,0x90,0x90,0x90,0x60,
0x60,0x00,0x00,
    0x00,0x00,0x00,0xA8,0xA8,0xA8,0x50,0x50,0x00,0x00,0x00,0x00,0x00,0x90,0x60,0x60,0x90,0x90,
0x00,0x00,
    0x00,0x00,0x00,0x90,0x90,0x50,0x20,0x20,0x40,0x00,0x00,0x00,0x00,0xF0,0x20,0x40,0x80,
0xF0,0x00,0x00,
    0x30,0x20,0x20,0x20,0x40,0x20,0x20,0x20,0x30,0x00,0x20,0x20,0x20,0x20,0x20,0x20,0x20,
0x20,0x20,0x20,
    0xC0,0x40,0x40,0x40,0x20,0x40,0x40,0x40,0xC0,0x00,0x50,0xA0,0x00,0x00,0x00,0x00,0x00,0x00,
0x00,0x00,
    0x00,0x00,0x00,0x00,0x00,0x00,0x00,0x00,0x00,0x00,0x00,0x00,0x00,0x00,0x00,0x00,0x00,
0x00,0x00,0x00
    };
```

字库定义为一个 unsigned char 的数组，数组的名称 Asii0610，即该字库的首地址；所以，当检索字库中某一个字符的字模数据时，就可以利用它来找到具体的地址。

比如要检索字符'A'的字模数据，则该字符的字模数据首地址等于：

'A'字符的首地址= Asii0610－(10×32)＋'A'×10

其中，减去 10×32 是因为该字库删掉了前 32 个字符的字模，而每个字符的字模所占用的 Byte 数为 10 个；'A'的 ASCII 码值为 0x41。

用户不需要改动驱动程序中自带的 ASCII 码西文字库。此外，驱动程序中还为用户定义了一个汉字字库的数组，放置在文件 GB_Table 当中；用户需要显示中文字符或自提取的图像字模时，可以将数据放置在该处，或者另起一个字库数组。

与 ASCII 码西文字库一样，放置在同一个中文字库中的字模也需要尺寸是相同的才可；而索引这些字模时，用户需要知道自己在定义这个字库时每个汉字(或者图像)字模在数组中的偏移位置。

下面的定义即为驱动程序当中所提供的几个汉字字模：

```
code unsigned char GB1716[] =
{
/*--   文字：  铭   --*/
/*--   幼圆 12；  此字体下对应的点阵为：宽 x 高 = 17x16     --*/
/*--   宽度不是 8 的倍数，现调整为：宽度 x 高度 = 24x16    --*/
0x00,0x00,0x00,0x00,0x00,0x00,0x30,0x60,0x00,0x3E,0x7E,0x00,0x60,0xC6,0x00,0x61,
0xC6,0x00,0x7E,0x66,0x00,0x18,0x3C,0x00,0x18,0x18,0x00,0x18,0x30,0x00,0xFF,0xFE,
0x00,0x19,0xC3,0x00,0x18,0xC3,0x00,0x18,0xC3,0x00,0x1E,0xC3,0x00,0x1C,0xFF,0x00,
/*--   文字：  正   --*/
/*--   幼圆 12；  此字体下对应的点阵为：宽 x 高 = 17x16     --*/
/*--   宽度不是 8 的倍数，现调整为：宽度 x 高度 = 24x16    --*/
0x00,0x00,0x00,0x00,0x00,0x00,0x3F,0xFF,0x00,0x00,0xC0,0x00,0x00,0xC0,0x00,0x00,
0xC0,0x00,0x18,0xC0,0x00,0x18,0xC0,0x00,0x18,0xFE,0x00,0x18,0xC0,0x00,0x18,0xC0,
0x00,0x18,0xC0,0x00,0x18,0xC0,0x00,0x18,0xC0,0x00,0x18,0xC0,0x00,0xFF,0xFF,0x00,
/*--   文字：  同   --*/
/*--   幼圆 12；  此字体下对应的点阵为：宽 x 高 = 17x16     --*/
/*--   宽度不是 8 的倍数，现调整为：宽度 x 高度 = 24x16    --*/
0x00,0x00,0x00,0x00,0x00,0x00,0x3F,0xFE,0x00,0x60,0x03,0x00,0x6F,0xFB,0x00,0x60,
0x03,0x00,0x67,0xF3,0x00,0x6C,0x1B,0x00,0x6C,0x1B,0x00,0x6C,0x1B,0x00,0x6C,0x1B,
0x00,0x6C,0x1B,0x00,0x6F,0xFB,0x00,0x60,0x03,0x00,0x60,0x03,0x00,0x60,0x3E,0x00,
/*--   文字：  创   --*/
/*--   幼圆 12；  此字体下对应的点阵为：宽 x 高 = 17x16     --*/
/*--   宽度不是 8 的倍数，现调整为：宽度 x 高度 = 24x16    --*/
0x00,0x00,0x00,0x00,0x00,0x00,0x0E,0x03,0x00,0x1B,0x1B,0x00,0x19,0x9B,0x00,0x30,
0xDB,0x00,0xFF,0x7B,0x00,0x31,0x9B,0x00,0x31,0x9B,0x00,0x31,0x9B,0x00,0x31,0x9B,
0x00,0x37,0x9B,0x00,0x30,0x7B,0x00,0x30,0x63,0x00,0x30,0x63,0x00,0x1F,0xDE,0x00
};
```

在该字库中，每个汉字的字模数据为3×16个byte，所以可以为这4个汉字定一个查询的序号，以检索它们的字模数据的首地址，分别是：铭——0，正——1，同——2，创——3。

当然，这里所说的中文字库与GB的二级汉字库等不是一个概念，二级汉字库有换算的方法，可以根据汉字的GB码值以及该字库的字符尺寸来检索到汉字的字模数据，这里不多解释。

驱动程序中有一个函数与定义的字库是息息相关的，就是FontSet函数；如果用户要定义新的字库，则需要在该函数修改相关的代码，同时在LCD_Dis.c中对自定义的字库数组进行外部声明。

LCD_Dis.c文件中有如下的定义和声明：

```
extern FLASH Asii0610[];                //6X10 的 ASII 字符库
extern FLASH Asii0816[];                //8X16 的 ASII 字符库
extern FLASH GB1716[];                  //17 * 16 自定义的汉字库

DOTBYTE X_Witch;                        //字符写入时的宽度
DOTBYTE Y_Witch;                        //字符写入时的高度
DOTBYTE Font_Wrod;                      //字体的每个字模占用多少个存储单元数
FLASH  * Char_TAB;                      //当前选择的字体的字库指针
LCDBYTE BMP_Color;
LCDBYTE Char_Color;

BYTE     Font_type = 0;                 //标识字符类型
BYTE     Font_Cover = 0;                //字符显示的模式
LCDBYTE      Char_BackColor = 0;        //设置覆盖模式时，字符的背景色
```

前面的3个外部声明就是分别在LCD_ASCII.c和GB_Table.c中定义好的字库；如果用户自己又额外定义了别的字库，同样也需要在这里加上它的外部声明。

接下来两个变量的定义：X_Witch和Y_Witch，分别用于存放当前设置的字符类型的宽和高的点数大小；而Font_Wrod保存的是当前设置字符的每个字模所占用的存储单元数量；指针Char_TAB则保存当前设置的字库数组的首地址。

BMP_Color和Char_Color两个变量分别用于保存当前设置的绘图前景色和字符色，对于黑白的单色LCD屏也就是零和非零的区别。Font_type变量用于区分是ASCII码字库还是自定义的汉字字库，这将影响字符显示时提取字库中对应字符的字模。Font_Cover和Char_BackColor两个变量是字符覆盖显示模式的变量。

下面来看看FontSet函数中的设置：

```
//= = = = = = = = = = = = = = = = = = = = = = = = = = = = = = = = = = = = = = = = = = = = = =
// 函数：void FontSet(unsigned char Font_NUM,unsigned char Color)
// 描述：文本字体设置
```

```
// 参数：Font_NUM  字体选择，以驱动所带的字库为准
//         Color  文本颜色，仅作用于自带字库
// 返回：无
// 版本：
//       2006/10/15        First version
//==============================================
void FontSet(DOTBYTE Font_NUM,LCDBYTE Color)
{
    switch(Font_NUM)
    {
        case 0: Font_Wrod = 16;                          //ASII 字符 A
                X_Witch = 8;
                Y_Witch = 16;
                Char_Color = Color;
                Font_type = 1;
                Char_TAB = Asii0816;
        break;
        case 1: Font_Wrod = 10;                          //ASII 字符 B
                X_Witch = 6;
                Y_Witch = 10;
                Char_Color = Color;
                Font_type = 1;
                Char_TAB = Asii0610;
        break;
        case 2: Font_Wrod = 48;                          //汉字 A
                X_Witch = 17;
                Y_Witch = 16;
                Char_Color = Color;
                Font_type = 0;
                Char_TAB = GB1716;
        break;
        default: break;
    }
}
```

FontSet 函数的两个参数分别表示要选择的字符类型、设置字符色；字符类型的选择实际上就看代码中 switch 分支怎么分配了，设置为 1 时表示选择 ASCII 西文字符，为 2 时表示 GB_Table 中定义的自定义汉字库；如果用户还要另外自定义的字库，则可以多增加几个 case 选项。

上面代码中的 case 1 分支项里对选择的字库进行了参数的设置，跟前面分析过的 ASCII 码西文字库中的一样，每个字模所占用的存储单元数量为 10 个 Bytes，所以 Font_Wrod 设置为 10，X_Witch 和 Y_Witch 分别设置字符的实际宽度和高度，即 6×10；而设置 Char_TAB 值时，这里对驱动中删减掉的前 32 个 ASCII 字符进行了补齐，以便于在后面的字符显示程序中计算字模地址使用。从上面的代码中还可以看到 Font_type 的赋值，当选择 ASCII 字符时，该变量为 1。

FontMode 函数的代码如下：

```
//========================================================================
// 函数：void FontMode(BYTE Mode,LCDBYTE FontBackColor)
// 描述：设置字符显示的模式，并设置背景色
// 参数：Mode 0：字符显示时仅对字符的有效点进行显示操作，也就是不作背景覆盖
//                    为叠加模式
//               1：覆盖模式
//          FontBackColor      设置覆盖模式时，字符的背景色
// 返回：无
// 备注：仅对字符显示有效
//          2008/06/12          V2.0
//========================================================================
void FontMode(BYTE Mode,LCDBYTE FontBackColor)
{
    Font_Cover = Mode;
    Char_BackColor = FontBackColor;
}
```

2.7.3　用绘点来绘制字符

本小书所介绍的通用 LCD 驱动程序的字符显示程序是以绘点函数为基础，简化字符显示程序的结构，使之更容易读懂，同时也为彩色 LCD 模块驱动兼容打下基础。

以绘点来显示字符实际上就是将一个字符的字模数据的每个位都进行判断；当 Font_Cover 为 0 时，如果查询到哪个位上的值非零，则对该位所对应点的位置进行绘点操作；而为零的位对应的点不进行任何操作，这样就产生了字符显示叠加在原背景的效果。当 Font_Cover 为 1 时，程序中除了对字模中非零的位以当前设置的字符色进行绘点外，还会对为零的位所对应的点以 FontMode 函数设置的 Char_BackColor 进行绘点。看看以下代码：

```
//========================================================================
// 函数：void PutChar(unsigned char x,unsigned char y,char a)
// 描述：写入一个标准字符
// 参数：x   X 轴坐标       y   Y 轴坐标
```

```
//          a   要显示的字符在字库中的偏移量
// 返回：无
// 备注：ASCII 字符可直接输入 ASCII 码即可
// 版本：
//      2006/10/15       First version
//        2007/01/11          V1.1
//= = = = = = = = = = = = = = = = = = = = = = = = = = = = = = = = = = = = = = = = = = = =
void PutChar(DOTBYTE x,DOTBYTE y,char a)
{
    DOTBYTE i,j;                                    //数据暂存
    FLASH *p_data;
    LCDBYTE Temp;
    DISWORD Index = 0;
    if(Font_type == 1)
        p_data = Char_TAB + (a - 32) * Font_Wrod;
    else
        p_data = Char_TAB + a * Font_Wrod;    //要写字符的首地址
    j = 0;
    while((j ++ ) < Y_Witch)
    {
        if(y > Dis_Y_MAX) break;
        i = 0;
        while(i < X_Witch)
        {
            if((i&0x07) == 0)
            {
                Temp =  *(p_data + Index);
                Index ++ ;
            }
            if((Temp & 0x80) > 0) Writ_Dot ((x + i),y,Char_Color);
            else if(Font_Cover) Writ_Dot ((x + i),y,Char_BackColor);
            Temp = Temp << 1;
            if((x + i) >= Dis_X_MAX)
            {
                Index += (X_Witch - i)>>3;
                break;
            }
            i ++ ;
        }
```

```
            y ++;
        }
    }
```

函数的一开始便利用 Char_TAB(保存有当前选择的字库的首地址)、Font_Wrod(每个字符的字模数据长度)以及传递进来的参数 a 计算出要显示字符的字模数据首地址,并保存于指针当中。随后 while((j ++) < Y_Witch)循环指明了要一行一行地显示。循环里每次都会判断是否超出了 Y 轴的最大值,如超出则跳出循环。while(i < X_Witch)的小循环里则对一行的点进行扫描,即对字模当中一行的数据位进行扫描判断;循环里 if((i&0x07) == 0)是调整指向字模数据的指针,每个数据位数为 8 位(表示 8 个点),也就是每 8 个点的扫描后要使指针指向下一个数据,而 Index 变量中保存的是针对于当前字符字模数据的偏移量。

接下来对字模数据从高位开始进行判断,假设 Font_Cover=0,如果非零,则进行绘点操作(这时字符的显示会与之前在该位置上已经显示了的图形进行重叠)。调用的绘点函数为 Writ_ Dot (x+i,y,Char_Color),参数 x 和 y 是传递进来的要显示字符的位置,即左上角的坐标值;当然 y 值在每一行的扫描显示结束后自加 1,i 的变量为当前点在当前行中的列偏移。图 2-7 为字符覆盖模式设置为 0 和 1 时的效果(覆盖色为 0)。

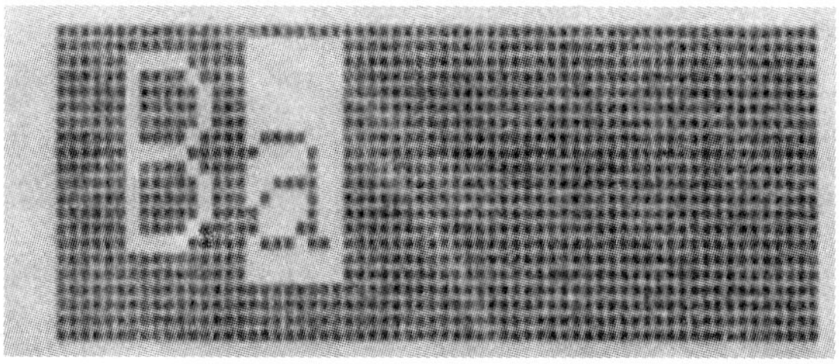

图 2-7 字符覆盖模式效果

字符的显示控制程序其实原理非常简单,就是将字模数据对应的位图点矩阵从左上角开始扫描,一行一行地扫描,直到结束,期间如有要绘点的地方则绘制点就可以。

在字符显示程序的基础之上,这里又设计了一个字符串显示的子程序,如下:

```
//==========================================================
// 函数:void PutString(unsigned char x,unsigned char y,char *p)
// 描述:在 x、y 为起始坐标处写入一串标准字符
// 参数:x  X 轴坐标      y  Y 轴坐标
//          p  要显示的字符串
// 返回:无
// 备注:仅能用于自带的 ASCII 字符串显示
// 版本:
//      2006/10/15      First version
```

```
//==========================================================================
void PutString(DOTBYTE x,DOTBYTE y,char *p)
{
    while(*p!=0)
    {
        PutChar(x,y,*p);
        x += X_Witch;
        if((x + X_Witch) > Dis_X_MAX)
        {
            x = 0;
            if((Dis_Y_MAX - y) < Y_Witch) break;
            else y += Y_Witch;
        }
        p++;
    }
}
```

2.7.4 显示驱动中自定义的中文字符

要在 MzL02 的通用 LCD 驱动程序的基础上显示字符，操作非常简单，只需要在显示字符前设置好选择的字符类型（即选择字库），然后再调用单个字符显示程序（PutChar）或者字符串显示程序（PutString）即可。

要显示驱动中自带的 ASCII 码西文字符，则需要了解驱动中定义 ASCII 码西文字库的类型序号（要给 FontSet 函数的参数）；如果显示用户自行提取其他字符的字库，则按前面介绍的规则去提取字模并将字模数据加入程序中形成正确的字库，修改相关的代码，最后调用的方法与 ASCII 码西文字符的显示是差不多的。

例如，在 MzL02 的通用 LCD 驱动程序中就定义 ASCII 码西文字符库的序号为 1，而定义 4 个汉字“铭正同创”的自定义汉字库序号为 2。显控的示意代码如下：

```
……
FontSet(1,1);                 //选择 ASCII 码西文字库，并设字符色为黑色
PutChar(10,10,'A');           //在坐标位置 10,10 的地方为左上角开始显示字符'A'
PutString(10,20,"MzDesign!"); //在坐标位置 10,20 的地方为左上角开始显示字符串"MzDesign!"
FontSet(2,1);                 //选择自定义的汉字字库，并设字符色为黑色
PutChar(20,30,0);             //在坐标位置 20,30 的地方为左上角开始显示字符"铭"
PutChar(40,30,1);             //在坐标位置 40,30 的地方为左上角开始显示字符"正"
PutChar(60,30,2);             //在坐标位置 60,30 的地方为左上角开始显示字符"同"
PutChar(80,30,3);             //在坐标位置 80,30 的地方为左上角开始显示字符"创"
……
```

注意：以上代码中，汉字"铭正同创"的字模数据在该字库中的序号分别为 0～3。

如果用户需要显示其他的汉字，则可以自行提取要显示的其他字符的字模，并制成字库存放在 MCU 中（本驱动仅针对于字库存放在 MCU 内部存储器中的情况；如果字库存放在外存，一定程度上也是可以参考的，就是读取字模数据的地方做一下修改即可），然后定义好相关的变量修改相关的设置代码，就可以跟驱动中自带的字库一样去调用显示了。具体的操作方法这里不多介绍，读者可以在前面介绍的基础上理解显示字符的原理，然后在理解的基础之上做实践操作，这才是目的所在。

第 3 章

Mz_MenuGUI 菜单应用

3.1 Mz_MenuGUI 简介

在一些带有点阵 LCD 显示界面的产品中通常会涉及一些菜单界面的应用，特别是一些带有设置功能的仪器仪表产品；这里结合笔者的设计经验，设计了一个小巧精致的菜单 GUI 代码，以期将其应用在中小资源的单片机系统上，并充分考虑了不同单片机系统或 LCD 模块的扩展能力。

Mz_MenuGUI 实际上就是将菜单显示、响应刷新的代码综合到一起，做成几个精致的通用函数，以减小菜单显示方面的代码量，为小资源的单片机系统应用打下基础，而菜单的精确控制还是要留给用户来做；不过这里提供了参考的框架，使用时往里面填代码就可以了。另外，Mz_MenuGUI 是基于前面所介绍的通用 LCD 驱动程序的，所以要换用不同的 LCD 模块实现这样的简单菜单功能时，跟 LCD 驱动程序一样非常方便就可以实现移植了。下面了解一下 Mz_MenuGUI 的架构情况，如图 3－1 所示。

Mz_MenuGUI 提供了 4 个文件，其中，只有 Menu_GUI. c 是 C 语言函数代码，其他的 3 个基本上用于定义与外部声明。而 Menu_Resource. c 中是定义菜单资源的代码，其实也就是定义几个数组，包含定义菜单中显示什么字符以及定义菜单字符的一些特性。这里的定义是要跟 LCD 驱动程序中与字库相关的定义有联系的，这一点会在后面的代码介绍里进行分析。而菜单响应控制方面的代码需要用户自行编写，当然是在这里提供的架构参考的基础之上了，其实也就是做一个按键响应的 switch 分支，分别定义什么按键时菜单做什么样的更新操作。Mz_MenuGUI 做的菜单界面可以参考图 3－2 和图 3－3。

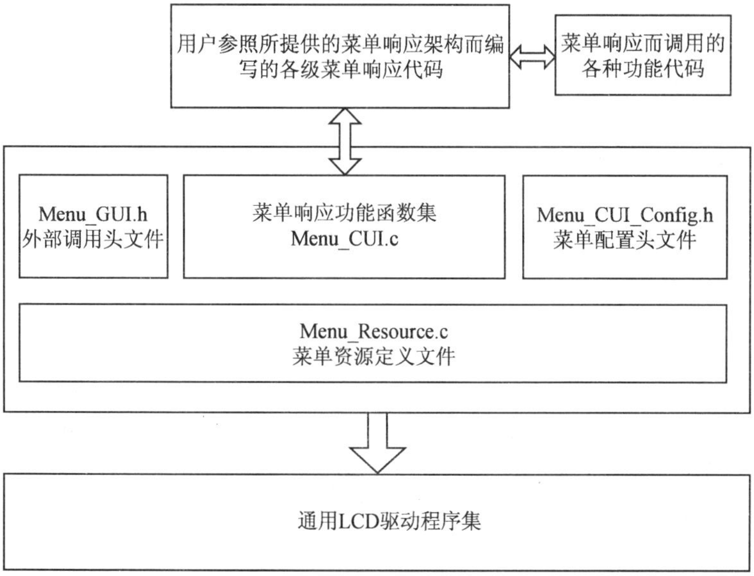

图 3－1　菜单程序架构示意图

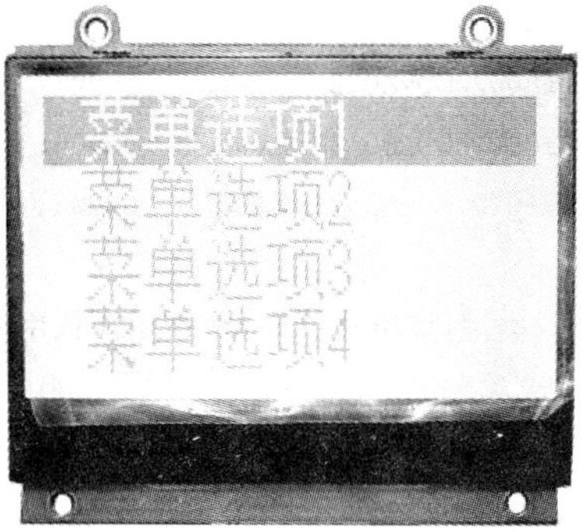

图 3－2　菜单显示效果(当前活动菜单项处于第一项)

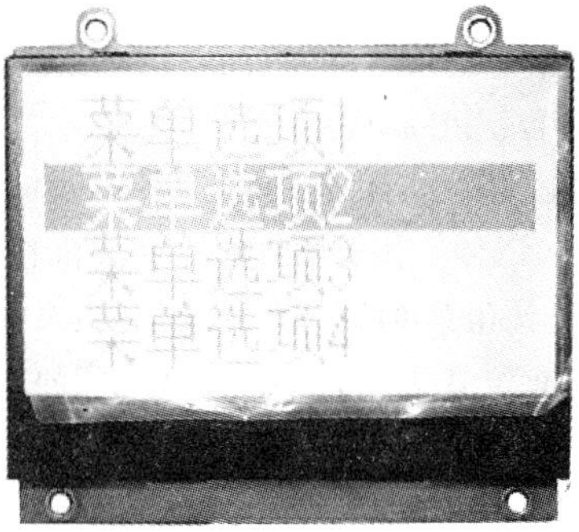

图 3－3　菜单显示效果(当前活动菜单项处于第二项)

3.2　Mz_MenuGUI 的源码分析

3.2.1　Menu_Resource.c 菜单资源定义

Menu_Resource.c 文件完成了所有菜单字符资源以及菜单项的定义，主要定义有 3 类，可以从下面的源码中看出：

```
//================================================
```

```
// 文件名：Menu_Resource.c
// 作  者：Xinqiang Zhang(email：Xinqiang@Mzdesign.com.cn)
//          www.Mzdesign.com.cn
// 日  期：2007/03/24
// 描  述：菜单应用范例程序 - - UI 显示资源定义文件
// 版  本：
//       2007/03/24        First version     Mz Design
//         2007/07/26        V1.01                 Mz Design
//= = = = = = = = = = = = = = = = = = = = = = = = = = = = = = = = = = = = = = = = = = = = = = =
//定义单条菜单项内容,格式有两种,一种为支持汉字库 LCD 的纯汉字菜单项,一种是西文字符与自定
//义汉字库的混合菜单项的如下
//一:直接用汉字的字串即可,不同的编译器可能在汉字的 GB 码数据类型上有所不一样
//二:菜单项字符数,第一个字符在字库中的序号,第二个字符等
//注:在第二种情况下,为了区分自定义汉字与 ASCII 码,特定将自定义汉字库中的汉字编码前加上
//128 作为标识
code unsigned char Menu_String01[] = {5,0 + 0x80,1 + 0x80,2 + 0x80,3 + 0x80, 4 + 0x80};
code unsigned char Menu_String02[] = {5,0 + 0x80,1 + 0x80,2 + 0x80,3 + 0x80, 5 + 0x80};
code unsigned char Menu_String03[] = {5,0 + 0x80,1 + 0x80,2 + 0x80,3 + 0x80, 6 + 0x80};
code unsigned char Menu_String04[] = {5,0 + 0x80,1 + 0x80,2 + 0x80,3 + 0x80, 7 + 0x80};
code unsigned char Menu_String05[] = {5,0 + 0x80,1 + 0x80,2 + 0x80,3 + 0x80, 8 + 0x80};
code unsigned char Menu_String06[] = {5,0 + 0x80,1 + 0x80,2 + 0x80,3 + 0x80, 9 + 0x80};
//定义某一组菜单的配置,格式如下:
//{该组菜单的菜单项数目,该组菜单中汉字所选用的字符类型,该组菜单中 ASCII 码所选用的类型
//该组菜单中每条菜单项所占用的 Y 轴大小,该组菜单中菜单项显示的 X 轴偏移位}
code unsigned char Menu_List01_Config[] = {6,3,1,16,10};
//定义一组菜单的菜单项,格式如下:
//{该组菜单所对应的配置,第一条菜单项,第二条菜单项......}
//注:菜单组列表中菜单项的数目要与相应配置里的一致哦
code unsigned char *Menu_List01[] = //
{(unsigned char *)Menu_List01_Config,(unsigned char *)Menu_String01,
(unsigned char *)Menu_String02,(unsigned char *)Menu_String03,
(unsigned char *)Menu_String04,(unsigned char *)Menu_String05,
(unsigned char *)Menu_String06};
```

上面程序中首先定义了单条菜单项的内容(代码的注释里已有格式的简单说明);用户需要参考 2.7 节介绍通用 LCD 驱动程序中关于字库的部分,因为这里的定义是与驱动函数中字库的定义相关的。例如,菜单项 Menu_String01 的定义里采用的是西文字库(ASCII 码)与自

定义汉字库相结合的类型，第一个量的意义为该菜单项中有几个字符，第二个量之后的数据为字符在字库中的序号。如果是 ASCII 码西文字符，则直接用'A'之类的定义即可，编译时会取该字符的 ASCII 码值；如果是自定义汉字库，则要在其序号的基础上加 0x80(即 128)，上面的代码就是例子。

要定义多少个菜单项是由用户自行选择的，上面的代码共定义了 6 个菜单项，跟显示效果里的一样，分别是"菜单选项一"、"菜单选项二"、"菜单选项三"、"菜单选项四"、"菜单选项五"、"菜单选项六"。菜单中使用的汉字字符在驱动中都有了定义，它们在字库里的序号分别是：

"菜"——0； "单"——1； "选"——2； "项"——3； "一"——4； "二"——5； "三"——6； "四"——7； "五"——8； "六"——9。

GB_Table.c 文件定义了它们的字库，如下：

```
code unsigned char GB1616[] =
{
/*--  文字：  菜  --*/
0x00,0x00,0x0C,0x70,0x0C,0x70,0xFF,0xFF,0x0C,0x70,0x00,0xFC,0x3F,0xCC,0x19,0x98,
0x1D,0xF8,0x0D,0xF0,0xFF,0xFF,0x03,0xC0,0x07,0xE0,0x1D,0xB8,0x39,0x9E,0xE1,0x87,
/*--  文字：  单  --*/
0x00,0x00,0x18,0x18,0x1C,0x38,0x0C,0x70,0x7F,0xFC,0x61,0x8C,0x61,0x8C,0x7F,0xFC,
0x61,0x8C,0x61,0x8C,0x3F,0xFC,0x01,0x80,0xFF,0xFF,0x01,0x80,0x01,0x80,0x01,0x80,
/*--  文字：  选  --*/
0x00,0x00,0x00,0x00,0x73,0x60,0x37,0x60,0x3F,0xFE,0x1E,0x60,0x0C,0x60,0x00,0x60,
0xFF,0xFF,0x39,0xB8,0x39,0xB8,0x39,0xBF,0x3B,0x3F,0x3F,0x3E,0x7E,0x1E,0xEF,0xFF,
/*--  文字：  项  --*/
0x00,0x00,0x00,0x00,0xFF,0xFF,0x3C,0x60,0x33,0xFC,0x37,0x06,0x37,0x66,0x37,0x66,
0x37,0x66,0x37,0x66,0x37,0x66,0x37,0xE6,0x3F,0xC6,0xF1,0xF8,0x03,0x8E,0x0E,0x07,
/*--  文字：  一  --*/
0x00,0x00,0x00,0x00,0x00,0x00,0x00,0x00,0x00,0x00,0x00,0x00,0x00,0x00,0x00,0x00,
0xFF,0xFF,0x00,0x00,0x00,0x00,0x00,0x00,0x00,0x00,0x00,0x00,0x00,0x00,0x00,0x00,
/*--  文字：  二  --*/
0x00,0x00,0x00,0x00,0x00,0x00,0x7F,0xFE,0x00,0x00,0x00,0x00,0x00,0x00,0x00,0x00,
0x00,0x00,0x00,0x00,0x00,0x00,0x00,0x00,0x00,0x00,0xFF,0xFF,0x00,0x00,0x00,0x00,
/*--  文字：  三  --*/
0x00,0x00,0x00,0x00,0x00,0x00,0x7F,0xFE,0x00,0x00,0x00,0x00,0x00,0x00,0x00,0x00,
0x3F,0xFC,0x20,0x00,0x00,0x00,0x00,0x00,0x00,0x00,0x00,0x00,0xFF,0xFF,0x00,0x00,
/*--  文字：  四  --*/
0x00,0x00,0x00,0x00,0x7F,0xFE,0x66,0x66,0x66,0x66,0x66,0x66,0x66,0x66,0x66,0x66,
0x66,0x66,0x66,0x66,0x6E,0x66,0x78,0x7E,0x60,0x06,0x60,0x06,0x60,0x06,0x7F,0xFE,
/*--  文字：  五  --*/
```

```
0x00,0x00,0x00,0x00,0xFF,0xFE,0x03,0x00,0x07,0x00,0x07,0x00,0x07,0x00,0x7F,0xFC,
0x06,0x0C,0x06,0x0C,0x06,0x0C,0x06,0x0C,0x0E,0x0C,0x0E,0x0C,0x0C,0x0C,0xFF,0xFF,
/*--  文字:  六  --*/
0x00,0x00,0x00,0x00,0x03,0x80,0x01,0x80,0x01,0xC0,0x00,0xC0,0xFF,0xFF,0x00,0x60,
0x0E,0x70,0x0C,0x38,0x0C,0x18,0x1C,0x1C,0x18,0x0C,0x38,0x0E,0x70,0x06,0xE0,0x07
};
```

定义好字库后也要在 LCD_Dis.c 中为新的字库修改一定的代码,在该文件前面加上对这个字库的外部声明,具体如下:

```
extern code unsigned char Asii0610[];          //6X10 的 ASCII 码字符库
extern code unsigned char GB1616[];            //16X16 的自定义字符库
extern code unsigned char GB1716[];            //17*16 自定义的汉字库
```

然后在 FontSet 函数中加上该字库所对应的配置代码,如下:

```
void FontSet(DOTBYTE Font_NUM,LCDBYTE Color)
{
    switch(Font_NUM)
    {
        case 0: Font_Wrod = 16;              //ASCII 码字符 A
                X_Witch = 8;
                Y_Witch = 16;
                Char_Color = Color;
                Font_type = 1;
                Char_TAB = Asii0816;
        break;
        case 1: Font_Wrod = 10;              //ASCII 码字符 B
                X_Witch = 6;
                Y_Witch = 10;
                Char_Color = Color;
                Font_type = 1;
                Char_TAB = Asii0610;
        break;
        case 2: Font_Wrod = 48;              //汉字 A
                X_Witch = 17;
                Y_Witch = 16;
                Char_Color = Color;
                Font_type = 0;
                Char_TAB = GB1716;
        break;
```

```
        case 3: Font_Wrod = 32;                    //汉字 B
                X_Witch = 16;
                Y_Witch = 16;
                Char_Color = Color;
                Font_type = 0;
                Char_TAB = GB1616;
        break;
        default: break;
    }
}
```

接下来定义一个数组，用于一组菜单的配置。也就是说，可以在程序里定义多组菜单，而每组菜单都可以拥有自己的特性配置。下面看看这个配置的数组里具体定义的含义。

Menu_List01_Config[]={6,3,1,16,10}中定义了 5 个数据，第一个数据用于声明该组菜单中共有多少个菜单项（本章介绍的菜单 Demo 里面共定义了 6 个菜单项，所以这里将该数值设置为 6）；接下来的一个数据代表混合字符菜单项里的汉字字库序号，通过前面介绍的代码可知，定义为 3；接着便是 ASCII 码西文字库的序号，为 1。其中，数据 16 表示该组菜单中每一个菜单项所占用 Y 轴的点数，通常取该组菜单中字符里 Y 轴方向最大的值（这里可知前面定义的菜单项里采用的是 16×16 点阵的字符，所以该值定义为了 16）。最后的一个数据表示菜单项显示时对 X 轴原点的固定偏移数，可以从图 3-4 看出在数组中定义的 10 的意义。

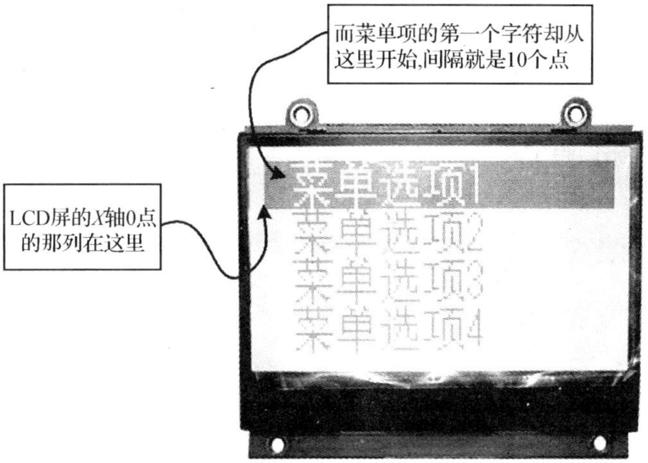

图 3-4 菜单显示效果分析

如图 3-4 所示，如果想要菜单项的字符从 X 轴为 0 的地方开始显示，则只需要将菜单配置数组中最后一个数设为 0 即可。

最后一个是对一组菜单的定义，用户在菜单响应的控制程序里会使用到该数组。一组菜单定义对应一个菜单界面，如果有多级菜单，则可以定义多组菜单，格式参考代码即可。这组数据中，第一个量为该组菜单的配置，接下去的数据为该组菜单中每个菜单项的定义。

注意：不同的编译器对指针的编译可能有所不同，包括常量的定义，这点请用户注意，移植该代码时可能要做出适当的修改。

3.2.2 Menu_GUI_Config.h 菜单 GUI 配置头文件

菜单 GUI 的配置头文件里面定义了菜单的字符色等，源码如下：

```
//      write your header here
typedef unsigned int UINT;
typedef unsigned char UCHAR;
#define COLOR_1                 0x0001      //黑色
#define COLOR_2                 0x0000      //白色
#define MENU_BACK_COLOR         COLOR_2     //定义菜单系统当中的背景色
#define MENU_FONT_COLOR         COLOR_1     //定义菜单系统当中的文字色
#define MENU_SELE_COLOR         COLOR_1     //定义菜单系统当中被选择的菜单项背景色
#define MENU_SELF_COLOR         COLOR_2     //定义菜单系统当中被选择的菜单项文字色
//#define     Hz_Lib_II         1           //使用二级汉字库的定义，如果 LCD 的驱动中支持二级字库
                                            //则使该定义有效，否则将其屏蔽
```

其中，首先用了两个 typedef 对两个数据类型进行了重定义；再用 define 定义了两种颜色（该菜单 GUI 代码是可以适应彩色 LCD 的，所以这里的定义为将来的扩展打基础）；然后重定义了几个常量，它们在代码中都有注释，这些颜色的重定义将会在 Menu_GUI.c 的代码当中使用。最后的一个定义在代码当中屏蔽，它是针对于带字库的 LCD 模块而做的扩展定义。

3.2.3 Menu_GUI.c 菜单接口函数

先看看两个跟配置有关的函数：

```
//= = = = = = = = = = = = = = = = = = = = = = = = = = = = = = = = = = = = = = = = = = = = = //
//函数：UCHAR GetMLNum(UCHAR  * * Menu_List)
//描述：获取菜单资源的菜单项个数函数
//参数：Menu_List       菜单资源链表指针
//返回：菜单项个数
//注意：无
//= = = = = = = = = = = = = = = = = = = = = = = = = = = = = = = = = = = = = = = = = = = = = //
```

```
UCHAR GetMLNum(UCHAR * * Menu_List)
{
    UCHAR uiTemp;
    uiTemp = (unsigned char) * * Menu_List;
    return uiTemp - 1;
}
//= = = = = = = = = = = = = = = = = = = = = = = = = = = = = = = = = = = = = = = = = = =//
//函数:UCHAR GetMLiNum_Page(UCHAR  * * Menu_List)
//描述:获取菜单资源在一屏可以显示的菜单项个数函数
//参数: Menu_List      菜单资源链表指针
//返回:菜单项个数
//注意:无
//= = = = = = = = = = = = = = = = = = = = = = = = = = = = = = = = = = = = = = = = = = =//
UCHAR GetMLiNum_Page(UCHAR * * Menu_List)
{
    UCHAR uiTemp;
    UCHAR *Menu_Config;
    Menu_Config = (UCHAR *)(Menu_List[0]);
    uiTemp = *(Menu_Config + 3);
    uiTemp = (Dis_Y_MAX + 1)/uiTemp;              //
    return uiTemp;
}
```

其中,UCHAR GetMLNum(UCHAR * * Menu_List)函数是获取一组菜单资源里菜单项个数的,传递进该函数的参数就是 3.2.1 小节中所说的一组菜单的定义数组,返回的是该组菜单资源中的菜单项个数。不过要注意的是,跟前面介绍的定义有点不一样,在前面介绍时,如果菜单项个数为 6 个,则定义里就直接将菜单资源配置数组里的第一个变量置为 6;这里的返回值也读取了该数据,但却减去了 1,这是因为菜单项的序号从 0 开始。

UCHAR GetMLiNum_Page(UCHAR * * Menu_List)函数与 LCD 驱动程序中的配置有关,功能是获取一屏 LCD 显示中共能显示菜单项的数量。代码中使用了 Dis_Y_MAX 的配置,并除以菜单项的 Y 轴点数,得到的便是一屏 LCD 显示所能容下的菜单项数。

在菜单显示的代码里定义了几个全局的变量,用于更新显示,如下:

```
#include "./Driver/LCD_Driver/LCD_Dis.h"
#include "./Driver/LCD_Driver/LCD_Config.h"
#include "./MzMenu_GUI/Menu_GUI_config.h"

UCHAR Y_WIDTH_MENU = 16;
UCHAR X_SPACE_FRONT = 10;
```

```
UCHAR Dis_Menu_Num = 0;

UCHAR Font_GB = 0;
UCHAR Font_String = 0;
UCHAR First_Index_old = 0xff;
UCHAR y_Index_old  =  0xff;
```

Y_WIDTH_MENU 存放有当前菜单组的一个菜单项占用 Y 轴的点数，与菜单组配置数组中的定义是一样的意义；只不过可能有多个菜单组资源存在于用户的应用程序中，而这个变量保存的是当前选择的、也就是当前显示在 LCD 中的菜单组变量。

X_SPACE_FRONT 存放着当前菜单组在显示菜单项时菜单项字符偏移 X 轴原点的点数。

Dis_Menu_Num 存放着当前菜单组能在一屏 LCD 中显示的个数。

Font_GB 中为当前菜单组中选用的自定义汉字库序号，Font_String 是 ASCII 码西文字库的序号。

First_Index_old 变量保存的是菜单当前显示在 LCD 屏上首行菜单项的序号；由于菜单组可能有多个菜单项，而菜单项个数大于一屏能显示的菜单项个数时，首行的菜单项就有可能在用户操作菜单时发生变化；此变量将在菜单的显示刷新当中使用。

y_Index_old 保存了当前菜单项当中处于活动的那项序号，也就是选择了哪一项菜单。

First_Index_old 和 y_Inded_old 变量初始化它们的值为 0xff，而在代码中也利用了该数值(0xff)。

接下来，有两个控制函数，仅在功能上有细微的区别，在用户编写菜单响应控制函数时有用：

```
//=========================================//
//函数:void Redraw_Menu(UCHAR First_Index,UCHAR Menu_Index, UCHAR * * Menu_List)
//描述:刷新整屏菜单显示函数
//参数:First_Index      当面显示页的第一条菜单号
//      Menu_Index      当前处于选用的菜单项
//      Menu_List       菜单资源链表指针
//返回:
//注意:无
//=========================================//
void Redraw_Menu(UCHAR First_Index,UCHAR Menu_Index,UCHAR * * Menu_List)
{
    UCHAR * Menu_Config;
    First_Index_old = 0xff;
    Menu_Config = (UCHAR * )( * Menu_List);
    Font_GB =  * (Menu_Config + 1);
    Font_String =  * (Menu_Config + 2);
```

```
    Y_WIDTH_MENU = *(Menu_Config+3);
    X_SPACE_FRONT = *(Menu_Config+4);
    Dis_Menu_Num = (Dis_Y_MAX+1)/Y_WIDTH_MENU;
    UpDate_Menu(First_Index,Menu_Index,Menu_List);
}
//============================================//
//函数:void Initial_Menu(UCHAR ** Menu_List)
//描述:刷新整屏菜单显示函数
//参数:Menu_List      菜单资源链表指针
//返回:
//注意:无
//============================================//
void Initial_Menu(UCHAR** Menu_List)
{
    UCHAR *Menu_Config;
    First_Index_old=0xff;
    y_Index_old = 0xff;
    Menu_Config = (UCHAR *)(*Menu_List);
    Font_GB = *(Menu_Config+1);
    Font_String = *(Menu_Config+2);
    Y_WIDTH_MENU = *(Menu_Config+3);
    X_SPACE_FRONT = *(Menu_Config+4);
    Dis_Menu_Num = (Dis_Y_MAX+1)/Y_WIDTH_MENU;
    UpDate_Menu(0,0,Menu_List);
}
```

Redraw_Menu 和 Initial_Menu 函数的功能相似，可以从代码中看出来，在函数中都要对前面介绍的全局变量进行设置，并调用 UpData_Menu 函数进行菜单重绘。

在 Initial_Menu 函数当中，将 First_Index_old 和 y_Index_old 重置为 0xff，则是要全部重新绘制菜单，使当前显示屏中第一列菜单项为该菜单组中的第一项，而当前选择的菜单项初始化为该菜单组中的第一项；函数中传递进来的 Menu_List 参数为要选用的菜单资源链表（也就是二维数组）。

Redraw_Menu 函数有 3 个参数，分别在注释中已有说明；该函数与 Inialt_Menu 的区别也就是对 y_Index_old 的初始化，其实也就是 Redraw_Menu 用于重绘菜单，但菜单组中显示在 LCD 屏上的第一项菜单项并不一定是菜单组中的首项，而是由 Fist_Index 指定；而当前处于选定状态的菜单项由参数 Menu_Index 指定。Redraw_Menu 函数一般使用在菜单重绘的地方，比如在一些菜单项响应代码中，用户程序会占用显示屏以显示一些必要的信息，而当菜单项响应代码结束时需要对菜单进行重绘。

菜单显示控制函数主要只有两个，无论用户定义了多少组菜单资源，都是由这两个函数来完成显示。下面分别看一下它们的代码。UpDate_Menu 菜单更新函数：

```
//======================================================================//
//函数:void UpDate_Menu(UCHAR First_Index,UCHAR Menu_Index, UCHAR * * Menu_List)
//描述:刷新整屏菜单显示函数
//参数:First_Index   当面显示页的第一条菜单号
//         Menu_Index   当前处于选用的菜单项
//         Menu_List    菜单资源链表指针
//返回:无
//注意:无
//======================================================================//
void UpDate_Menu(UCHAR First_Index,UCHAR Menu_Index,UCHAR * * Menu_List)
{
    UINT y_width,y_Index;
    UCHAR List_Num,i;
    List_Num = (UINT) * * Menu_List;
    y_width = Y_WIDTH_MENU;
    y_Index = 0;
    while(First_Index>List_Num) First_Index -= List_Num;                        ①
    if(List_Num>Dis_Menu_Num) List_Num = Dis_Menu_Num;
    if(First_Index_old!=First_Index)                                            ②
    {
        SetPaintMode(1,MENU_BACK_COLOR);
        ClrScreen(0);                                          //清屏
        SetPaintMode(1,MENU_SELE_COLOR);
        if(y_Index_old==0xff)                                                   ③
        {
            Rectangle(0,0,Dis_X_MAX, y_width-1,1);
            i=First_Index+1;
            ShowMenu_Item(y_Index,(UCHAR *)Menu_List[i++],MENU_SELF_COLOR);
            y_Index = y_Index+Y_WIDTH_MENU;
            for(;i<List_Num+1;i++)
            {
                ShowMenu_Item(y_Index,(UCHAR *)Menu_List[i],
                        MENU_FONT_COLOR);
                y_Index = y_Index+Y_WIDTH_MENU;
            }
        }
        else                                                                    ④
```

```
        {
            y_Index_old = Menu_Index - First_Index;                               ⑤
            Rectangle(0,y_Index_old * Y_WIDTH_MENU,Dis_X_MAX,
                        y_Index_old * Y_WIDTH_MENU + Y_WIDTH_MENU - 1,1);
            i = First_Index + 1;
            while(List_Num)
            {
                if((i - 1) == Menu_Index) ShowMenu_Item(y_Index,(UCHAR * )Menu_List[i],
                        MENU_SELF_COLOR);                                         ⑥
                else ShowMenu_Item(y_Index,(UCHAR * )Menu_List[i],
                        MENU_FONT_COLOR);                                         ⑦
                y_Index = y_Index + Y_WIDTH_MENU;
                i++;
                List_Num--;
            }
        }
        First_Index_old = First_Index;                                            ⑧
    }
    else                                                                          ⑨
    {
        y_Index = y_Index_old - First_Index_old;
        y_Index = y_Index * Y_WIDTH_MENU;
        SetPaintMode(1,MENU_BACK_COLOR);
        Rectangle(0,y_Index,Dis_X_MAX, y_Index + Y_WIDTH_MENU - 1,1);
        ShowMenu_Item(y_Index,(UCHAR * )Menu_List[y_Index_old + 1],
                        MENU_FONT_COLOR);
        y_Index = Menu_Index - First_Index;
        y_Index = y_Index * Y_WIDTH_MENU;
        SetPaintMode(1,MENU_SELE_COLOR);
        Rectangle(0, y_Index,Dis_X_MAX, y_Index + Y_WIDTH_MENU - 1,1);
        ShowMenu_Item(y_Index,(UCHAR * )Menu_List[Menu_Index + 1],
                        MENU_SELF_COLOR);
    }
    y_Index_old = Menu_Index;
}
```

函数多次调用到的子函数 ShowMenu_Item 是菜单项绘制函数，该函数有两个参数，一个是要绘制的菜单项，一个是菜单项的颜色。

程序中对应序号的注释如下：

① 判断传递进来的参数 Fisrt_Index 是否超出了选用的菜单组的菜单项个数，超出了则处理一下；接着对 List_Num 进行处理，该变量表示一屏 LCD 能显示菜单项的个数，如果当前选用菜单组的菜单项个数大于一屏 LCD 能显示的菜单个数，则取后者；如果等于或小于，则取当前菜单组的菜单项个数。

② 判断 First_Index_old 是否等于传递进来的参数 First_Index，如果不相等，则表示当前 LCD 屏显示当中的第一列菜单项较之前发生了变化，需要重绘整个菜单。要重绘全部菜单时，则首先要将屏幕全部清屏。

③ 此处判断 y_Index_old 是否为 0xff，如果是 0xff，则认定为初始化菜单时的重绘菜单，程序会将当前屏 LCD 显示的第一列菜单项选择为菜单组中的第一项菜单项，而处于选择状态的菜单项为菜单组资源当中的第一项菜单项。

重绘菜单时，先绘制处于选择状态的反色条，与前面图像里屏幕上与背景的白色反色的黑色条一样，当然彩色 LCD 是可以选择很多不同颜色的。然后在同样的位置上绘制出该条处于选择状态的菜单项，也就是菜单组资源中的第一项菜单项。最后绘制其他不处于选择状态的菜单项。

④ 如果 y_Index_old 不等于 0xff，则表示是正常的重绘菜单，也就是通过 Redraw_Menu 函数调用进来的，或者是 LCD 屏上首行显示的菜单项发生了变化。

⑤ 这时，也是首先绘制处于选择状态的反色条，它的位置由 Menu_Index - First_Index 计算出来；Menu_Index 是传递进来的参数，表示当前菜单中处于选择状态的菜单项是菜单组资源当中的第几项；而 First_Index 则表示当前菜单项中处于 LCD 屏显示的首行菜单项是菜单组资源当中的第几项；两者相减便得出当前处于选择状态的菜单项应该在 LCD 屏当中的具体位置了，这里使用 y_Index_old 变量暂时保存一下位置数据。

然后，根据计算出来的当前处于选择状态的菜单项的位置绘制反色条，最后依次绘制一屏 LCD 可以显示的多个菜单项。

⑥ 当然，绘制菜单项时会判断是否处于选择状态，如果是，则选用配置的选择菜单项字符色来绘制。

⑦ 否则，使用正常的菜单项字符色绘制菜单项字符。

⑧ 更新菜单前的 LCD 屏显示首行菜单项序号，以便在下次调用显示时使用。

⑨ 最后，如果不必对全屏进行菜单刷新，那么就会进入该分支刷新菜单；也就是 y_Index_old 和 First_Index_old 都没有被初始化为 0xff，而且 First_Index_old 与传递进来的参数 First_Index 是相同的，也说明 LCD 屏上的首行菜单项没有发生变化。然后，计算出当前 LCD 屏上显示的处于选择状态的菜单项位置，并将该位置的显示清零，重绘该位置的菜单项字符；再计算刷新后处于选择状态的菜单项的位置，在该位置绘制反色条，最后绘制处于选择状态的菜单项。

ShowMenu_Item 菜单项绘制函数与前面介绍的 LCD 驱动程序有紧密的联系，它直接与驱动程序中的字库定义以及菜单项的定义有关联，代码如下：

```
//========================================//
//函数:UCHAR ShowMenu_Item(UCHAR y,UINT * Menu_String,UCHAR Font_Color)
//描述:显示菜单项子函数
//参数:space_front   显示缩进值
//         y              Y 轴坐标
//         Menu_String   菜单项链表的首地址指针
//返回:显示溢出情况   0:溢出     1:无溢出
//注意:无
//========================================//
UCHAR ShowMenu_Item(UCHAR y,UCHAR * Menu_String,UCHAR Font_Color)
{
    UCHAR * uiTemp;
    UCHAR uiTemp1;
    UCHAR i,x,Char_Nmb;
    x = X_SPACE_FRONT;                              //Menu show front space
    Char_Nmb = (UCHAR)Menu_String[0];
    if(Char_Nmb<0xA1)
    {
        for(i = 1;i<= Char_Nmb;i++)
        {
            uiTemp = (UCHAR *)(Menu_String + i);
            uiTemp1 = (UCHAR) * uiTemp;
            if(uiTemp1>128)
            {
                FontSet(Font_GB,Font_Color);        //选择汉字字库
                uiTemp1 = uiTemp1 - 128;
            }
            else
            {
                FontSet(Font_String,Font_Color);    //选择 ASCII 码字库
            }
            PutChar(x,y,uiTemp1);
            x = x + X_Witch;//GetASIIX();

            if(x>= Dis_X_MAX) return 0;             //横坐标溢出,返回零
        }
    }
 #ifdef Hz_Lib_II
```

```
        else
        {
            FontSet_cn(Font_String,Font_Color);
            PutString_cn(x,y,(unsigned short * )Menu_String);
        }
    #endif
        return 1;
    }
```

局部变量 x 首先置为 X_SPACE_FRONT 的值，而 X_SPACE_FRONT 也就是在菜单组资源中定义的配置数组中菜单项字符偏移 *X* 轴原点的点数。

获取要绘制的菜单项的第一个节字存放于 Char_Nmb 变量当中。

这里做一下简单的说明：在国标的二级汉字库中，每个汉字 GB 码的高 8 位和低 8 位值都是大于 0xA1 的。所以在此判断 Char_Nmb 值是否大于 0xA1，如果小于，则表明当前的菜单 GUI 使用的是自定义汉字库和 LCD 驱动中自带的 ASCII 码西文字库的字符。

绘制菜单项当中的自定义汉字库或者 ASCII 码字符时，Char_Nmb 值代表该菜单项的字符个数，并以该数值做一个 for 循环，依次将该菜单项的字符绘制完毕。前面已介绍过，定义菜单项时，若使用自定义的汉字库字符，则定义时在该字符的基础上加 128。所以，在代码中可看到从菜单项的定义数组中读出字符序号数据后会判断是否大于 128，如果大于则表示该字符为自定义的汉字库当中的字符，调用 FontSet 函数选择该字库作为当前字符类型，并调整字符序号值；如小于，则选用 LCD 驱动中的 ASCII 码西文字库作为当前字符类型。最后，调用 PutChar 函数绘制字符，并对 *X* 轴的坐标作出调整，以便显示下一个字符。

前面介绍 Menu_GUI_Config. h 文件时已经介绍过 Hz_Lib_II 的宏定义表示所使用的 LCD 是否为自带汉字库的 LCD，如果是，则 Hz_Lib_II 有定义，且“#def Hz_Lib_II”和“#endif”之间的代码被编译，作为选用自带汉字库的 LCD 时显示菜单中汉字的显控代码。

注意：Mzdesign 自带汉字库的 LCD 在驱动程序里提供了 FontSet_cn 和 PutString_cn 函数，而本书介绍的 LCD 通用驱动程序中是没有这两个函数的，这点请读者参考 Mzdesign 的代码。

3.3 个性化 Menu 菜单界面

3.3.1 供参考的 GUI 响应控制代码

为了方便使用，这里提供了一份配合着 Mz_MenuGUI 的响应控制代码，用户可以参照它的架构编写自己需要的控制代码。

当然，菜单的使用一般离不开键盘，这里也使用了键盘扫描程序，但仅供参考。用户可以根据自己的情况编写合适的键盘扫描程序，并定义合适的键值作为菜单响应控制的控制键。

首先，菜单响应控制代码需要定义几个变量，如下：

```
unsigned char uiKey = 0;
//uiKey用于存放扫描的键值状态
unsigned char Item_Num,Update_Flag,Enter_Flag = 0;
//Item_Num:当前菜单组当中共有几项菜单项,刷新时使用
//Update_Flag:菜单界面刷新标识
//Enter_Flag:确定键按下标识～～
unsigned char PageItem_Num;
//PageItem_Num:每页(全显示屏内)可以显示多少个菜单项
unsigned char First_Index = 0,Active_Index = 0,Temp_Index = 0;
//First_Index:当前处在显示屏当中的最前面的菜单项序号
//Active_Index:当前指向的菜单项,即当前活动的菜单项
//Temp_Index:中间变量
unsigned char Exit_flag = 1;              //菜单响应循环退出标识
```

其中，有几个变量是用于暂存菜单组资源中一些数据的，比如Item_Num、PageItem_Num等。其实前面介绍的菜单显示控制的代码（Menu_GUI.c）中已有定义了，这里再定义实际上是为多级菜单的使用而做的；因为在Menu_GUI.c中定义的变量只能供当前选用的菜单组使用，如有多级菜单，而相互之间有层层的调用关系，则单靠其中的变量是无法得知全部菜单组资源参数的。由此，建议每个菜单界面都定义上述变量，以供当前菜单响应控制使用。

Exit_flag变量为循环退出标识，在菜单响应控制的循环中控制着是否继续下去；该变量设置为0时，表示要退出当前的菜单。当然，如果用户的菜单只有一层，而且始终在使用该菜单，则可以不使用这个变量，直接在菜单响应控制的循环中用1替代它即可。

菜单响应控制代码中要用到一些函数，所以在其前面需对一些外部头文件进行包含声明，如下：

```
#include "./Driver/LCD_Driver/LCD_Dis.h"
#include "./Driver/Key_Service/Key.h"
#include "./MzMenu_GUI/Menu_GUI.h"
```

Key.h是键盘扫描程序的头文件，这里不作说明。LCD_Dis.h为通用LCD驱动程序的用户接口程序头文件，可视情况而选择是否使用它（至少在用户的菜单响应控制代码中是可以选择的）。

菜单响应控制的参考代码如下：

```
Key_Initial();                                    //键盘扫描初始化(端口)
LCD_Init();                                       //初始化 LCD
Item_Num = GetMLNum(Menu_List01);                 //获取要显示的菜单的菜单项个数
```

```
PageItem_Num = GetMLiNum_Page((unsigned char * * )Menu_List01);   //获取要显示的菜单的页数
Initial_Menu((unsigned char * * )Menu_List01);
while(Exit_flag)
{
    uiKey = Key_Get();                                    //获取键值
    if(uiKey)                                             //如有键按下则响应
    {
        switch(uiKey)                                     //判断键值进行分支控制界面
        {
            case 3:                                       //确定键按下
                Enter_Flag = 1;                           //enter flag set
                break;
            case 2:                                       //down 向下键按下
                if(Active_Index<Item_Num)
                {
                    Active_Index ++ ;
                    if(Temp_Index<PageItem_Num - 1) Temp_Index ++ ;
                    else if(First_Index<Item_Num) First_Index ++ ;
                    Update_Flag = 1;
                }
                break;
            case 1:                                       //up 向上键按下
                if(Active_Index>0)
                {
                    Active_Index -- ;
                    if(Temp_Index>0) Temp_Index -- ;
                    else if(First_Index>0) First_Index -- ;
                    Update_Flag = 1;
                }
                break;
      /*    case 4:                                       //返回键按下
                Exit_flag = 0;//
                break; */
            default:break;
        }
    }
    if(Update_Flag)                                       //Update_Flag 为 1 时刷新菜单
```

```
    {
    UpDate_Menu(First_Index,Active_Index,(unsigned char * * )Menu_List01);
    Update_Flag = 0;
}
if(Enter_Flag)                                //有确定键按下时,则进入相应的功能函数
{
    Enter_Flag = 0;
    switch(Active_Index)
    {
        case 0:                               //这里仅定义了可以响应第一项菜单
        //     Show_DemoTast();
        //     Redraw_Menu(First_Index,Active_Index,(unsigned char * * )Menu_List01);
        //     Update_Flag = 1;
            break;
        case 1: break;                        //如感兴趣可以自己加进去试试
        case 2: break;
        case 3: break;
        case 4: break;
        case 5: break;
        default:break;
    }
}
KeyScan_Service();                  //键盘扫描的服务程序,最好在 1 kHz 的定时/时基中断调用
}
```

Key_Initial()是键盘扫描程序初始化函数,用户可根据自已的键盘扫描程序来修改这块的代码;而如果之前已经进行过键盘扫描的初始化,则此处没有必要再重新初始化。比如在一个二级的菜单响应控制代码中,它是由上一级菜单响应控制代码响应操作而进入的,这时就无需再初始化扫键。LCD_Initil 函数的调用也如此,如果是在二级菜单的响应控制代码中,则无须进行第二次初始化。

接下来,调用 Menu_GUI. c 中的函数来初始化变量 Item_Num 和 PageItem_Num。注意,在调用相关的菜单 GUI 显示控制函数时,要传递当前选择的菜单组资源到调用的函数当中。有些编译器对数据的类型定义要求较严,在传递参数时需要对参数进行类型声明或强制转换。

每一个菜单组资源在使用时都要在该菜单组的响应控制代码中对其初始化,也就是调用 Initial_Menu 函数。

从前面的代码中可以看出,这份示例的菜单响应控制代码使用的菜单组资源是 Menu_List01。

while(Exit_flag)定义了菜单响应控制的循环，标志变量 Exit_flag 决定着这个循环是否继续下去。

Key_Get()函数可以获取当前有效的按键值；当然，用户使用自定义的键盘扫描程序时应视自己的代码而定，反正只要能够获取有效的按键值就可以了。获取的键值存放于 uiKey 变量中；需要注意的是，在没有键按下时，获取键值的函数应返回 0 或其他的数值以区别有效的键值。

在上面的代码当中，当有效的按键按下时，uiKey 的值为非零，这时会进行一个 Switch 的分支判断，以响应不同的按键。代码当中定义了 uiKey 的键值为 1、2、3 时的按键含义，也就是按键的作用。键值等于 1 表示菜单项向上移动；键值等于 2 表示菜单项向下移动；键值等于 3 表示确定键；而在代码当中，为退出键定义的代码已屏蔽掉，键值为 4。

键值为 1，则调整当前活动的菜单项，并置标志变量 Update_flag 为 1，让程序在循环中刷新显示的菜单。

键值为 2 时，也调整当前活动的菜单项，当然是向下调整了，同时置标志变量 Updage_flag 为 1，以控制刷新显示的菜单。

键值为 3 时，为确定键按下，置 Enter_flag 为 1，在后面的代码当中会进行相对应的菜单项响应操作分支。

当键值分支处理代码执行结束后，循环会判断当前的显示是否需要刷新，即判断 Update_flag 的值，如果需要刷新，则调用 UpDate_Menu 函数。

随后，判断 Enter_flag 即确定按键是否按下，如按下，则进入菜单响应控制的分支处理。在 switch 分支中，根据 Active_Index 的值判断当前处于选择状态的菜单项是哪一个，然后进行分支处理，也就是每个 case 分支对应一个菜单项的响应，这里用户可以根据自己的需要进行代码的编写。例如，上面的代码当中就有一段屏蔽的代码，这些代码用于响应第一项菜单项，调用 Show_DemoTask 函数进入了一个显示界面(具体显示什么无所谓了，仅供参考)；从该函数退出后，需要调用一个 Redraw_Menu 函数重绘当前的菜单显示，然后置显示刷新标识 Update_flag 为 1，在下一次循环中完成刷新显示。

每次循环都调用一个键盘扫描的函数：KeyScan_Service()，其实可以根据用户自己的键盘扫描程序架构而定的，这里仅供参考。

3.3.2 订制一个有二级菜单的工程

先简单介绍一下这个有二级菜单的工程的要求：要求一级菜单有 5 项菜单项，分别为：绘制点、绘制直线、绘制矩形、字符演示、以及帮助。

而字符演示这项菜单响应里还含有二级的菜单项，即要求选择该项菜单项时按下确定按键则弹出二级菜单，二级菜单要求有以下几项：单个西文字符、西文字符串、中文字符以及返回上一级。

而执行一级菜单项的响应代码时，绘制点这项就会在屏幕上绘制一个点，绘制直线就在屏上绘制直线，基本上跟菜单中文字意思相同，只有“字符演示”这一项是展开二级菜单的；类似，在二级菜单当中，每一项的响应也与其名字意义相同。

设定以上的菜单项中的文字都是16×16点阵的汉字，而且事选都取好了字模放置在自定义的汉字库中，并且都在Font_Set函数中修改好了相关的配置；而定义好的汉字在字库中的序号分别为：“绘”“点”“直”“线”“矩”“形”“字”“符”“演”“示”“帮”“助”“单”“个”“西”“文”“串”“中”“返”“回”“上”“一”“级”这些字符的序号从0～22依次排列；而字库的类型序号为3。

接下来就可以进行菜单系统的设计了。首先对于Menu_GUI的源码，只需要修改一部分的内容就可以了，也就是菜单资源的定义，即Menu_Resource.c中的定义。修改的代码如下：

```
//定义单条菜单项内容，格式有两种，一种为支持汉字库 LCD 的纯汉字菜单项，一种是西文字符与自定
//义汉字库的混合菜单项的如下
//一：直接用汉字的字串即可，不同的编译器可能在汉字的 GB 码数据类型上有所不一样
//二：菜单项字符数，第一个字符在字库中的序号，第二个字符等
//注：在第二种情况下，为了区分自定义汉字与 ASCII 码，特定将自定义汉字库中的汉字编码前加上
//     128 作为标识
code unsigned char Menu_String01[] = {2,0 + 0x80,1 + 0x80};
code unsigned char Menu_String02[] = {3,0 + 0x80,2 + 0x80,3 + 0x80};
code unsigned char Menu_String03[] = {3,0 + 0x80,4 + 0x80,5 + 0x80};
code unsigned char Menu_String04[] = {4,6 + 0x80,7 + 0x80,8 + 0x80,9 + 0x80};
code unsigned char Menu_String05[] = {2,10 + 0x80,11 + 0x80};
code unsigned char Menu_String06[] = {6,12 + 0x80,13 + 0x80,14 + 0x80,15 + 0x80,6 + 0x80,7 +
0x80};
code unsigned char Menu_String07[] = {5,14 + 0x80,15 + 0x80,6 + 0x80,7 + 0x80,16 + 0x80};
code unsigned char Menu_String08[] = {4,17 + 0x80,15 + 0x80,6 + 0x80,7 + 0x80};
code unsigned char Menu_String09[] = {5,18 + 0x80,19 + 0x80,20 + 0x80,21 + 0x80,22 + 0x80};
//定义某一组菜单的配置，格式如下：
//{该组菜单的菜单项数目，该组菜单中汉字所选用的字符类型，该组菜单中 ASCII 码所选用的类型
//该组菜单中每条菜单项所占用的 Y 轴大小，该组菜单中菜单项显示的 X 轴偏移位}
code unsigned char Menu_List01_Config[] = {5,3,1,16,10};
code unsigned char Menu_List02_Config[] = {4,3,1,16,10};
//定义一组菜单的菜单项，格式如下
//{该组菜单所对应的配置，第一条菜单项，第二条菜单项......}
//注：菜单组列表中菜单项的数目要与相应配置里的一致哦
code unsigned char * Menu_List01[] = //
{(unsigned char *)Menu_List01_Config,(unsigned char *)Menu_String01,
(unsigned char *)Menu_String02,(unsigned char *)Menu_String03,
(unsigned char *)Menu_String04,(unsigned char *)Menu_String05};
code unsigned char * Menu_List02[] = //
```

```
{(unsigned char *)Menu_List02_Config,(unsigned char *)Menu_String06,
(unsigned char *)Menu_String07,(unsigned char *)Menu_String08,
(unsigned char *)Menu_String09};
```

然后在 Menu_GUI.h 文件中添加定义的菜单组资源数组的声明,如下:

```
extern code UCHAR *Menu_List01[];
extern code UCHAR *Menu_List02[];
```

随后可以编写响应菜单项的功能函数,其实在这里也就是一些显示的演示程序,没有太多实际意义,用户可根据自己设计的需要自行设计。

一级菜单的各项菜单项响应函数大概如下:

“绘点”菜单项对应一个绘点的演示界面,代码如下:

```
void Show_DotTest(void)
{
    unsigned int Key = 0;
    unsigned Exit_flag = 1;
    ClrScreen(0);                       //清屏
    SetPaintMode(0,1);                  //设置绘图模式及前景色
    PutPixel(0,0);                      //绘制点
    PutPixel(2,0);
    PutPixel(4,0);
    PutPixel(6,0);
    PutPixel(8,0);
    PutPixel(9,0);
    PutPixel(10,0);
    PutPixel(0,2);
    PutPixel(0,4);
    PutPixel(0,6);
    PutPixel(0,8);
    PutPixel(0,10);
    while(Exit_flag)
    {
        Key = Key_Get();
        if(Key!= 0)
            Exit_flag = 0;              //任意键按下则返回
        KeyScan_Service();
    }
}
```

"绘直线"菜单项对应的函数代码如下：

```
void Show_LineTest(void)
{
    unsigned int Key = 0;
    unsigned Exit_flag = 1;
    ClrScreen(0);                    //清屏
    SetPaintMode(0,1);               //设置绘图模式及前景色
    Line(127,63,0,63);               //绘制一条直线
    Line(10,12,10,42);
    while(Exit_flag)
    {
        Key = Key_Get();
        if(Key!= 0)
            Exit_flag = 0;           //任意键按下时,退出返回
        KeyScan_Service();
    }
}
```

"绘矩形"菜单项对应的函数源代码如下：

```
void Show_RectanglTest(void)
{
    unsigned int Key = 0;
    unsigned Exit_flag = 1;
    ClrScreen(0);                    //清屏
    SetPaintMode(0,1);               //设置绘图模式及前景色
    Rectangle(12,12,42,42,1);        //矩形填充
    Rectangle(52,12,82,42,0);        //绘制矩形框
    while(Exit_flag)
    {
        Key = Key_Get();
        if(Key!= 0)
            Exit_flag = 0;           //任意键按下时,退出返回
        KeyScan_Service();
    }
}
```

"帮助"菜单项的响应函数里将显示一串字符串，源代码如下：

```
void Show_HelpTest(void)
{
    unsigned int Key = 0;
    unsigned Exit_flag = 1;
    ClrScreen(0);                                        //清屏
    SetPaintMode(0,1);                                   //设置绘图模式及前景色
    FontSet(1,1);                                        //设置字体类形,字符色为 1
    PutString(5,10,"Wellcome to MzDesign!!");            //显示字符串
    PutString(5,50,"www.mzdesign.com.cn");
    Line(4,60,120,60);                                   //绘制一条直线
    while(Exit_flag)
    {
        Key = Key_Get();
        if(Key!= 0)
            Exit_flag = 0;                               //任意键按下时,退出返回
        KeyScan_Service();
    }
}
```

“字符演示”的菜单项用来打开二级菜单,所以暂且将该菜单项的响应函数的介绍放置到后面,先介绍其下二级菜单项对应的功能演示函数。

二级菜单中,“单个西文字符”菜单项的响应函数定义为 Show_CharTest(),而菜单项“西文字符串”的响应函数定义为 Show_StringTest(),“中文字符”菜单项的响应函数定义为 Show_ChTest()。这几个函数就不详细介绍了,而菜单项“返回上一级”的响应代码就没有那么复杂了,可以在其分支中将菜单循环标志变量置为 0 来实现。下面看一下在这个二级菜单的响应控制代码,也就是一级菜单中的菜单项“字符演示”所对应的响应函数:

```
void CharTest_Menu(void)
{
    unsigned char uiKey = 0;
    unsigned char Item_Num,Update_Flag,Enter_Flag = 0;
    unsigned char PageItem_Num;
    unsigned char First_Index = 0,Active_Index = 0,Temp_Index = 0;
    Item_Num = GetMLNum(Menu_List02);                    //获取要显示的菜单的菜单项个数
    PageItem_Num = GetMLiNum_Page((unsigned char * * )Menu_List02);
                                                         //获取显示的菜单的页数
    Initial_Menu((unsigned char * * )Menu_List02);
    while(1)
```

```
{
    uiKey = Key_Get();                          //获取键值
    if(uiKey)                                   //如有键按下则响应
    {
        switch(uiKey)                           //判断键值进行分支控制界面
        {
            case 3:                             //确定键按下
                Enter_Flag = 1;                 //enter flag set
                break;
            case 2:                             //down 向下键按下
                if(Active_Index<Item_Num)
                {
                    Active_Index ++ ;
                    if(Temp_Index<PageItem_Num - 1) Temp_Index ++ ;
                    else if(First_Index<Item_Num) First_Index ++ ;
                    Update_Flag = 1;
                }
                break;
            case 1:                             //up 向上键按下
                if(Active_Index>0)
                {
                    Active_Index -- ;
                    if(Temp_Index>0) Temp_Index -- ;
                    else if(First_Index>0) First_Index -- ;
                    Update_Flag = 1;
                }
                break;
            default:break;
        }
    }
    if(Update_Flag)                             //Update_Flag 为 1 时刷新菜单
    {
        UpDate_Menu(First_Index,Active_Index,(unsigned char * * )Menu_List02);
        Update_Flag = 0;
    }
    if(Enter_Flag)                              //有确定键按下时,则进入相应的功能函数
    {
        Enter_Flag = 0;
        switch(Active_Index)
```

```
            {
                case 0:                                 //"单个西文字符"菜单项
                    Show_CharTest();
                    Redraw_Menu(First_Index,Active_Index,(unsigned char * * )Menu_List02);
                    Update_Flag = 1;
                    break;
                case 1:                                 //"西文字符串"菜单项
                    Show_StringTest();
                    Redraw_Menu(First_Index,Active_Index,(unsigned char * * )Menu_List02);
                    Update_Flag = 1;
                    break;
                case 2:                                 // "中文字符"菜单项
                    Show_ChTest();
                    Redraw_Menu(First_Index,Active_Index,(unsigned char * * )Menu_List02);
                    Update_Flag = 1;
                    break;
                case 3: Exit_flag = 0;break;            //"返回上一级"菜单项
                default:break;
            }
        }
        KeyScan_Service();                  //键盘扫描的服务程序,最好在 1 kHz 的定时/时基中断调用
    }
}
```

然后再来看看一级菜单的源代码。在此一级菜单直接在 main 函数中循环响应,仅供参考,如下:

```
void main(void)
{
    unsigned char uiKey = 0;
    unsigned char Item_Num,Update_Flag,Enter_Flag = 0;
    unsigned char PageItem_Num;
    unsigned char First_Index = 0,Active_Index = 0,Temp_Index = 0;

    Key_Initial();                                  //键盘扫描初始化(端口)
    LCD_Init();                                     //初始化 LCD
    Item_Num = GetMLNum(Menu_List01);               //获取要显示的菜单的菜单项个数
    PageItem_Num = GetMLiNum_Page((unsigned char * * )Menu_List01);
                                                    //获取显示的菜单的页数
```

```
Initial_Menu((unsigned char * * )Menu_List01);
while(1)
{
    uiKey = Key_Get();                      //获取键值
    if(uiKey)                               //如有键按下则响应
    {
        switch(uiKey)                       //判断键值进行分支控制界面
        {
            case 3:                         //确定键按下
                Enter_Flag = 1;             //enter flag set
                break;
            case 2:                         //down 向下键按下
                if(Active_Index<Item_Num)
                {
                    Active_Index++;
                    if(Temp_Index<PageItem_Num - 1) Temp_Index++;
                    else if(First_Index<Item_Num) First_Index++;
                    Update_Flag = 1;
                }
                break;
            case 1:                         //up 向上键按下
                if(Active_Index>0)
                {
                    Active_Index--;
                    if(Temp_Index>0) Temp_Index--;
                    else if(First_Index>0) First_Index--;
                    Update_Flag = 1;
                }
                break;
            default:break;
        }
    }
    if(Update_Flag)                         //Update_Flag 为 1 时刷新菜单
    {
        UpDate_Menu(First_Index,Active_Index,(unsigned char * * )Menu_List01);
        Update_Flag = 0;
    }
    if(Enter_Flag)                          //有确定键按下时,则进入相应的功能函数
```

```
        {
            Enter_Flag = 0;
            switch(Active_Index)
            {
                case 0:                         //"绘点"菜单项
                    Show_DotTest();
                    Redraw_Menu(First_Index,Active_Index,(unsigned char * * )Menu_List01);
                    Update_Flag = 1;
                    break;
                case 1:                         //"绘直线"菜单项
                    Show_LineTest();
                    Redraw_Menu(First_Index,Active_Index,(unsigned char * * )Menu_List01);
                    Update_Flag = 1;
                    break;
                case 2:                         //"绘矩形"菜单项
                    Show_RectanglTest();
                    Redraw_Menu(First_Index,Active_Index,(unsigned char * * )Menu_List01);
                    Update_Flag = 1;
                    break;
                case 3:                         //进入二级菜单
                    CharTest_Menu();
                    Redraw_Menu(First_Index,Active_Index,(unsigned char * * )Menu_List01);
                    Update_Flag = 1;
                    break;
                case 4:                         //"帮助"菜单项
                    Show_HelpTest();
                    Redraw_Menu(First_Index,Active_Index,(unsigned char * * )Menu_List01);
                    Update_Flag = 1;
                    break;
                default:break;
            }
        }
        KeyScan_Service();              //键盘扫描的服务程序,最好在 1 kHz 的定时/时基中断调用
    }
}
```

到此,基本上就完成了在 Mz_MenuGUI 的基础上搭建一个具有二级菜单的程序框架;其实介绍它的目的也是在于分绍一种根据显示界面而定下程序框架的编程方法,并非手把手教读者设计一个这样的程序,这点希望读者明白,重要的是编程的思想不在于步骤。

第 4 章

将通用 LCD 驱动程序移植到 STM32

将通用 LCD 驱动程序移植到其他单片机系统平台上的操作并不复杂，需要做的工作也很少，在前面介绍驱动程序代码时已经提到过，基本上只需要修改驱动程序中与单片机系统相关的代码，主要就是 LCD_Driver_User.c 和驱动的端口配置文件 LCD_PortConfig.h。本章将以 ST(意法半导体)公司 STM32 系列 MCU(微控制器)中的 STM32F103RC 作为移植的对象来进行具体分析。

STM32F103RC 芯片属于 STM32F103RX(X=8/B/C/D/E)系列 MCU，该系列为 64 脚的 ARM Cotex - M3 核心的微处理器；资源最少的为 STM32F103R8，拥有片内 20 KB 的 SRAM、64 KB 的片内程序 Flash；STM32F103RE 芯片有 64 KB 的片内 SRAM，512 KB 的片内程序 Flash，并且具备 SD 卡接口。整个 STM32F103RX 系列的芯片都是 64 脚的封装，引脚兼容，仅在一些片内硬件资源上有所区别；它们的程序是通用的，当然是在程序中所使用的芯片内部硬件资源为整个系列的芯片都具备的前提下。

STM32F103RC 芯片在片内拥有 48 KB 的 SRAM、256 KB 的 Flash，多通道的 SPI 总线、UART 等，还有 USB 模块、CAN 总线、DMA 通道、ADC、DAC 等丰富的硬件资源。本章及之后的章节将以 STM32F103RC 芯片驱动控制 LCD 模块为主进行介绍。但就 LCD 模块的驱动控制而言，仅使用到了它的 GPIO(输入/输出端口)资源，所以基于该芯片的 LCD 驱动程序是可以直接使用在 STM32F103RX 系列的 MCU 上的；而对于整个 STM32 的系列芯片来说也是适用的。因此在接下来的章节中，有的地方会直接称 STM32F103RC 为 STM32。

4.1 修改驱动中的底层代码

与 MCS - 51 系列单片机不同，STM32 系列属于流行的 SoC 概念的微控制器，片内提供了丰富的硬件模块，如 SPI、UART、IIC 接口、CAN、USB 接口等，而全系列提供了多个通道的 DMA 模块使得它在同等处理能力的 MCU 中脱颖而出。此外，STM32 系列 MCU 还提供了多通道的 AD 模块，部分型号还提供了 DAC 模块；而 STM32 提供的功能丰富的定时器资源，足以让其在各种伺服控制系统中的应用游刃有余。

拥有如此多的片上硬件模块，也使得 STM32 系列的 MCU 在各个硬件模块的寄存器设置上变得越来越繁杂，不过 ST 公司为 STM32 配套了一个应用库，基本上涵盖了全系列 MCU 的片上硬件模块的底层代码，用户可以方便地调用并基于该库进行自身更应该专注的应用开发，而不需要太多地了解 STM32 的各个硬件模块的结构。

本章介绍的将通用 LCD 驱动程序移植到 STM32 的程序便是基于 ST 为 STM32 提供的应用库的，后面将会花一些篇幅来简要介绍一下该例程的软件构成。

对于更多关于 STM32 的内容，请感兴趣的读者在网络上参考相关的资料（建议到 ST 公司官网下载：www. st. com），这里不过多介绍。

4.1.1 修改 LCD_PortConfig. h 的端口配置

STM32 不支持端口的位操作指令，所以对于端口的操作可以利用对端口的"读—改—写"方式进行，即读回当前端口的输出状态，然后根据需要改变输出状态的端口来修改读回值，最后再将改后的值输出至端口；不过 STM32 系列的 MCU 提供了置位/清零指定端口的寄存器，使用起来还是非常方便。

以下便是修改后的端口配置头文件：

```
#include "stm32f10x_lib.h"

#define LCD_Ctrl_GPIO()          GPIOB->CRL &= ~0xfff0000f;GPIOB->CRL |= 0x33300003;\
                                 GPIOB->CRH &= ~0x000f0000;GPIOB->CRH |= 0x00030000
#define LCD_Ctrl_Out()                   //无定义
#define LCD_Ctrl_Set(n)                  GPIOB->BSRR = n
#define LCD_Ctrl_Clr(n)                  GPIOB->BSRR = (n<<16)

#define LCD_CS                           (0x01<<0)
#define LCD_CS_SET()                     GPIOB->BSRR = LCD_CS
#define LCD_CS_CLR()                     GPIOB->BSRR = (LCD_CS<<16)

#define LCD_RE                           (0x01<<12)
#define LCD_RE_SET()                     GPIOB->BSRR = LCD_RE
#define LCD_RE_CLR()                     GPIOB->BSRR = (LCD_RE<<16)

#define LCD_A0                           (0x01<<7)
#define LCD_A0_SET()                     GPIOB->BSRR = LCD_A0
#define LCD_A0_CLR()                     GPIOB->BSRR = (LCD_A0<<16)
```

```
#define LCD_RW                   (0x01<<5)
#define LCD_RW_SET()             GPIOB->BSRR = LCD_RW
#define LCD_RW_CLR()             GPIOB->BSRR = (LCD_RW<<16)

#define LCD_EP                   (0x01<<6)
#define LCD_EP_SET()             GPIOB->BSRR = LCD_EP
#define LCD_EP_CLR()             GPIOB->BSRR = (LCD_EP<<16)

#define LCD_Data_GPIO()          //无定义
#define LCD_Data_Out()           GPIOC->CRL = 0x33333333
#define LCD_Data_In()            GPIOC->CRL = 0x88888888;GPIOC->ODR |= 0x00ff
#define LCD_Data_BUS_Clr()       GPIOC->BSRR = 0x00ff0000
#define LCD_Data_BUS_Set(n)      GPIOC->BSRR = n
#define LCD_Data_Read()          (GPIOC->IDR&0x00ff)
```

stm32f10x_lib.h 是 STM32 应用库的头文件，包含它之后就可以使用库中头文件定义的 STM32 的寄存器以及库中所提供的 API 函数。

本例中在涉及操作连接着 LCD 的端口时并没有使用库中的函数，而是直接对寄存器进行了操作，这样可以在频繁调用 LCD 端口操作的宏定义时省掉不必要的函数调用时间。具体的寄存器的设置请参考 STM32 的编程手册。

类似于 GPIOB 以及 GPIOC 的结构体定义，在 STM32 的应用库中的头文件 stm32f10x_map.h 中都有定义，请自行参阅。

本例所对应的 STM32 与 LCD 模块的连接电路图如图 4-1 所示。

4.1.2　修改底层驱动功能函数

LCD_Init 函数也稍稍做一下修改，实际上也只是针对 STM32 的运行速度较快的情况，将复位时的延时时间延长了而已，这点可以从以下例程中看到：

```
void TimeDelay(WORD Time)
{
    WORD i;
    while(Time > 0)
    {
        for(i = 0;i < 800;i++)
        {
            ;
        }
        Time--;
    }
}
```

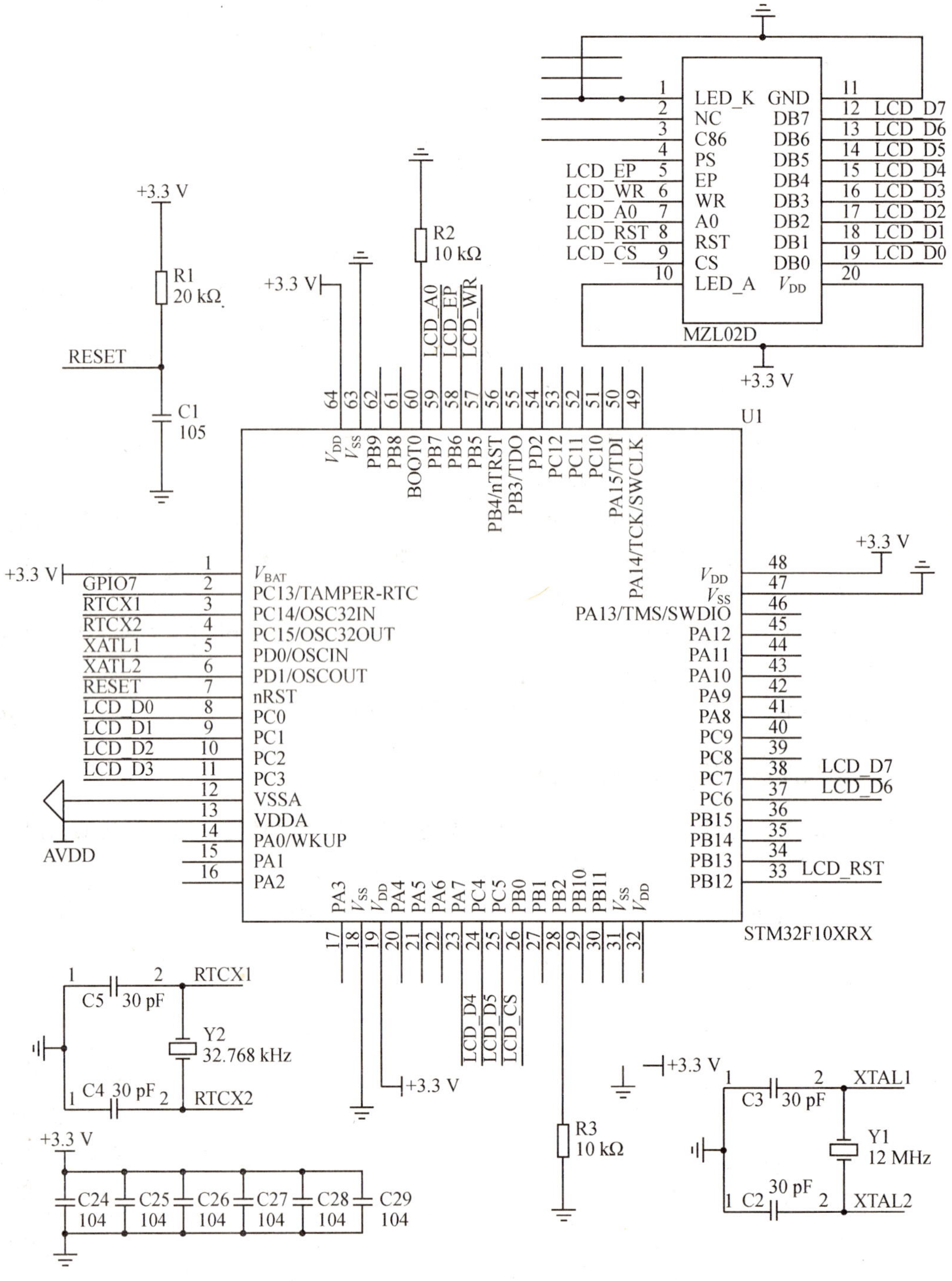

图 4-1　STM32F10XRX 与 MzL02 的连接电路图

```
void LCD_Init(void)
{
    //LCD 驱动所使用到的端口的初始化(如果有必要的话)
    LCD_PortInit();
    LCD_RE_CLR();
    TimeDelay(200);
    LCD_RE_SET();
    TimeDelay(20);
……
```

4.2 与编译器相关的修改

Keil for ARM 中 STM32 在常量定义方面与 Keil C51 的常量定义有些不一样,需要对代码中一些涉及常量定义的地方修改一下,也就是将 code unsigned char 前面的 code 改成 const 即可。只需要在 LCD_Config.h 中修改即可;此外,由于本例程是基于 STM32 的应用库的,而在 STM32 的应用库中对 FLASH 已有定义,所以还需要将 LCD_Config.h 中的该定义修改如下:

```
typedef const unsigned char FLASH1 ;     //重定义驱动当中存放到 CODE 的数据类型声明
```

而随着这项改动,相关的还涉及 LCD_Dis.c、LCD_Dis.h、LCD_ASCII.c 和 GB_Table.c 中一些数据定义的改动,分别如下:

LCD_Dis.c 当中,修改有如下内容:

```
#include "LCD_Driver_User.h"                 //LCD 底层驱动声明头文件
#include "LCD_Config.h"                      //LCD 的配置文件,比如坐标轴是否倒置等的定义

extern FLASH1 Asii0610[];                    //6X10 的 ASII 字符库
extern FLASH1 Asii0816[];                    //8X16 的 ASII 字符库
extern FLASH1 GB1716[];                      //17 * 16 自定义的汉字库

DOTBYTE X_Witch;                             //字符写入时的宽度
DOTBYTE Y_Witch;                             //字符写入时的高度
DOTBYTE Font_Wrod;                           //字体的每个字模占用多少个存储单元数
FLASH1 * Char_TAB;                           //字库指针
……
```

LCD_Dis.c 中的 PutChar 函数也要进行改动,如下:

```
void PutChar(DOTBYTE x,DOTBYTE y,char a)
{
```

```
    DOTBYTE i,j;                    //数据暂存
    FLASH1 * p_data;
    LCDBYTE Temp;
    DISWORD Index = 0;
……
```

LCD_Dis.h 文件中一些变量的外部声明也需要随之修改：

```
extern DOTBYTE X_Witch;                             //字符写入时的宽度
extern DOTBYTE Y_Witch;                             //字符写入时的高度
extern DOTBYTE Font_Wrod;                           //字体的每个字模占用多少个存储单元数
extern FLASH1 * Char_TAB;                           //字库指针
```

LCD_ASCII.c 和 GB_Table.c 中对常量数组的定义也需要修改，分别如下：

```
FLASH1 Asii0610[] =
{
……

FLASH1 Asii0816[] =
{
……

FLASH1 GB1716[] =
{
……
```

4.3 例程软件结构说明

STM32 驱动 MzL02 模块的例程中，除了 LCD 驱动程序相关的文件外，还涉及一些 STM32 的应用库以及相关的文件，在此做一下简单说明，以便于初学 STM32 或者不了解 STM32 的读者有一个大概的认识；顺便也介绍一下本书例程中所采用的工程组织形式。

4.3.1 工程结构简介

本例的 Keil 工程将多个相关的文件散放在多个文件夹里，按类别进行放置，比如 STM32 应用库及其相关的文件、源文件等都放置在同一个文件夹里；而 LCD 的驱动程序也放在了一个单独的文件夹中，如图 4-2 所示。

LCD_Driver 文件夹中放着 LCD 驱动程序；STM32_Lib 文件夹中放着 STM32 的应用库以及相关的头文件和两个必需的汇编文件，内容如图 4-3 所示。

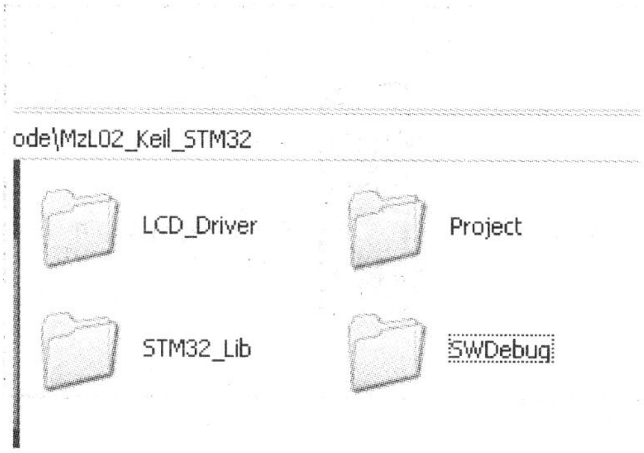

图 4－2　工程文件结构一

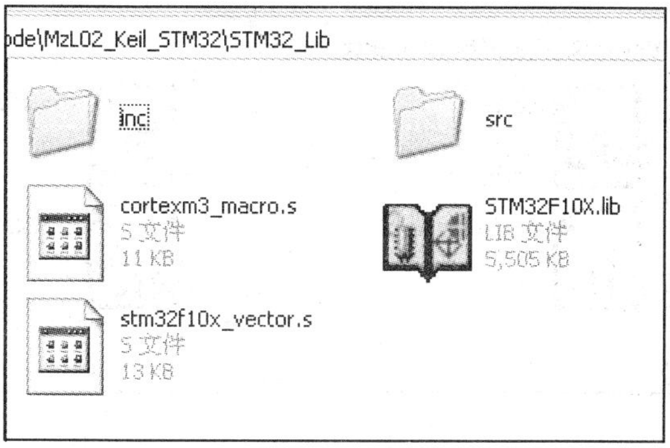

图 4－3　工程文件结构二

图 4－3 中 inc 文件夹中是 STM32 应用库的所有头文件，包括定义有 STM32 系列 MCU 的寄存器的头文件等；src 文件夹中是 STM32 应用库的源文件(.c)，只不过通常直接将 STM32F10X.lib 加载到工程中就可以了，而不需要将应用库的源文件加载到工程当中，否则编译时会消耗太多的时间。

图 4－2 的 Project 文件夹保存着本工程的 keil 工程文件以及两个文件夹，如图 4－4 所示。

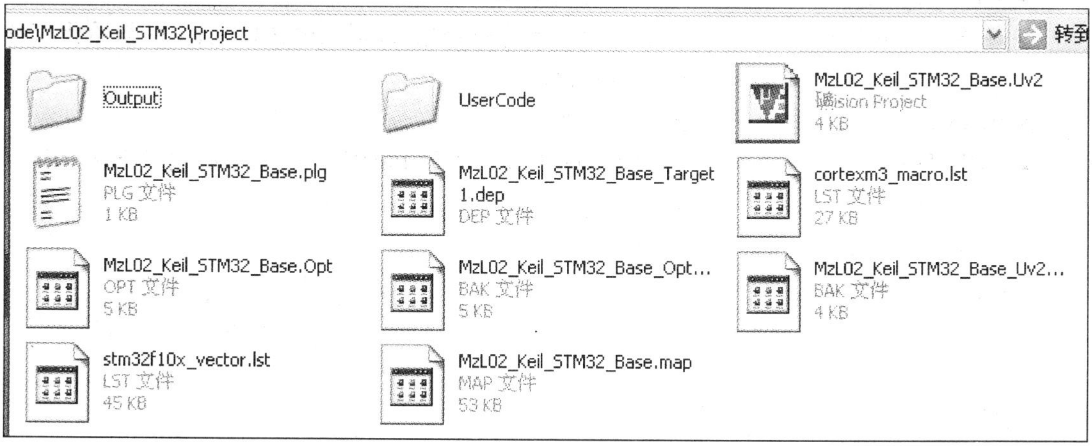

图 4－4　工程文件结构三

Output 文件夹中是工程的一些输出文件，如编译过程中生成的中间文件、链接文件等；UserCode 文件夹中是一些本工程中使用的文件，与本工程相关、需要针对具体的应用进行修改或者编写的文件。本例中里面包含的文件如图 4－5 所示。

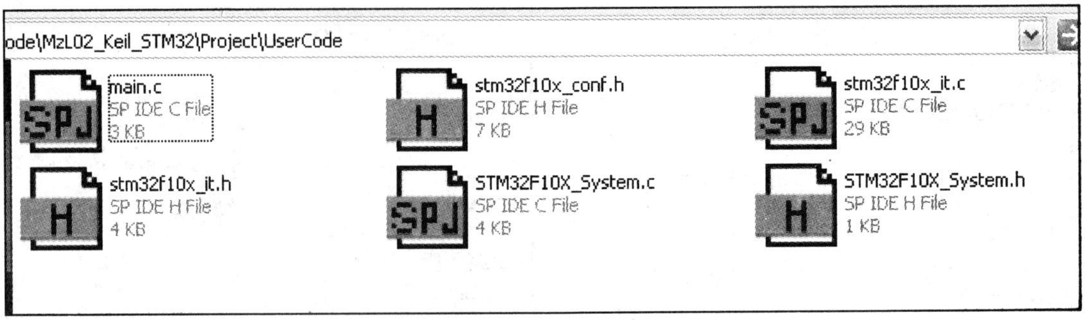

图 4-5 工程文件结构四

4.3.2 工程中各文件简介

- STM32F10x_vector. s　　STM32 的启动文件，随着 STM32 应用库而使用的文件，一般不修改；
- STM32F10X. lib　　STM32 的库文件；
- cortexm3_macro. s　　STM32 的一些宏定义，必需的；
- stm32f10x_conf. h　　STM32 的库配置文件；
- stm32f10x_it. c　　STM32 的中断定义文件；
- STM32F10X_System. c　　当前工程的系统初始化，包括晶体初始化、中断初始化以及端口初始化；
- main. c　　主程序文件；
- LCD_Driver\　　LCD 驱动程序集（LCD_PortConfig. h 中有端口定义）。

第 5 章

将通用 LCD 驱动程序移植到其他 LCD 模块

将通用 LCD 驱动程序移植到另外一块 LCD 其实也很简单，一般只需要修改几个函数即可，都在 LCD_Driver_User. c 文件当中。原理上，也就是按照新的 LCD 的接口时序要求重写 LCD_DataWrite、LCD_RegWrite 和 LCD_DataRead 函数，然后根据新的 LCD 的内部控制寄存器的特点重写相关函数，如 LCD_Init、Write_Dot_LCD、LCD_Fill 函数等。当然，如果必要，则 LCD 的配置文件 LCD_Config. h 也需要一定的改动。

除此之外，如果新的 LCD 模块在控制方式上有较大不同，则也可以在底层适当增加一些函数，以便更快速地操作 LCD，原则上是尽可能地利用 LCD 的特性。

不过，这此工作都要在了解要驱动的 LCD 模块控制规律的前提下，也就是要了解该 LCD 模块的控制器。接下来以将 KS0108B 和 TC6369C 作为控制器的 LCD 模块为例，介绍一下移植的方法和过程。

5.1 LCD 控制器为 KS0108B 的模块

KS0108B 实际上是一个整合了 64 段 SEG 驱动的 LCD 控制器，单独使用它是不能将 LCD 驱动起来的，一般都要配合一个 KS0107 作为 COMMON 驱动；而通常 LCD 模块多为 128×64 或者 192×64 点阵。所以，在绝大多数以 KS0108B 作为控制器的 LCD 模块当中，都是将两片或者 3 片 KS0108B 串接起来使用。这里重点是需要了解 KS0108B LCD 控制器的驱动控制方法。

KS0108B 控制器是一款较老的 LCD 控制芯片，各个 LCD 模块厂商提供了基于它的各种样式的 LCD 模块，在对这些模块进行驱动控制时，需要以具体的模块为准；这里将以 MzL613 (LCD 控制器为 KS0108B 的 128×64 点阵单色 LCD 模块)模块为例进行介绍。

5.1.1 MzL613 模块简介

MzL613 为一块 128×64 点阵的 LCD 显示模块，采用 COB 技术将 KS0108B 控制驱动芯片集成在模块背面的 PCB 上(包括显存)，接口简单、操作方便；可以与各种 MCU 进行方便简单的接口操作。特性简述：

- 128×64 点阵 FSTN；
- 内置负压产生；
- 翠绿色背光；
- 并行接口为 6800 时序 MPU 接口方式；
- KS0108B 控制器。

图 5 - 1 为该模块的显示效果图。模块的引脚说明如图 5 - 2 所示。

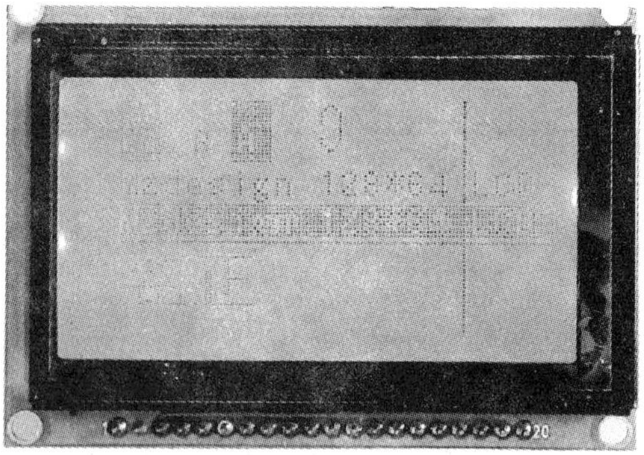

图 5 - 1　MzL613 显示效果图

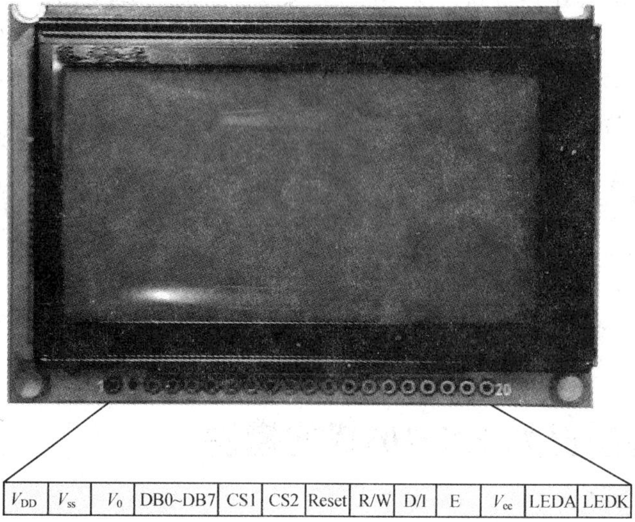

图 5 - 2　模块引脚排列

表 5 - 1　模块各引脚说明

序　号	接口引脚名	说　明
1	V_{DD}	LCD 模块供电(5 V)
2	V_{SS}	电源地
3	V_0	LCD 驱动供电调节(整屏灰度调节)

续表 5-1

序　号	接口引脚名	说　明
4～11	DB0～DB7	8 位数据总线
12	CS1	片选 1(低电平有效)
13	CS2	片选 2(低电平有效)
14	Reset	复位(低电平复位)
15	R/W	读写控制线,高电平:读;低电平:写
16	D/I	命令/数据选择控制,低:数据读/写;高:状态读/指令写
17	E	6800 总线触发信号(写:下降沿有效;读:高电平)
18	V_{ee}	负压输出
19	LEDA	背光正极输入
20	LEDK	背光负极输入

表 5-1 中,MzL613 模块的 D/I 引脚与前面介绍的 MzL02 模块的 A0 具有一样的意义;每个 KS0108B 控制器只有 64 个 Seg 的输出,所以对于 MzL613 模块来说,需要两个 KS0108B 控制器,所以在引脚中提供了两个 CS 引脚。

V_{ee}为模块上的负压产生电路的输出,一般可以提供到－12 V 左右;在使用过程当中,一般需要将该引脚连接在一个三端电位器的一端上,而电位器的另外一端连接到 GND,中间抽头输出给模块的 V_0,这样就可以通过调节电位器来调节整屏的灰度了。表 5-2 为 MzL613 模块的电气特性,背光部分的电气特性如表 5-3 所列。

表 5-2　电气特性

参　数		符　号	条　件	最　小	典　型	最　大	单　位
工作电压		$V_{DD}-V_{SS}$	—	4.5	5.0	5.6	V
供电电压		$V_{DD}-V_0$	$V_{DD}=5$ V	9.8	10.0	10.2	V
输入电压	High Level	V_{ih}	高电平	2.0	—	V_{dd}	
	Low Level	V_{il}	低电平	0		0.8	
输出电压	High Level	V_{oh}	高电平	$0.7V_{dd}$	—	V_{dd}	V
	Low Level	V_{ol}	低电平	0	—	0.3	V
工作电流(逻辑 &LCD 驱动部分)		I_{dd}	$V_{DD}=5$ V	—	2.1	3.2	mA

表 5-3　背光电气特性

参　数	符　号	最　小	典　型	最　大	单　位
正向电压	V_f	—	4.2	5	V
正向电流	I_f	—	60	—	mA

需要注意 LCD 模块的高、低电平门限值与 MCU 端口的兼容性。MzL613 模块为 5 V 的模块，如果要使用 3.3 V 的 MCU 来对其进行连接控制，则需要注意一下 MCU 端口的处理。一般建议使用一些通用的总线缓冲器来做电平转换，比如 74HC245 等。

MzL613 模块采用 KS0108B 作为 LCD 的控制器/驱动器，所以液晶屏上的点阵与 LCD 控制器连接的显存的对应关系与其他控制器的液晶模块类似；比较特殊的是 MzL613 模块的 LCD 显示屏分为左右半屏来控制，左右半屏的显存与 LCD 屏上点的对应关系是相同的，它们各自的显示是独立的，可由 CS1 和 CS2 来分别选择控制这两个半屏。

MzL613 模块是可以通过指令来设置要操作的显存地址的。LCD 屏上的 X 轴（横向）为 128 个点位置，前 64 个为左半屏，后 64 个为右半屏；而 Y 轴（纵向）为 64 个点位置，分别属于 8 个 Page，低位在上、高位在下的排列方式。所以，当对显存对应的 LCD 屏上的点进行操作时，分别控制两个半屏的 X 轴地址可从 0～63，而 Y 轴地址可从 0～63（对应到 0～7 的 8 个 Page）。

以图 5－3 为例，这里假设 LCD 的显示起始行设置为 0。驱动控制芯片的显示 RAM 区中每个 byte 的数据对应屏上的纵向 8 个像素点，而每个 byte 的显存与屏上 8 个像素点的映射关系为：纵向排列，低位在上高位在下，左右半屏相同，如图 5－3 所示。而表 5－4 更加具体地描述了屏上各点与显存中的对应关系。

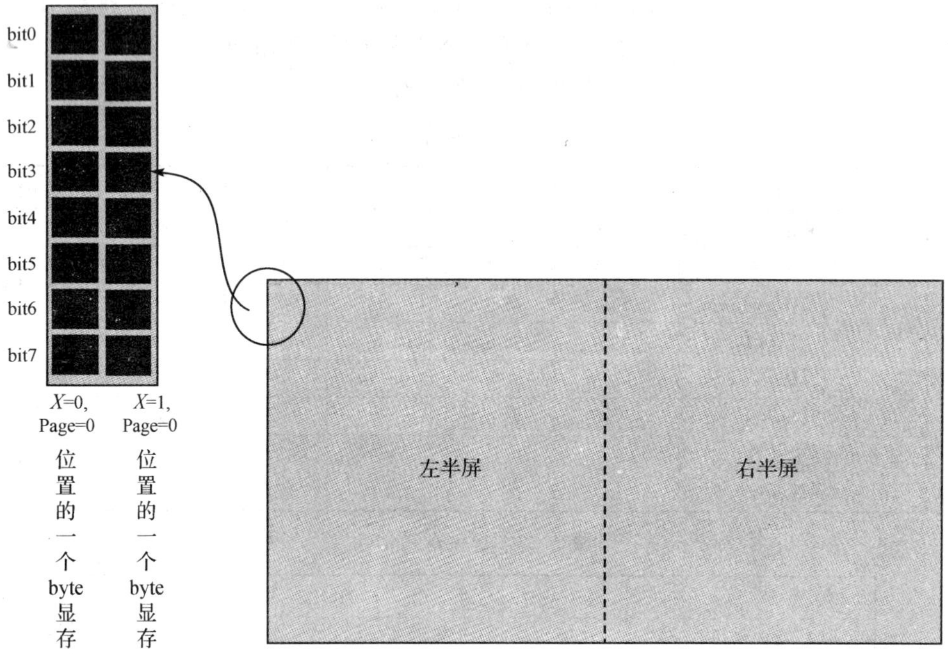

图 5－3　MzL613 模块显存映射关系图

表 5-4　显存 RAM 区与屏像素点对应关系

			列 行	LCD 显示器横向坐标（自左至右）								
				0	1	2	…	63	64	65	…	127
				左半屏					右半屏			
				X=0	X=1	X=2		X=63	X=0	X=1		X=127
LCD 显示器纵向坐标（自上至下）	Page0	8bit 数据	0	bit0	bit0	bit0	…	bit0	bit0	bit0	…	bit0
			1	bit1	bit1	bit1	…	bit1	bit1	bit1	…	bit1
			2	bit2	bit2	bit2	…	bit2	bit2	bit2	…	bit2
			⋮	⋮	⋮	⋮	⋮	⋮	⋮	⋮	⋮	⋮
			6	bit6	bit6	bit6	…	bit6	bit6	bit6	…	bit6
			7	bit7	bit7	bit7	…	bit7	bit7	bit7	…	bit7
	Page1	8bit 数据	8	bit0	bit0	bit0	…	bit0	bit0	bit0	…	bit0
			9	bit1	bit1	bit1	…	bit1	bit1	bit1	…	bit1
			⋮	⋮	⋮	⋮	⋮	⋮	⋮	⋮	⋮	⋮
			15	bit7	bit7	bit7	…	bit7	bit7	bit7	…	bit7
	⋮		⋮	⋮	⋮	⋮	⋮	⋮	⋮	⋮	⋮	⋮
	Page7	8bit 数据	56	bit0	bit0	bit0	…	bit0	bit0	bit0	…	bit0
			⋮	⋮	⋮	⋮	⋮	⋮	⋮	⋮	⋮	⋮
			59	bit7	bit7	bit7	…	bit7	bit7	bit7	…	bit7
			60	bit0	bit0	bit0	…	bit0	bit0	bit0	…	bit0
			61	bit1	bit1	bit1	…	bit1	bit1	bit1	…	bit1
			62	bit2	bit2	bit2	…	bit2	bit2	bit2	…	bit2
			63	bit3	bit3	bit3	…	bit3	bit3	bit3	…	bit3

5.1.2　KS0108B 驱动控制方法

MzL02 模块类似，要想驱动控制 KS0108B 的 LCD 模块，需要了解其基本时序及控制器中相关控制寄存器设置/指令。图 5-4 为 KS0108B 的写数据/指令时序图，时序的参数如表 5-5所列。

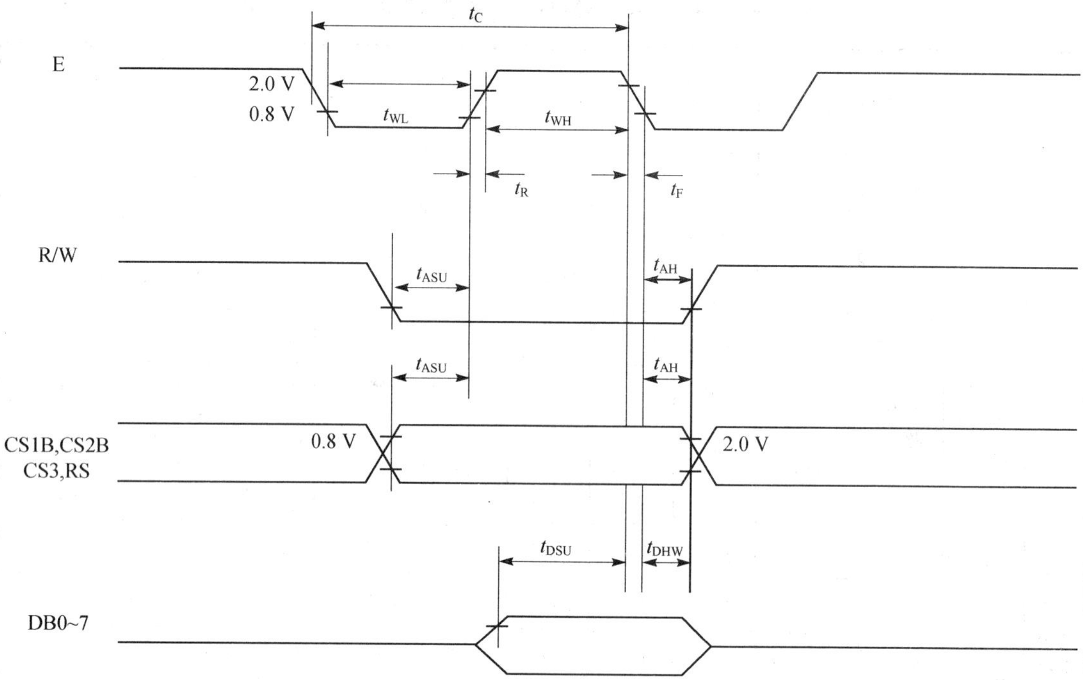

图 5-4　MzL613 写数据/指令时序图

表 5-5　时序详细参数

描　述	符　号	最　小	典　型	最　大	单　位
E 信号周期	t_C	1 000	—	—	ns
E 信号高电平持续时间	t_{WH}	450	—	—	ns
E 信号低电平持续时间	t_{WL}	450	—	—	ns
E 信号上升沿爬升时间	t_R	—	—	25	ns
E 信号下降沿下降时间	t_F	—	—	25	ns
地址建立时间	t_{ASU}	140	—	—	ns
地址保持时间	t_{AH}	10	—	—	ns
数据建立时间	t_{DSU}	200	—	—	ns
数据延迟时间	t_D	—	—	320	ns
数据保持时间(写入)	t_{DHW}	10	—	—	ns
数据保持时间(读出)	t_{DHR}	20	—	—	ns

从图 5-4 中可以看出，KS0108B 控制器要写入数据/指令时，并行的 8 位数据口线上的数据将在 E 下降沿时载入控制器（前提是相对应的 KS0108B 控制器的 CS 被选中，R/W 线为低电平）。而读数据/状态的时序如图 5-5 所示。

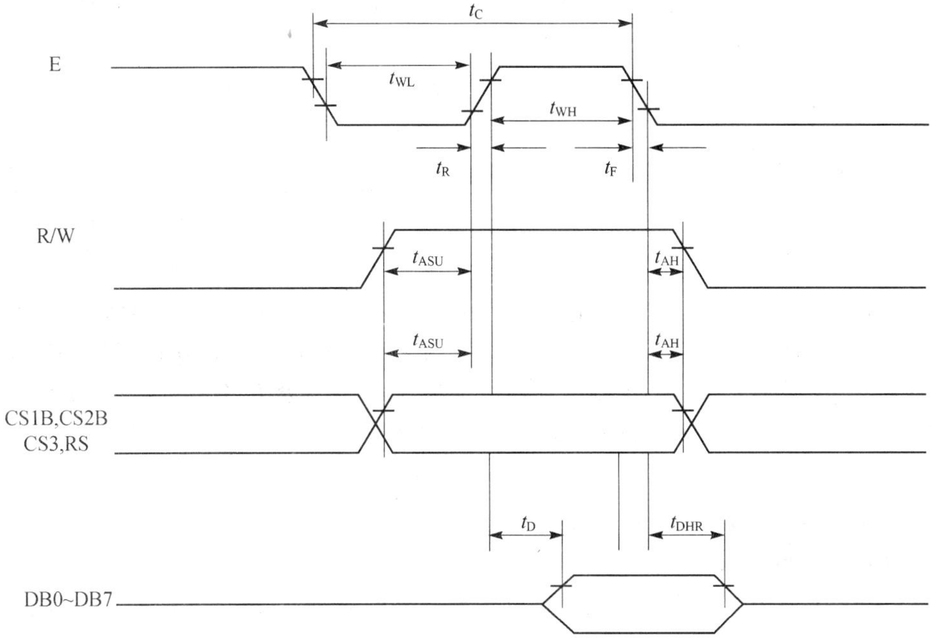

图 5-5　MzL613 读数据/状态时序图

KS0108B 的 LCD 控制器在每一次数据/指令操作前都要求查询控制器的忙状态位，以确定当前是否可以对控制器进行数据或者指令的操作。KS0108B 的控制指令较简单，仅有 5 种不同的指令以及写数据、读数据，如表 5-6 所列。

表 5-6　KS0108B 指令表

指令描述	D/I	R/W	DB7	DB6	DB5	DB4	DB3	DB2	DB1	DB0	功　能
显示开/关	L	L	0	0	1	1	1	1	1	1/0	控制 LCD 显示的开与关 0:关显示;1:开显示
设置地址（X 轴坐标）	L	L	L	H	地址值:0～63						设置当前要操作的显存的地址（X 轴地址）
设置页	L	L	H	L	H	H	H	Page 页面 0～7			设置要操作的显存的 page
设置起始行	L	L	H	H	LCD 显示映射显存的起始行 0～63						设置起始行

续表 5-6

指令描述	D/I	R/W	DB7	DB6	DB5	DB4	DB3	DB2	DB1	DB0	功　能
读状态	L	H	Busy	L	ON/ OFF	Reset	L	L	L	L	Busy:0:准备好; 1:忙 ON/OFF:0:显示开;1:显示关 Reset:0:正常;1:复位
写数据	H	L	要写入的数据								
读数据	H	H	读出的数据								

注:H 表示高电平,L 表示低电平;D/I 信号即指令/数据选择信号,在有些资料中也有写作 RS 或者 A0;E 的信号在表中并没有描述,请参考时序图来操作。

当然,在操作 LCD 控制器时,无论是写入指令还是读出 LCD 控制器的状态,或者是写入数据、读数据,都只能对一个由 CS1 和 CS2 选定的半屏控制器进行操作;如果 CS1 和 CS2 的状态都为低,则表示左右半屏的控制器都被选择了,此时总线操作会发生错误,用户应避免这类的操作。也就是说在操作 LCD 前,确定 CS(包括 CS1 和 CS2)信号状态仅选定了一个 LCD 控制器。

下面将对 KS0108B 控制器的操作进行分类介绍,如下:

(1) 状态字读取

当 D/I=0(低电平)、R/W=1 时,在 E 变为高电平后,可以通过 8 位数据总线读取 LCD 控制器的状态位信息。

(2) 控制指令写入

KS0108B 控制器的控制指令较少,也比较简单;写控制指令前,将 D/I 置低电平,以表明操作总线时要写入的是控制指令,然后 R/W 置为低电平,随后将要写入的控制指令载入 8 位并行数据线,再将 E 信号置高后再置低,以便于总线上的数据在 E 信号下降沿时载入到 LCD 控制器内部。

注意,在写入控制指令前需要判别 LCD 控制器的状态位,以确定 LCD 控制器不为忙时写入的指令才是有效的。

(3) 数据写入

数据写入的操作类似于控制指令的写入,也需要在写入前判断状态位中的 Busy 状态;而不同于控制指令的写入,只是需要在写入数据前将 D/I 设置为高电平,以指明将要进行的数据总线操作为对显存数据的操作。

每一次数据写入操作完成后,LCD 控制器自动对 X 轴的地址加 1。

(4) 数据读出操作

当 D/I 及 R/W 都为高电平时,KS0108B 控制器中的显存数据可以被读出,但与数据写入类似，也需要在读操作前判别状态位中的 Busy 信号，以确定 LCD 控制器当前不在忙状态。不过，KS0108B 的数据读出需要连续进行两次读操作方能读出显存中的数据。第一次读操作时，LCD 控制器将当前设置的地址所指向的显存数据取出，但并没有载入到 8 位数据线上；而当第二次读操作时，LCD 控制器才将读取出的数据载入到 8 位数据线上，这时用户程序方可从数据线上读取数据。

数据读出操作的流程如图 5-6 所示。

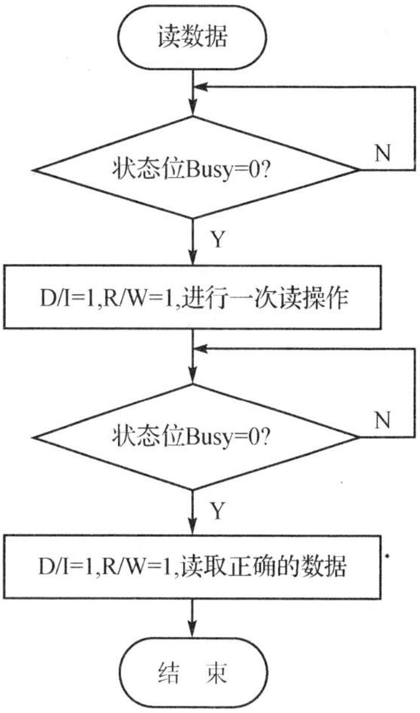

图 5-6　数据读出操作的流程图

5.1.3　将 LCD 驱动程序移植到 KS0108B 控制器的 LCD 模块

这里继续将驱动程序移植的平台选择在 STM32 上，基本上与 LCD 连接的 MCU 端口不变，但增加了控制 MzL613 的 CS2 引脚的端口，而 STM32 的端口电平是 3.3 V 的，所以 MCU 与 LCD 模块的端口连接时，选取 245 作为两者之间的缓冲。不过，STM32 可以将端口配置成为开漏输出形式的端口，然后在端口外接一个上拉电阻来达到输出 5 V 端口电平的目的；况且 STM32 的很多端口都是可以承受 5 V 输入的。图 5-7 为本例的电路示意图。

与之前的 MzL02 模块的连接电路相比，图 5-7 使用了两片 245 作为端口的缓冲，也同时作为 MCU 端口电平和 LCD 模块端口逻辑电平的桥接；而在程序控制相关的端口时，无须顾及这两片 245 的存在，只需要按照 LCD 模块的读/写操作时序编写即可。

首先看一下在 LCD_PortConfig.h 中的修改，如下（相对于前面介绍的 MzL02 模块的通用 LCD 驱动程序，修改的地方以粗体标出）：

```
#include "stm32f10x_lib.h"
#define LCD_Ctrl_GPIO()          GPIOB->CRL &= ~0xfff000ff;GPIOB->CRL |= 0x33300033;\
                                 GPIOB->CRH &= ~0x000f0000;GPIOB->CRH |= 0x00030000
#define LCD_Ctrl_Out()           //无定义
#define LCD_Ctrl_Set(n)          GPIOB->BSRR = n
#define LCD_Ctrl_Clr(n)          GPIOB->BSRR = (n<<16)
#define LCD_CS1                  (0x01<<0)
#define LCD_CS1_SET()            GPIOB->BSRR = LCD_CS1
#define LCD_CS1_CLR()            GPIOB->BSRR = (LCD_CS1<<16)
```

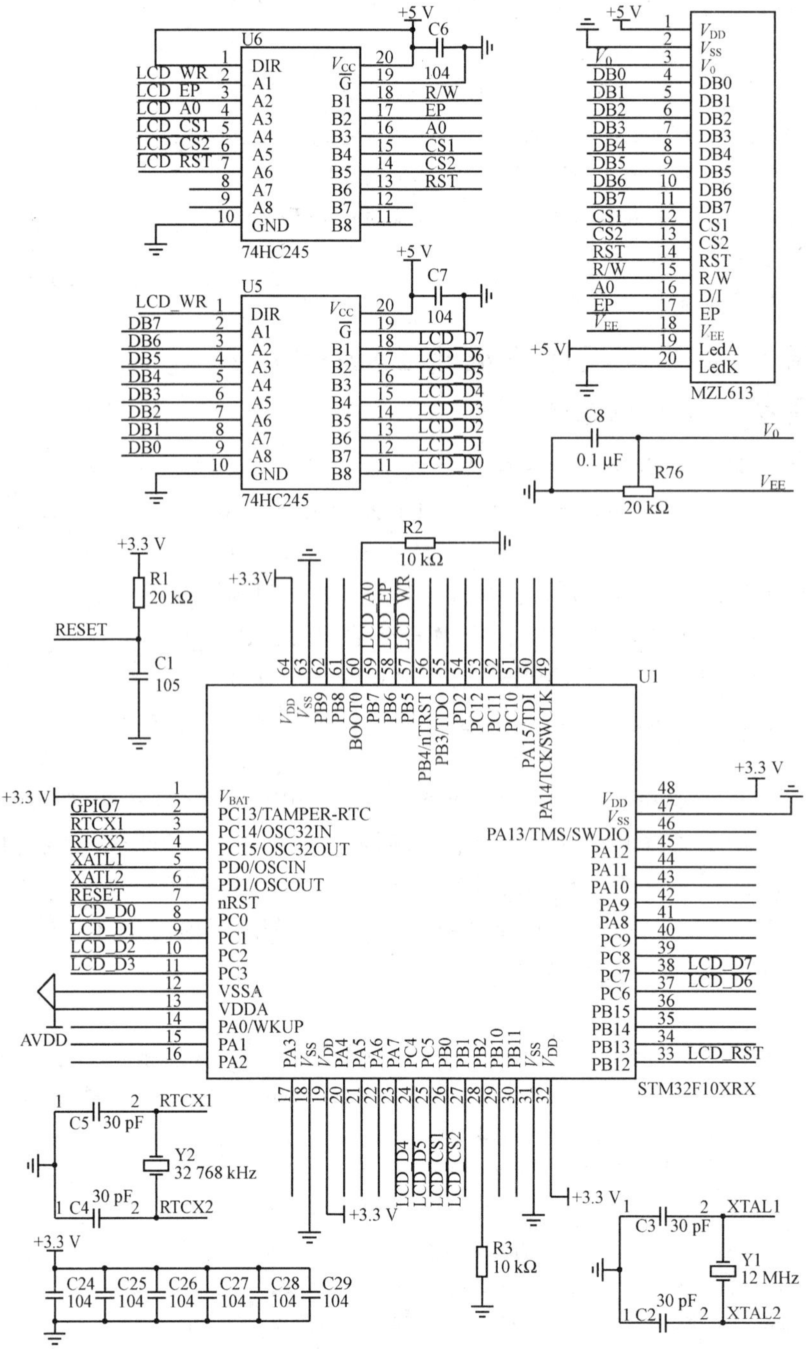

图 5-7　STM32 与 MzL613 模块连接电路图

```
#define LCD_CS2              (0x01<<1)
#define LCD_CS2_SET()        GPIOB->BSRR = LCD_CS2
#define LCD_CS2_CLR()        GPIOB->BSRR = (LCD_CS2<<16)

#define LCD_RE               (0x01<<12)
#define LCD_RE_SET()         GPIOB->BSRR = LCD_RE
#define LCD_RE_CLR()         GPIOB->BSRR = (LCD_RE<<16)

#define LCD_A0               (0x01<<7)
#define LCD_A0_SET()         GPIOB->BSRR = LCD_A0
#define LCD_A0_CLR()         GPIOB->BSRR = (LCD_A0<<16)

#define LCD_RW               (0x01<<5)
#define LCD_RW_SET()         GPIOB->BSRR = LCD_RW
#define LCD_RW_CLR()         GPIOB->BSRR = (LCD_RW<<16)

#define LCD_EP               (0x01<<6)
#define LCD_EP_SET()         GPIOB->BSRR = LCD_EP
#define LCD_EP_CLR()         GPIOB->BSRR = (LCD_EP<<16)

#define LCD_Data_GPIO()      //无定义
#define LCD_Data_Out()       GPIOC->CRL = 0x33333333
#define LCD_Data_In()        GPIOC->CRL = 0x88888888;GPIOC->ODR |= 0x00ff
#define LCD_Data_BUS_Clr()   GPIOC->BSRR = 0x00ff0000
#define LCD_Data_BUS_Set(n)  GPIOC->BSRR = n
#define LCD_Data_Read()      (GPIOC->IDR&0x00ff)
```

接下来只需要再在 LCD_DriverUser.c 中修改即可，而 LCD_Config.h 以及其他的文件不需要再进行修改。

依照前面介绍的 KS0108B 控制器的时序，修改几个基本接口程序。

LCD_DataWrite 程序：

```
void LCD_DataWrite(LCDBYTE Dat)
{
    LCDBYTE Status = 0x80;
    LCD_Data_In();
    LCD_A0_CLR();
    LCD_RW_SET();
    while(Status&0x80)
    {
        LCD_EP_SET();
        Status = LCD_Data_Read();
        LCD_EP_CLR();
```

```
    }
    LCD_Data_Out();
    LCD_A0_SET();
    LCD_RW_CLR();
    LCD_Data_BUS_Clr();
    LCD_Data_BUS_Set(Dat);
    LCD_EP_SET();
    LCD_EP_CLR();
}
```

与之前 STM32 驱动控制 MzL02 模块的代码稍稍有些不太一样，比如 LCD_DataWrite 函数里面就没有对 LCD 控制器进行片选(CS)的操作，而在每一次写入操作前都要对 LCD 控制器的状态进行查询，以确认操作是在 LCD 控制器处于空闲状态之下。

LCD_DataRead 函数：

```
LCDBYTE LCD_DataRead(void)
{
    LCDBYTE Read_Data = 0x80;
    LCD_Data_In();
    LCD_A0_CLR();
    LCD_RW_SET();
    while(Read_Data&0x80)
    {
        LCD_EP_SET();
        Read_Data = LCD_Data_Read();
        LCD_EP_CLR();
    }
    LCD_A0_SET();
    LCD_EP_SET();
    Read_Data = LCD_Data_Read();
    LCD_EP_CLR();
    LCD_A0_CLR();
    Read_Data = 0x80;
    while(Read_Data&0x80)
    {
        LCD_EP_SET();
        Read_Data = LCD_Data_Read();
        LCD_EP_CLR();
    }
    LCD_A0_SET();
```

```
    LCD_EP_SET();
    Read_Data = LCD_Data_Read();
    LCD_EP_CLR();
    LCD_Data_Out();
    return Read_Data;
}
```

LCD_RegWrite 函数：

```
void LCD_RegWrite(LCDBYTE Command)
{
    LCDBYTE Status = 0x80;
    LCD_Data_In();
    LCD_A0_CLR();
    LCD_RW_SET();
    while(Status&0x80)
    {
        LCD_EP_SET();
        Status = LCD_Data_Read();
        LCD_EP_CLR();
    }
    LCD_RW_CLR();
    LCD_Data_Out();
    LCD_Data_BUS_Clr();
    LCD_Data_BUS_Set(Command);
    LCD_EP_SET();
    LCD_EP_CLR();
}
```

以上 3 个函数都可以对照着 KS0108B 控制器的时序进行编写，而要完成 LCD 驱动程序的移植工作，还需要对基本的绘点函数以及 LCD 的初始化函数进行修改。

按照编程思想，仍然是以“读—改—写”的方式来完成绘点功能，具体的代码如下：

Write_Dot_LCD 函数：

```
void Write_Dot_LCD(DOTBYTE x,DOTBYTE y,LCDBYTE i)
{
    LCDBYTE BitMask = 0x01;
    LCDBYTE Read_Back = 0;
    if(x> = 64)                               //判断是对左半屏操作还是右半屏操作
    {
        LCD_CS1_SET();LCD_CS2_CLR();
```

```
    }
    else
    {
        LCD_CS1_CLR();LCD_CS2_SET();
    }
    LCD_RegWrite((LCDBYTE)(0x40 + (x&0x3f)));           //设置要操作的点的地址
    LCD_RegWrite((LCDBYTE)(0xb8 + (y>>3)));
    Read_Back = LCD_DataRead();                          //读回该点所在的显存内容
    switch(y&0x07)
    {
        case 0:BitMask = 0x01;break;
        case 1:BitMask = 0x02;break;
        case 2:BitMask = 0x04;break;
        case 3:BitMask = 0x08;break;
        case 4:BitMask = 0x10;break;
        case 5:BitMask = 0x20;break;
        case 6:BitMask = 0x40;break;
        case 7:BitMask = 0x80;break;
    }
    if(i) Read_Back |= BitMask;
    else Read_Back &= (~BitMask);
    LCD_RegWrite((LCDBYTE)(0x40 + (x&0x3f)));
    LCD_RegWrite((LCDBYTE)(0xb8 + (y>>3)));
    LCD_DataWrite(Read_Back);
}
```

可以看出，在进行绘点操作时，先判断该点位于左半屏还是右半屏，然后再进行片选(CS1 和 CS2 选其一)；而 X 轴的地址进行这样的操作：(x&0x3f)，实际上是仅取出 X 轴地址的低 6 位(0～63 的值)。

针对模块的特性，要对 LCD 模块的初始化函数进行修改。

LCD_Init 函数：

```
void LCD_Init(void)
{
    //LCD 驱动所使用到的端口的初始化(如果有必要的话)
    LCD_PortInit();
    LCD_RE_CLR();//
    TimeDelay(200);
    LCD_RE_SET();//
    TimeDelay(100);
```

```
    //设置 LCD 内部寄存器
    LCD_CS1_CLR();LCD_CS2_SET();
    LCD_RegWrite(0x3f);                        //左半屏打开显示
    LCD_CS1_SET();LCD_CS2_CLR();
    LCD_RegWrite(0x3f);                        //右半屏打开显示
    LCD_CS1_CLR();LCD_CS2_SET();
    LCD_RegWrite(0xc0);
    LCD_CS1_SET();LCD_CS2_CLR();
    LCD_RegWrite(0xc0);
    LCD_Fill(LCD_INITIAL_COLOR);
}
```

此外，仍需要修改两个函数，LCD 屏填充函数和 LCD 显存地址设置函数，如下：

```
void LCD_Fill(LCDBYTE Data)
{
    DOTBYTE i,j = 0;
    DOTBYTE uiTemp;
    uiTemp = (Dis_X_MAX>>1);
    for(i = 0;i< = Dis_Y_MAX;i += 8)           //往 LCD 中填充初始化的显示数据
    {
        Set_Dot_Addr_LCD(0,i);
        for(j = 0;j< = uiTemp;j ++ )
            LCD_DataWrite(Data);
    }
    for(i = 0;i< = Dis_Y_MAX;i += 8)           //往 LCD 中填充初始化的显示数据
    {
        Set_Dot_Addr_LCD(64,i);
        for(j = 0;j< = uiTemp;j ++ )
            LCD_DataWrite(Data);
    }
}

void Set_Dot_Addr_LCD(DOTBYTE x,DOTBYTE y)
{
    if(x> = 64)
    {
```

```
        LCD_CS1_SET();LCD_CS2_CLR();
    }
    else
    {
        LCD_CS1_CLR();LCD_CS2_SET();
    }
    LCD_RegWrite((LCDBYTE)(0x40 + (x&0x3f)));
    LCD_RegWrite((LCDBYTE)(0xb8 + (y>>3)));
}
```

至此,LCD 驱动程序的移植基本上完成。不过再次提醒,本节所移植的通用 LCD 驱动程序是基于前面介绍的 STM32 驱动控制 MzL02 模块的例程的。

5.2 LCD 控制器为 T6963C 的模块

T6963C 是一颗较为常用的单色 LCD 控制器,很多液晶模组厂商都提供了基于它的液晶模块产品,点阵的规模从 128×64 到 240×128 的都有。以 T6963C 控制器为核心,LCD 控制器的模块一般是由 T6963C 控制器及其周边电路、行驱动器、例驱动器、液晶驱动偏压产生电路组成;从液晶模块使用者的角度看,使用以 T6963C 为控制器的 LCD 模块时,实际上只需要了解 T6963C 控制器的控制方法和电器特性。

各个 LCD 模块厂商提供了基于 T6963C 的各种样式的 LCD 模块,对这些模块进行驱动控制时,需要以具体的模块为准。这里以 MzL728(LCD 控制器为 T6963C 的 240×128 点阵单色 LCD 模块)模块为例进行介绍。

5.2.1 MzL728 模块简介

MzL728 为一块 240×128 点阵的 LCD 显示模块,采用 COB 技术将 TC6963C 控制 IC 以及驱动芯片集成在模块背面的 PCB 上(包括显存),模块接口简单、操作方便;可以与各种 MCU 进行方便简单的接口操作。特性简述:

- 240×128 点阵 FSTN;
- 内置负压产生;
- 蓝底白字;
- 并行接口为 8080 时序 MPU 接口方式;
- T6963C 控制器,自带西文字库。

MzL728 显示模块的基本参数如表 5-7 所列,电器参数如表 5-8 所列,实物如图5-8 所示。

表5-7　MzL728模块基本参数

项目名称	参　数	备　注
显示模式	FSTN液晶	蓝底白点
显示格式	240×128点阵图形液晶显示	
输入数据	兼容8080系列MPU数据输入	
模块尺寸(长×宽×高)/(mm×mm×mm)	144×104×14	
视屏尺寸(长×宽)/(mm×mm×mm)	114× 64	
点大小(宽×长)/(mm×mm)	0.40×0.40	
像素尺寸(宽×长)	0.45×0.45	
背光	白色LED	

表5-8　电器特性

参　数		符　号	条　件	最　小	典　型	最　大	单　位
工作电压		$V_{dd}-V_{ss}$	—	4.5	5.0	5.5	V
供电电压		$V_{dd}-V_0$	$V_{dd}=5$ V	—	14.5	—	V
输出电压	High Level	V_{ih}	高电平	$V_{dd}-2.2$ V	—	V_{dd}	V
	Low Level	V_{il}	低电平	0		0.8	
输出电压	High Level	V_{oh}	高电平	$V_{dd}-0.3$ V	—	V_{dd}	V
	Low Level	V_{ol}	低电平	0	—	0.3	V
工作电流(逻辑部分)		I_{dd}	$V_{dd}=5$ V	—	20	—	mA
工作电流(LCD驱动部分)		I_o	$V_{dd}-V_0=14.5$ V	—	50	—	mA

模块实物如图5-8所示。引脚定义如表5-9所列。

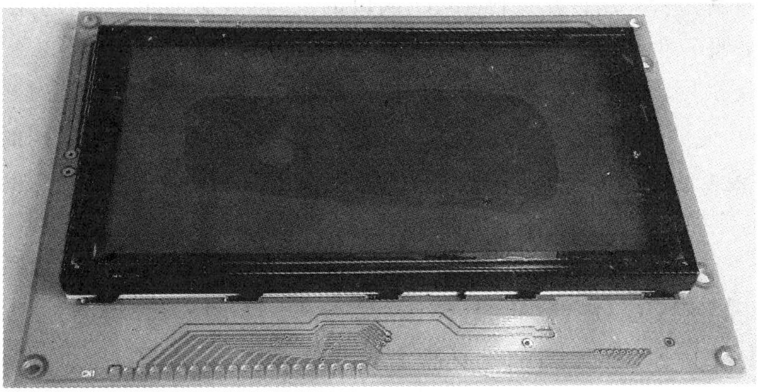

图5-8　MzL728实物照片

表 5-9　MzL728 引脚定义及解释

序　号	接口引脚名	说　明
1	FG	外框地
2	V_{ss}	电源地
3	V_{dd}	LCD 模块供电(5 V)
4	V_0	LCD 驱动供电调节(整屏灰度调节)
5	$\overline{WR}$	写控制线(低电平有效)
6	$\overline{RD}$	读控制线(低电平有效)
7	$\overline{CS}$	片选(低电平有效)
8	C/D	命令/数据选择控制,低:数据读/写;高:状态读/指令写
9	$\overline{RST}$	复位控制线(低电平复位)
10～17	DB0～DB7	8 位数据总线
18	FS	字体选择:低电平:8×8;高电平:6×8
19	V_{ee}	负压输出
20	LEDA	背光正极输入

FG 为模块外部铁框的连接,一般连接到 V_{ss} 即可,模块中背光的负极与 V_{ss} 连接在一起,仅需要在 LEDA 接入正极电源就可以点亮模块背光。

MzL128 模块在使用时需要连接一个 20 kΩ 左右的电位器;电位器两端接 V_{ee} 和 V_{ss},抽头接入 V_0。使用时调整好电位器,则可以将 LCD 模块的整屏灰度调整到最佳。

需要注意 LCD 模块的高、低电平门限值。MzL728 为 5 V 的模块,如果要使用 3.3 V 的 MCU 对其连接控制,则需要注意一下 MCU 端口的处理,建议使用一些通用的总线缓冲器来完成电平转换,比如 74245 等。

MzL728 模块采用 T6963C 作为 LCD 的控制器,液晶屏上的像素点与 LCD 模块上显存的映射关系类似于其他同类型使用控制器的 LCD 显示模式;T6963C 可以同时支持字符层(自带的西文字库以及 CGRAM 字库显示层)和图形点阵层的显示,两者的叠加显示关系可由控制指令来设置;而字符层和图形点阵层的显存都放置在控制器连接的显存芯片上,其具体的位置与用户通过指令的设置相关,这里仅对液晶显示器(LCD 屏)与显存的对应关系进行介绍。另外,用户自定义的字库 CGRAM 也是存放在显存芯片上的。而显存与 LCD 屏上点的对应关系还与 LCD 模块上 FS 字符大小、选择脚上的电平有关系。

1. 图形点阵层显示 RAM 区映射情况

MzL728 模块的图形点阵层可以通过指令来设置其起始地址(SDADDR)以及每行显示的宽度(每行占用的显存 byte 数量用 WDADDR 表示),当 FS 脚的电平为低时,每个在图形点阵层的显存单元(1 个 byte)对应着 LCD 屏上的 8 个点;而当 FS 脚为高电平时,每个 byte 对应的是屏上的 6 个点,这时每个 byte 的高两位是无效的(即不对应着 LCD 屏上的点)。

当然,该模块的屏上每行仅有 240 个点,也就是在 FS 为低时仅能对应着 30 个 byte 的显存。所以,如果 WDADDR 设置的宽度大于 30,则多出来的显存是不会对应到 LCD 屏上的;也就是说,用户需要根据自己设置的 WDADDR 值来计算正确的显存单元位置,以对应 LCD 屏上的具体点。

驱动控制芯片的显示 RAM 区中每个 byte 的数据对应屏上点的排列方式为:横向排列,高位在前低位在后,如图 5-9 所示。而当 FS 脚为高电平时,则每个显存的 byte 仅对应着 6 个 LCD 屏上的点,高两位的数据是无效的,如图 5-10 所示。

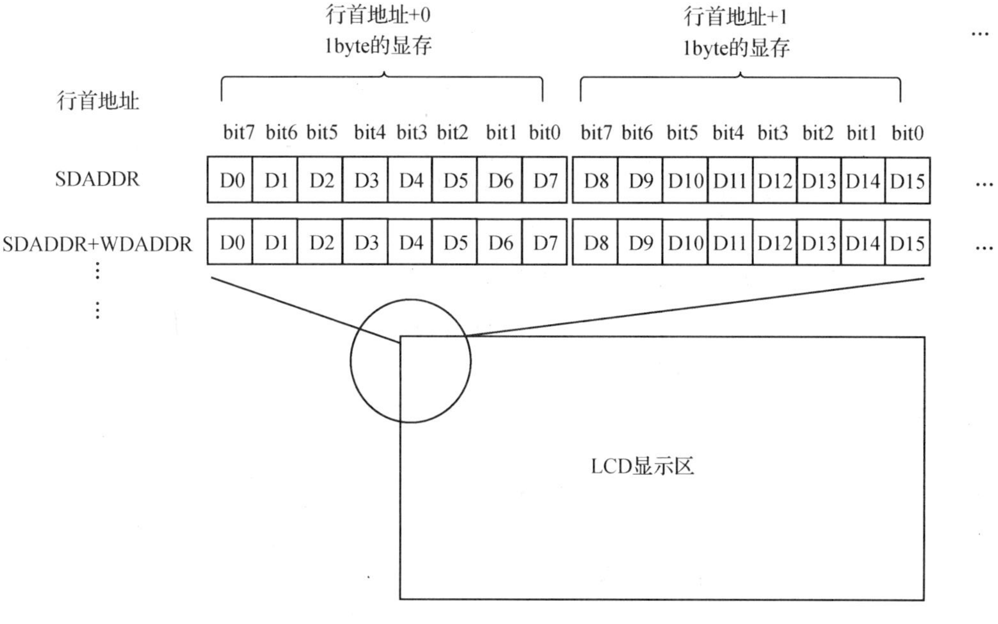

图 5-9　MzL728 模块显存 RAM 与屏像素点对应关系示意图一

2. 字符层显示 RAM 区映射情况

字符层的使用类似于一些字符 LCD 模块,可以定义为控制器自带的西文字库的字符,也可以是用户自定义在显存中的 CGRAM 字符(需要通过指令来选择,两个字符库不可同时使用)。自带的西文字符的编号从 0x00～0x7F,而自定义的 CGRAM 中定义的字符编号排列在

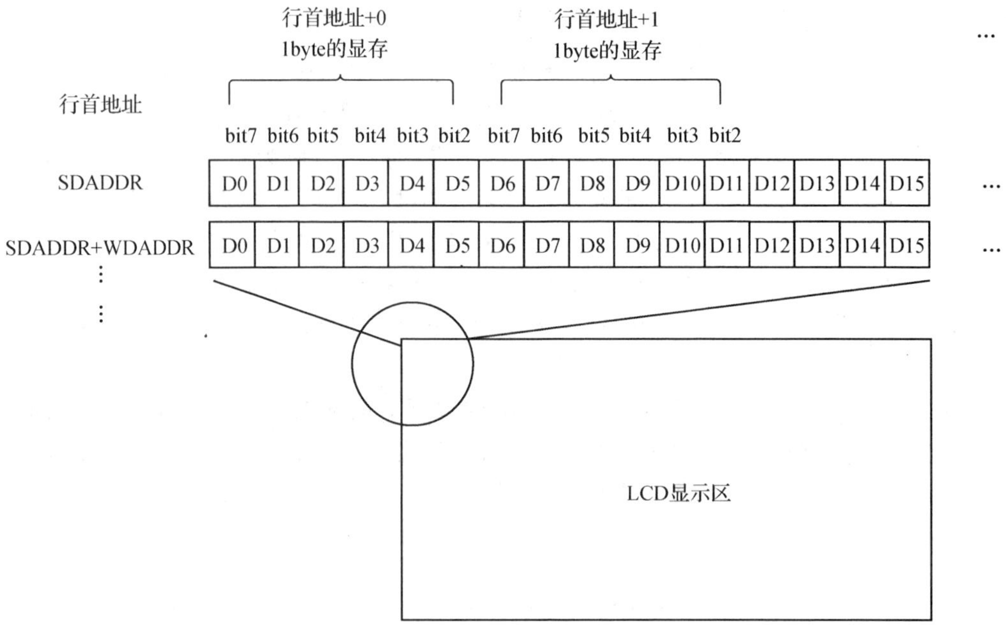

图 5-10　MzL728 模块显存 RAM 与屏像素点对应关系示意图二

0x00～0xFF 中。每个字符由一个显存 RAM 中的 byte 表示，控制着 LCD 屏上的 8×8 个点的显示(FS 为低电平时为 8×8 点，而 FS 为高电平时为 6×8 个点)。

字符层的显存起始地址(SCADDR)和每行宽度(WCADDR)可以通过设置指令来设置，当 FS 为低电平时，每个字符层的显存 byte 控制着对应着 8×8 点的 LCD 屏点阵显示，当然，该字节对应 LCD 屏的显示区域实际显示字符由该字节的值来决定，当该用户选择使用控制器内部的字符库时，字节的值为 0x00～0x7F 之间时，为控制器自带的西文字库，有点类似于 ASCⅡ 字符的排列；而当用户选择使用自定义在显存中的 CGRAM 字符库时，其值为 0x00～0xFF 之间时，该字符由用户写入的 CGRAM 中的自定义字库的对应字模来决定。

自定义的 CGRAM 也是在控制器连接的显存芯片中划分出来的，其起始地址(SGADDR)是可以通过指令来设置的。字符层显存与 LCD 屏的映射关系如图 5-11 所示。当 FS 接高电平时，字符为 6×8 的点阵规模，这里就不再过多陈述。

3. CGRAM 用户自定义字符库字模存储区

T6963C 允许用户定义 256 个自定义的字符，存放于 CGRAM 中，当然也是放置在连接的显存上；它的具体位置(起始地址 SGADDR)可以由用户通过指令来设置，最大管理 2 KB 的 CGRAM。

使用自定义在显存中的 CGRAM 时，每 8 个 byte 的空间为一个自定义字符的字模，可以管 8×8 点阵的 LCD 屏区域。其排列方式与图形点阵层类似，比如图 5－12，在 SGADDR 起始的连续 8 个 bytes 写入了 0xAA 和 0x55，则当在字符显示层的字符编号为 0x00 时，LCD 控制器将从 SGADDR 处提取这 8 个 byte 的字模在 LCD 屏上显示；当然前提是 FS 为低电平。

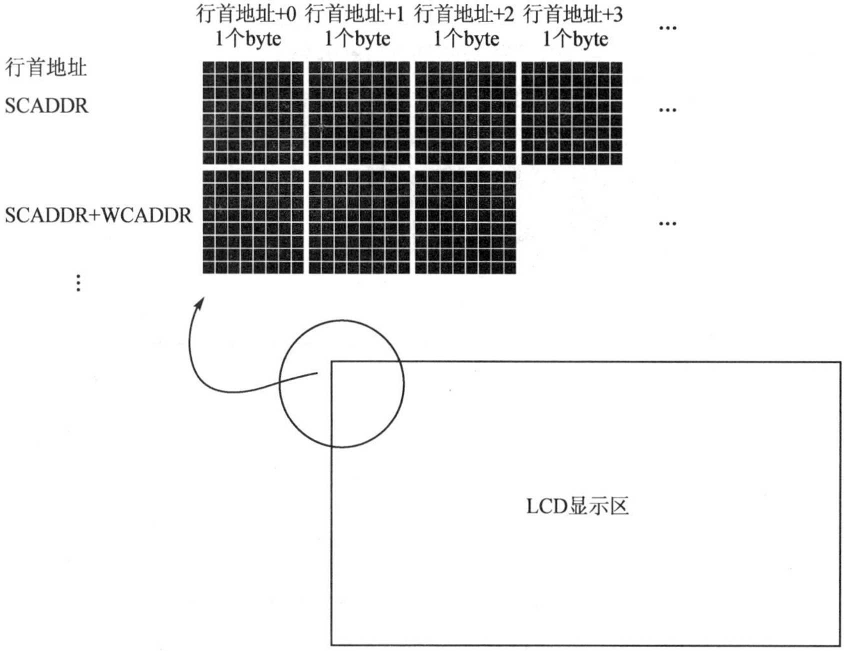

图 5－11　字符层显存与 LCD 屏的映射关系

CGRAM 中总是以 8 byte 为一个自定义字符的字模数据存储区，也就是每 8 个 byte 对应着一个 0x00～0xFF 之间的字符编号。

4. 显　存

模块内有 32 KB 的 SRAM 显存，地址为 0x0000～0x7FFF，所有的字符层显存、图形点阵层以及 CGRAM 的数据都放置在这 32 KB 的 SRAM 当中。用户可以通过指令来初始化设置各个数据段的存放起始位置。

5.2.2　T6963C 控制器的控制方法

与前面介绍 LCD 模块类似，要想驱动控制 T6963C 的 LCD 模块，需要了解其基本时序以及控制器中相关控制寄存器设置/指令。图 5－13 以及表 5－10 即为 MzL728 模块的时序图及时序参数。

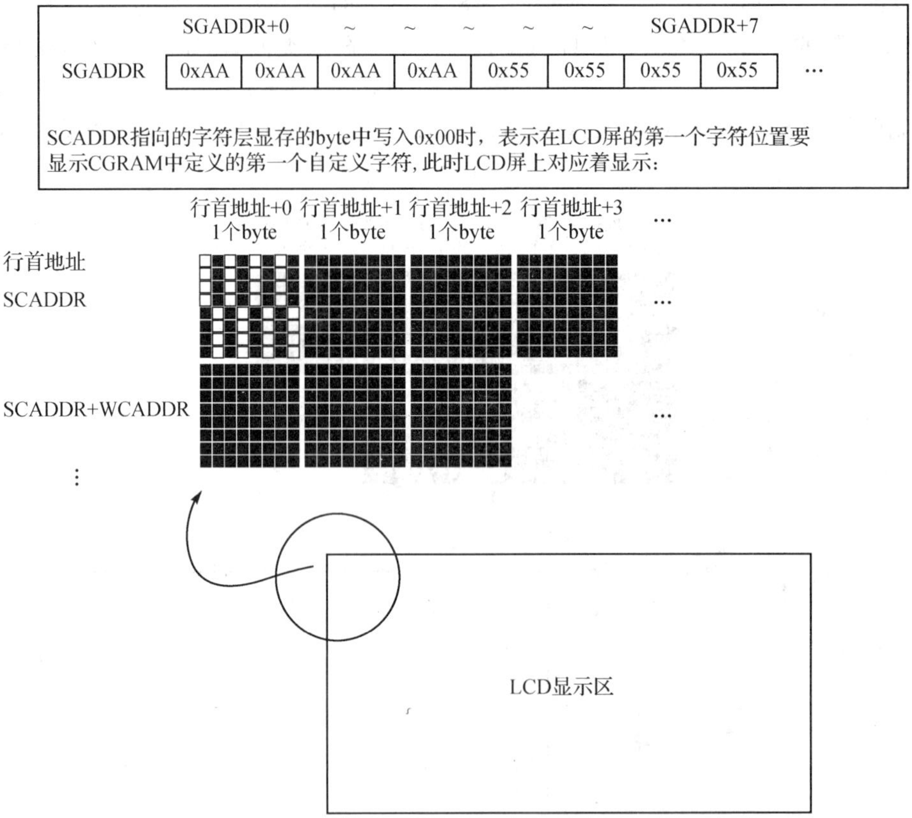

图 5-12　CGRAM 与显存及 LCD 屏像素点关系示意图

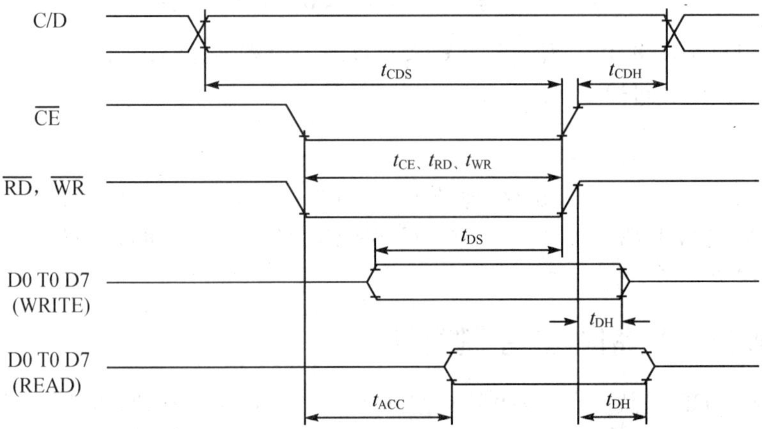

图 5-13　MzL728 时序图

表5-10　MzL728时序参数

参　数	符　号	最　小	最　大	单　位
C/D建立时间	t_{CDS}	100	—	ns
C/D保持时间	t_{CDH}	10	—	ns
$\overline{CE}$,$\overline{RD}$,$\overline{WR}$脉冲宽度	t_{CE}、t_{RD}、t_{WR}	80	—	ns
数据建立时间	t_{DS}	80	—	ns
数据保持时间	t_{DH}	40	—	ns
数据载入时间	t_{ACC}	—	150	ns
输出保持时间	t_{OH}	10	50	ns

与其他LCD控制器一样，用户对它的操作基本上都是围绕着两种类型的操作，即状态字的读取以及指令/数据写入/读出。

T6963C的LCD控制器在每一次数据/指令操作前都要求查询控制器的状态位，以确定当前是否可以对控制器进行数据或者指令的操作。而T6963C的操作比较特殊，通常都是先输入数据，然后再输入指令，这些都是由具体的指令来定的，比如有的指令需要带2个指令数据，则输入时就先输入2个字节的数据，最后才输入指令；当然也有一些指令是不需要带指令数据的。

1. 状态字读取

当C/D=1(高电平)、$\overline{RD}$=0、$\overline{WR}$=1、$\overline{CE}$=0时，可以通过8位数据总线读取LCD控制器的状态位信息。状态位的标识及各位的意义如图5-14及表5-11所示。

MSB　　　　LSB

STA7	STA6	STA5	STA4	STA3	STA2	STA1	STA0
D7	D6	D5	D4	D3	D2	D1	D0

图5-14　状态字示意

表5-11　状态字各位含义

标　识	状态位功能	状态位设置
STA0	指令写入状态	0:忙;1:准备好
STA1	数据读写状态	0:忙;1:准备好

续表 5-11

标　识	状态位功能	状态位设置
STA2	数据自动读状态	0：忙；1：准备好
STA3	数据自动写状态	0：忙；1：准备好
STA4	保留	
STA5	检查控制器操作状态	0：禁止；1：使能
STA6	屏读/屏写错误标识	0：正确；1：错误
STA7	闪烁状态标识	0：显示关；1：显示正常

表 5-11 中的 7 个状态位不会在同一时间内有效，它们各有各的作用场合。STA0 和 STA1 通常要同时检测，用在对控制器进行数据读/写、指令写入之前，以确定 LCD 控制器当前可以处理指令及数据。STA0 和 STA1 要同时有效，表示控制器当前已经准备好了等待操作；而当控制器工作在连续读/写数据状态下时，STA2 和 STA3 状态位替代了 STA0 和 STA1 的作用。

STA6 用于指示控制器进行屏读/写；STA5 和 STA7 用于指示 LCD 控制器的内部工作状态，通常在实际中并不使用它们。

T6963C 控制器在每一次写入/读出操作前都要读取相对应的状态位，以确定控制器当前不处于忙的状态；否则，操作被忽略。

2. 指令、数据写入方法

T6963C 控制器的指令中，有的指令是需要有指令参数的（即指令数据），也有的指令是无参的，有的是两个字节，有的是一个字节。每个指令/数据的写入操作前，都需要对相应的状态位进行判断，检查控制器当前是否处于忙的状态下；如果控制器准备好了，就可以进行指令/数据的写入操作了。

写入指令前，如果写入的数据多于该指令的参数个数，则控制器根据该指令参数个数对应的最近的数据输入作为指令的参数。图 5-15 操作流程图。

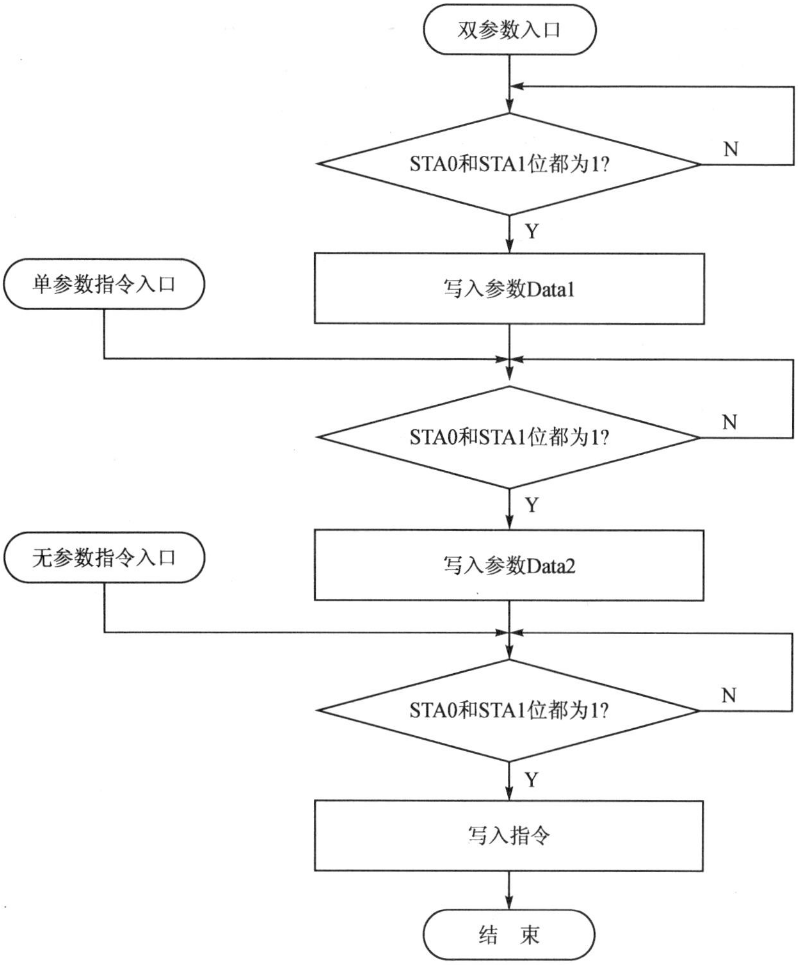

图 5－15　MzL728 操作流程图

5.2.3　控制器指令介绍

表 5－12 为 T6963C 的指令列表。

表 5－12　T6369C 指令列表

指　令	指令代码	参数 Data1	参数 Data2	功能描述
地址指针设置	0010 0001 0010 0010 0010 0100	*X* 轴地址 参数 地址低字节	*Y* 轴地址 0x00 地址高字节	设置光标位置 设置 CGRAM 偏移地址 设置显存操作地址指针

续表 5-12

指　令	指令代码	参数 Data1	参数 Data2	功能描述
显示区域设置	0100 0000 0100 0001 0100 0010 0100 0011	地址低字节 参数数值 地址低字节 参数数值	地址高字节 0x00 地址高字节 0x00	设置字符层显存起始地址 设置字符层一行显存数 设置图形点阵层起始地址 设置图形点阵层一行显存数
显示方式设置	1000 x000 1000 x001 1000 x011 1000 x100 1000 0xxx 1000 1xxx	— — — — — —	— — — — — —	"或"叠加显示模式 "异或"叠加显示模式 "与"叠加显示模式 字符属性模式 控制器内置 CGRAM 模式 控制器外置 CGRAM 模式
显示状态设置	1001 $N_3N_2N_1N_0$	—	—	N_3:图形点阵层显示开关 N_2:字符层显示关关 N_1:光标显示开关 N_0:光标闪烁开关 $N_x=0$—关;$N_x=1$—开
光标形状设置	1010 $0N_2N_1N_0$	—	—	$N_2N_1N_0=n(n=0\sim7)$ 光标设置为 8 点×$(n+1)$宽度
数据自动读/写	1011 0000 1011 0001 1011 0010	— — —	— — —	设置进入自动写状态 设置进入自动读状态 自动读写结束
数据读/写操作	1100 0000 1100 0001 1100 0010 1100 0011 1100 0100 1100 0101	数据 — 数据 — 数据 —	— — — — — —	写入一个字节数据,地址自加 1 读出一个字节数据,地址自加 1 写入一个字节数据,地址自减 1 读出一个字节数据,地址自减 1 写入一个字节数据,地址不变 读出一个字节数据,地址不变
屏读(一字节)	1110 0000	—	—	屏读出一个字节
屏拷贝(一行)	1110 1000	—	—	屏拷贝
位操作	1111 $N_3N_2N_1N_0$	—	—	N_3:0—位清零　1—置位 $N_2N_1N_0=n(n=0\sim7)$ 对当前地址的第 n 位进行操作

1. 地址指针设置指令

地址指针设置指令如表5-13所列。

表5-13 地址指针设置指令

指令代码	参数Data1	参数Data2	功能描述
0010 0001	X轴地址	Y轴地址	设置光标位置
0010 0010	偏移地址	0x00	设置CGRAM偏移地址
0010 0100	地址低字节	地址高字节	设置显存操作地址指针

当指令码为0x21时，该指令为光标位置设置指令，通过其两个参数来指定光标的位置。T6963C中光标的地址是与当前操作的地址指针独立开的，X轴的位置可以从0～0x4F(80个字符)，表示从屏幕左边起第几个字符位置，Y轴的位置可以从0～0x1F，表示从屏幕上方开始往下第几个字符位置；当然，MzL728模块的点阵数为240×128点。实际上每行、每列并没有那么多的字符，所以在该模块中X轴位置有效值为0～0x27，Y轴位置有效值为0～0x15。

当指令码为0x22时，该指令为设置外置在显存中的CGRAM首地址偏移位置的指令。这样设置后，控制器在使用用户自定义的CGRAM字符库时才能正确找到存放在CGRAM当中的自定义字符库及其中的字模。该指令为单参数指令，参数中的低5位作为CGRAM在显存中16位偏移地址的bit15～bit11位。比如输入了0x03-0x00-0x22的指令及指令参数，则将CGRAM在显存中的首地址设置成了0x1C00；如果设置了选用外置的显存CGRAM字符发生器，则在字符层中某个字符取编号为0x00时，控制器将从0x1C00开始取8个byte的字模数据在屏上显示。

当指令码为0x24时，该指令为显存地址指针设置指令；该地址为16位长度，分别由两个字节的指令参数进行指定。

2. 显示区域设置指令

显示区域设置指令如表5-14所列。该指令为双参数指令，可以用于设置显存中字符层、图形点阵层的起始位置以及它们的宽度。

表5-14 显示区域设置指令

指令代码	参数Data1	参数Data2	功能描述
0100 0000	地址低字节	地址高字节	设置字符层显存起始地址
0100 0001	参数数值	0x00	设置字符层一行显存数
0100 0010	地址低字节	地址高字节	设置图形点阵层起始地址
0100 0011	参数数值	0x00	设置图形点阵层一行显存数

当指令码为0x40时，为设置字符层显存的起始地址；该位置对应屏幕左上方第一个字符

的位置。

当指令码为 0x41 时，为设置字符层一行占用的显存数量；该指令的设置与字符层首地址的设置决定了字符显示模式下显存与 LCD 屏幕点的对应关系。当设置的一行显存数超过屏幕一行所能容下的字符数时，则超出部分不在屏上显示。该指令设置的值在这里定义为 WCADDR，请参考上一章中关于字符层显存映射图。

当指令码为 0x42 时，为设置图形点阵层在显存中的起始地址（SDADDR）；该位置的字节数据对应着屏幕左上方开始的一行中 8 个点的映射。

当指令码为 0x43 时，为设置图形点阵层一行占用的显存单元数量；该指令的设置（WDADDR）与图形点阵层起始地址的指令设置决定了图形点阵显示模式下显存与 LCD 屏中点的映射关系。当设置的一行显存数超过屏幕一行所能容下的点数对应的字节数时，则超出部分将不在屏幕上显示。具体可以参考上一章中关于图形点阵层的显存映射图。

3. 显示方式设置指令

显示方式设置指令如表 5－15 所列。

表 5－15　显示方式设置指令

指令代码	参数 Data1	参数 Data2	功能描述
1000 x000	—	—	“或”叠加显示模式
1000 x001	—	—	“异或”叠加显示模式
1000 x011	—	—	“与”叠加显示模式
1000 x100	—	—	字符属性模式
1000 0xxx	—	—	控制器内置 CGRAM 模式
1000 1xxx	—	—	控制器外置 CGRAM 模式

该指令为无参数指令，其低 3 位的值决定图形点阵层与字符层的叠加显示关系。当然要想呈现出这两个层的叠加显示效果，需要把这两个层的显示都打开。而当低 3 位值为 100 时，其特性比较特殊。当设置了字符属性模式后，图形点阵层的显存将被字符层的字符属性定义占用，其地址对应关系将与字符层定义的相同；即字符层显存当中仍旧用于保存为控制屏上显示字符的字符编号，而这时在图形点阵层的显存对应着同样偏移位置的字符的字符属性，这一共两个字节的数据将控制着屏幕上字符的显示。

字符属性模式下，每个字符的属性存放在原图形点阵层的对应地址的显存中，由一个字节的 4 个位来定义，如下：

X	X	X	X	b3	b2	b1	b0

bit3 位定义了对应字符的闪烁属性，0 为不闪烁，1 为字符闪烁。

bit2～bit0 定义了对应字符的显示属性，对应的属性如表 5－16 所列。

表 5-16 字符属性模式下的显示属性设置含义

b2	b1	b0	显示属性
0	0	0	正向显示
1	0	1	反向显示
0	1	1	禁止显示

该指令的指令码中的 bit3 位控制 CGRAM 的选择，即字符库的选择。当该位为 0 时，选择控制器内置的字符发生器 CGRAM，允许的字符编码为 0～0x7F，一共 128 个控制器内置的字符；当该位为 1 时，选择外置在显存中的字符发生器 CGRAM，允许的字符编码为 0～0xFF，共 256 个字符，当然这些字符的字模需要事先存放到显存中的 CGRAM 当中。

4. 显示状态设置指令

显示状态设置指令如表 5-17 所列。

表 5-17 显示状态设置指令

指令代码	参数 Data1	参数 Data2	功能描述
1001 $N_3N_2N_1N_0$	—	—	N_3：图形点阵层显示开关 N_2：字符层显示关关 N_1：光标显示开关 N_0：光标闪烁开关 $N_x=0$—关；$N_x=1$—开

显示状态设置指令为无参数指令，其指令码的低 4 位分别控制着光标闪烁、光标显示、字符层显示以及图形点阵层显示的开与关。

5. 光标形状设置指令

光标形状设置指令如表 5-18 所列。

表 5-18 光标形状设置指令

指令代码	参数 Data1	参数 Data2	功能描述
1010 $0N_2N_1N_0$	—	—	$N_2N_1N_0=n(n=0\sim7)$ 光标设置为 8 点×$(n+1)$宽度

该指令可以设置光标的点数，指令码中的低 3 位数值指示了光标将占用的行数。

6. 数据自动读/写操作指令

数据自动读/写指令如表 5-19 所列。

表 5-19 数据自动读/写操作指令

指令代码	参数 Data1	参数 Data2	功能描述
1011 0000	—	—	设置进入自动写状态
1011 0001	—	—	设置进入自动读状态
1011 0010	—	—	自动读/写结束

该指令用于设置控制器的数据自动读/写控制。自动读/写数据的模式设置后，可以连续地读取显存数据，或连续地把数据写入显存中，地址指针会在每次操作后自动加 1。进入自动读/写模式后，每次数据操作前都需要判断状态位的 STA2 和 STA3 位，以确定当前控制器已经准备好了接受用户的控制。

在自动读/写操作完成后，需要写入自动读/写结束指令，即写入指令 0xB2，以结束自动读/写模式。

数据自动读/写的操作流程如图 5-16 所示。

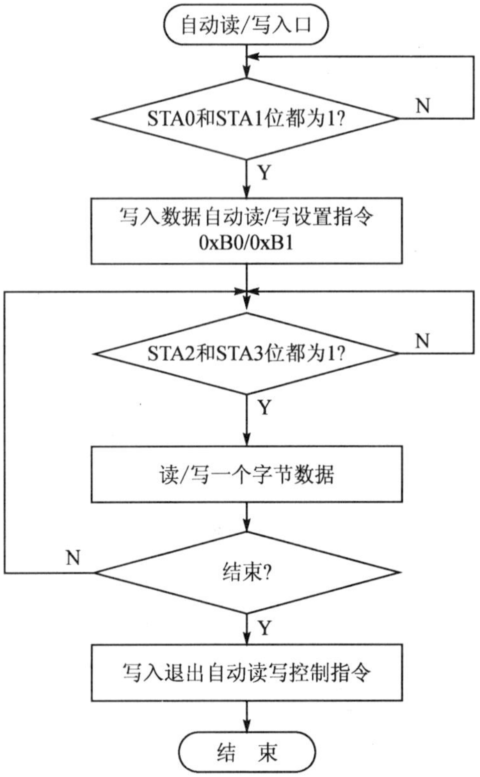

图 5-16 数据自动读/写的操作流程

7. 数据读/写操作控制指令

该指令为控制一次读/写数据操作的指令，可以选择不同的读写方式，即读/写后显存地址指针的修改方式，如表5-20所列。

表5-20　数据读/写操作控制指令

指令代码	参数 Data1	参数 Data2	功能描述
1100 0000	数据	—	写入一个字节数据，地址自加1
1100 0001	—	—	读出一个字节数据，地址自加1
1100 0010	数据	—	写入一个字节数据，地址自减1
1100 0011	—	—	读出一个字节数据，地址自减1
1100 0100	数据	—	写入一个字节数据，地址不变
1100 0101	—	—	读出一个字节数据，地址不变

8. 屏读一字节数据控制指令

屏读一字节数据指令如表5-21所列。

表5-21　屏读一字节数据控制指令

指令代码	参数 Data1	参数 Data2	功能描述
1110 0000	—	—	屏读出一个字节

屏读指令可以将屏幕上显示的图形点阵信息或者图形点阵层与字符层叠加显示的信息读回，但需要地址指针指向图形点阵层的显存区域；写入屏读指令后，需要判断状态位中的STA6，以确定该指令能够正确执行了，如STA6为1，则可以进行数据的读取操作。

9. 屏拷贝一行数据控制指令

屏拷贝一行数据指令如表5-22所列。

表5-22　屏拷贝一行数据控制指令

指令代码	参数 Data1	参数 Data2	功能描述
1110 1000	—	—	屏拷贝

屏拷贝指令可以将屏幕上显示的图形点阵信息或者图形点阵层与字符层叠加显示的信息读回，可以一次设置后读回一行LCD点数所对应的字节数据，但需要地址指针指向图形点阵层的显存区域。写入屏读指令后需要判断状态位中的STA6，以确定该指令能够正确执行了，如STA6为1，则可以进行数据的读取操作。

10. 位操作指令

位操作指令如表 5-23 所列。

表 5-23 位操作指令

指令代码	参数 Data1	参数 Data2	功能描述
1111 $N_3N_2N_1N_0$	—	—	N_3:0—位清零 1—置位 $N_2N_1N_0=n(n=0\sim7)$ 对当前地址的第 n 位进行操作

该指令可以对显存中指针指向的单元字节的任一位进行写 1 或清零操作，由指令码的 bit3 位决定位操作是置位还是位清零，而低 3 位的数值决定要操作的位。该指令无参数。

5.2.4 将 LCD 驱动程序移植到 T6963C 控制器的 LCD 模块

这里，仍然将驱动程序移植的平台选择在 STM32 上，基本上与 LCD 连接的 MCU 端口不变；而 STM32 的端口电平是 3.3 V 的，所以在 MCU 与 LCD 模块的端口连接时，选择 245 作为两者之间的缓冲。不过，STM32 可以将端口配置成开漏输出形式的端口，然后在端口外接一个上拉电阻来达到输出 5 V 端口电平的目的；况且 STM32 的很多端口都是可以承受 5 V 的输入的。图 5-17 为本例的电路原理图。

与 MzL613 模块的连接电路相似，图 5-17 中使用了两片 245 作为端口的缓冲，也同时作为 MCU 端口电平和 LCD 模块端口逻辑电平的桥接；而在程序控制相关的端口时，无须顾及这两片 245 的存在，只需要按照 LCD 模块的读写操作时序进行编写即可。

注意：按照图 5-17 连接 MCU 和 LCD 模块，编写时序控制的程序时一定要注意控制好 MCU 端的端口时序，不要出现当 MCU 端配置为数据口线的端口和 LCD 模块的数据端口同时为输出的情况。即 MCU 的数据端口设置为输出时，且图 5-17 中的 STM32 的 LCD_WR (GPIOB5)为高电平时，U5 的方向为由 A 至 B，这样会造成 STM32 的 GPIOC0～7 口线为输出，而 U5 连接 STM32 的 B1～8 也为输出，有可能会导致 STM32 的 GPIOC0～7 被烧坏。详细请参考 74245 的手册。

首先看一下在 LCD_PortConfig.h 中的修改，如下（相对于前面介绍的 MzL613 的驱动程序，修改的地方以粗体标出）：

```
#include "stm32f10x_lib.h"

#define LCD_Ctrl_GPIO()         GPIOB->CRL &= ~0xfff000ff;GPIOB->CRL |= 0x33300033;\
                                GPIOB->CRH &= ~0x000f0000;GPIOB->CRH |= 0x00030000
#define LCD_Ctrl_Out()          //无定义
#define LCD_Ctrl_Set(n)         GPIOB->BSRR = n
```

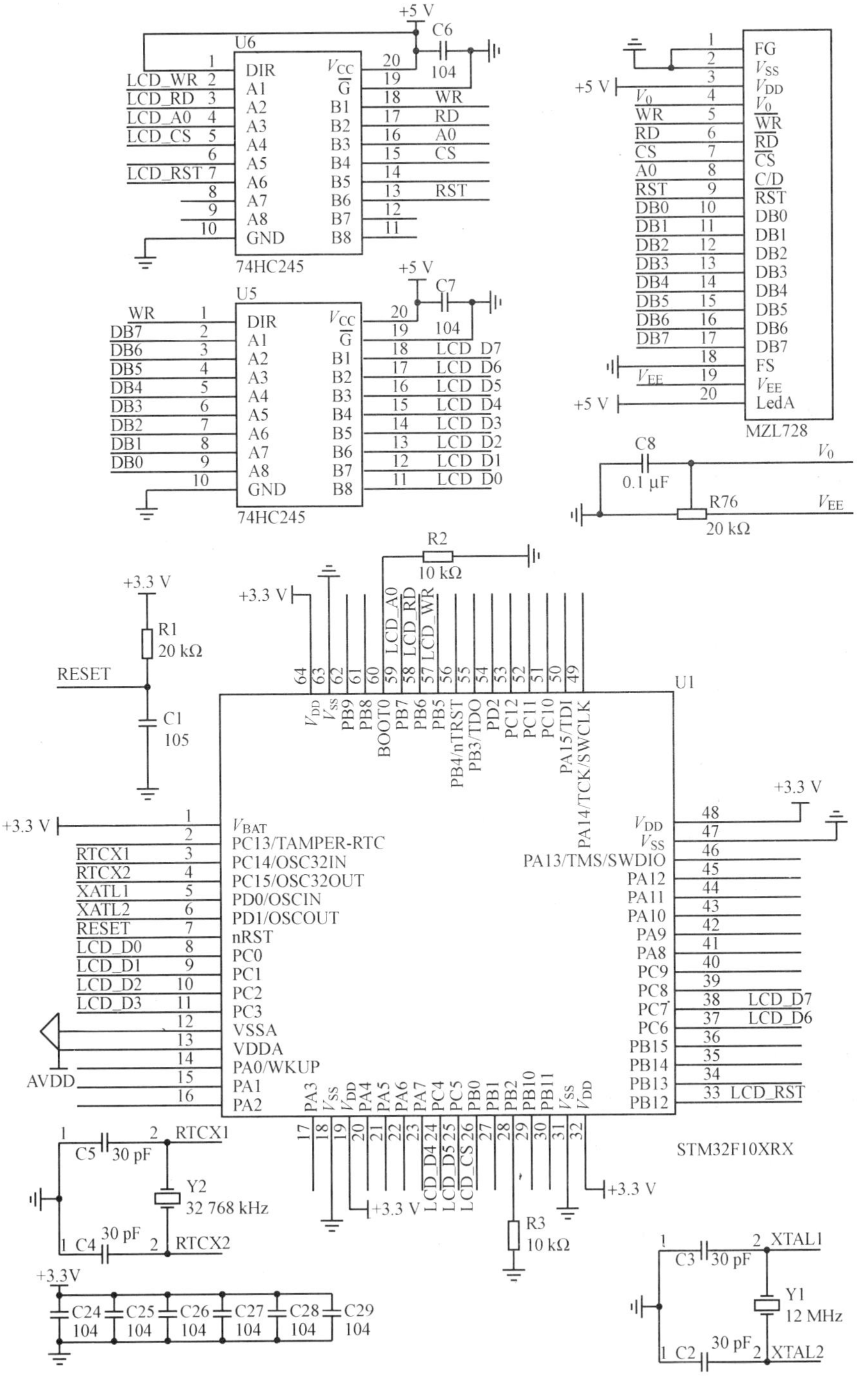

图 5-17　STM32 与 MzL728 模块连接电路图

```
#define LCD_Ctrl_Clr(n)           GPIOB->BSRR = (n<<16)

#define LCD_CS                    (0x01<<0)
#define LCD_CS_SET()              GPIOB->BSRR = LCD_CS
#define LCD_CS_CLR()              GPIOB->BSRR = (LCD_CS<<16)

#define LCD_RE                    (0x01<<12)
#define LCD_RE_SET()              GPIOB->BSRR = LCD_RE
#define LCD_RE_CLR()              GPIOB->BSRR = (LCD_RE<<16)

#define LCD_A0                    (unsigned int)(0x01<<7)
#define LCD_A0_SET()              GPIOB->BSRR = LCD_A0
#define LCD_A0_CLR()              GPIOB->BSRR = (LCD_A0<<16)

#define LCD_WR                    (0x01<<5)
#define LCD_WR_SET()              GPIOB->BSRR = LCD_WR
#define LCD_WR_CLR()              GPIOB->BSRR = (LCD_WR<<16)

#define LCD_RD                    (0x01<<6)
#define LCD_RD_SET()              GPIOB->BSRR = LCD_RD
#define LCD_RD_CLR()              GPIOB->BSRR = (LCD_RD<<16)

#define LCD_Data_GPIO()           //无定义
#define LCD_Data_Out()            GPIOC->CRL = 0x33333333
#define LCD_Data_In()             GPIOC->CRL = 0x88888888;GPIOC->ODR | = 0x00ff
#define LCD_Data_BUS_Clr()        GPIOC->ODR& = 0xff00//GPIOC->BSRR = 0x00ff0000
#define LCD_Data_BUS_Set(n)       GPIOC->BSRR = n
#define LCD_Data_Read()           (GPIOC->IDR&0x00ff)
```

相比 MzL613 的例程，MzL728 的片选只有一个，即 CS，所以在定义 LCD 模块的片选控制端口时，只有一个 LCD_CS 仍连接在 GPIOB0 端口之上。而 MzL728 模块的 T6963C 控制器的接口时序为 8080 时序，所以将原来控制 MzL613 的 RW 控制口线改为写控制线 LCD_WR；而将 6800 时序的 EP 线改为读控制线 LCD_RD。

接下来只需要再在 LCD_DriverUser.c 当中进行修改，而 LCD_Config.h 中也需要对 LCD 屏的点阵数进行重定义修改。

依照前面介绍的 T6963C 控制器的时序，修改几个基本接口程序：

LCD_DataWrite 函数：

```
void LCD_DataWrite(LCDBYTE Dat)
{
    LCD_A0_CLR();
    LCD_CS_CLR();
```

```
    LCD_Data_Out();
    LCD_Data_BUS_Clr();
    LCD_Data_BUS_Set(Dat);
    LCD_WR_CLR();
    NOP();
    LCD_WR_SET();
    NOP();
    LCD_CS_SET();
    LCD_Data_In();
}
```

与之前 STM32 驱动控制 MzL02 以及 MzL613 模块的代码不太一样，MzL728 的时序为 8080 总线时序，请参考图 5-13，以理解该代码。而上面的代码中的“NOP()”为一个空操作的函数，本例中使用了 C 语言嵌入汇编，定义该函数如下：

```
__asm void NOP()
{
    nop
    BX lr
}
```

当然也因为 T6963C 控制器速度较慢而 STM32 的端口速度相对较快，所以在时序控制的代码中适当插入一些空操作，以保证 STM32 的端口跳变时 T6963C 控制器能跟得上时序的变化。

在 LCD_DataWrite 函数的代码中还可看出，STM32 控制 LCD 模块的 WR 端口变为高电平后，则会将连接着 LCD 模块的数据口线的端口配置为输入口，这样可以防止 STM32 的端口与 74245 的端口对着输出，前面的注意中已有说明。

LCD_DataRead 函数：

```
LCDBYTE LCD_DataRead(void)
{
    LCDBYTE Read_Data;
    LCD_Data_In();
    LCD_A0_CLR();
    LCD_CS_CLR();
    NOP();
    LCD_RD_CLR();
    NOP();
    Read_Data = LCD_Data_Read();//LCD_Data_BUS_In;
    LCD_RD_SET();
```

```
    LCD_CS_SET();
    return Read_Data;
}
```

这里，其实并没有使用从 LCD 模块的显存读取数据的功能，这个函数仅仅定义出来供参考，在本例的驱动当中没有使用到。

LCD_RegWrite 函数：

```
void LCD_RegWrite(LCDBYTE Command)
{
    LCD_A0_SET();
    LCD_CS_CLR();
    LCD_Data_Out();
    LCD_Data_BUS_Clr();
    LCD_Data_BUS_Set(Command);
    LCD_WR_CLR();
    NOP();
    LCD_WR_SET();
    NOP();
    LCD_CS_SET();
    LCD_Data_In();
}
```

LCD_RegWrite 函数用于将指令写入 LCD 模块，但不包含指令数据。

LCD_ReadStatus 函数：

```
LCDBYTE LCD_ReadStatus(void)
{
    LCDBYTE Status = 0;
    LCD_A0_SET();
    LCD_CS_CLR();
    NOP();
    LCD_RD_CLR();
    NOP();
    Status  =  LCD_Data_Read();
    LCD_RD_SET();
    LCD_CS_SET();
    return Status;
}
```

LCD_StatusRead 函数可从 LCD 模块中读取到当前 LCD 模块的状态字，配合下面的程序，用于每一次对 LCD 进行操作之前的状态判断。

```
LCDBYTE LCD_TestStatus(LCDBYTE bitMatch)
{
    WORD Error_Counter = 0;
    while((LCD_ReadStatus()&bitMatch)!= bitMatch)
    {
        Error_Counter++;
        if(Error_Counter>= 5000) return 0;          //return 0 if test status bit fail
    }
    return 1;                                        //return 1 as test status bit ok
}
```

LCD_TestStatus 函数用于测试 LCD 模块的状态位，有一个参数，用于指定需要测试的状态位。代码中加入了一个大概的超时判断，在测试指定的状态位时，如果状态位为无效（或者说是 LCD 模块尚未准备好），则循环等待；如循环到一定时间，则超时退出并返回 1 说明状态位无效（或模块尚未准备好）。

以上 5 个函数都可以对照着 T6963C 控制器的时序进行编写，而要完成 LCD 驱动程序的移植工作还需要对基本的绘点函数以及 LCD 的初始化函数进行修改。

前面介绍的编程思想是以“读—改—写”的方式来完成任意点绘点功能的，不过 T6963C 模块提供了一个显存位操作指令，即可以单独对显存中某一位进行置 1 或清零操作，相当于在图形显示层中对屏上的某一点进行绘点或清除。所以在本例中，使用了该指令以替代“读—改—写”的方法，具体的代码如下：

Write_Dot_LCD 函数：

```
void Write_Dot_LCD(DOTBYTE x,DOTBYTE y,LCDBYTE i)
{
    WORD Dot_Addr;
    Dot_Addr = (x>>3) + 0x0800;
    Dot_Addr += (((WORD)y)<<5);
    if(LCD_TestStatus(0x03))
        LCD_DataWrite((LCDBYTE)(Dot_Addr&0x00ff));
    if(LCD_TestStatus(0x03))
        LCD_DataWrite((LCDBYTE)(Dot_Addr>>8));
    if(LCD_TestStatus(0x03))
        LCD_RegWrite(0x24);
    if(i!= 0)
        i = 0xf8;
    else
```

```
        i = 0xf0;
    i = i+((~x)&0x07);
    if(LCD_TestStatus(0x03))
        LCD_RegWrite(i);
}
```

在绘点程序中，按照 T6963C 控制器的控制方法先设置好当前显存的地址(0x24 的指令，前面有两个参数，用于指定显存地址)，以对应该点所在图形显示层中显存的字节位置；然后再通过位操作指令确定该点所对应当前显存字节中的哪一位，并确定是进行清零操作还是置 1 操作。

可以看到，每一次 MCU 对 LCD 模块进行数据/指令写入之前，都需要判断 LCD 模块的状态位是否有效。

针对模块的特性，要对 LCD 模块的初始化函数进行修改。

LCD_Init 函数：

```
void LCD_Init(void)
{
    //LCD 驱动所使用到的端口的初始化(如果有必要的话)
    LCD_PortInit();
    TimeDelay(500);
    LCD_RE_CLR();
    TimeDelay(500);
    LCD_RE_SET();
    TimeDelay(200);
    //设置 TEXT 文本层的显存起始位置
    if(LCD_TestStatus(0x03))
        LCD_DataWrite(0x00);
    if(LCD_TestStatus(0x03))
        LCD_DataWrite(0x00);
    if(LCD_TestStatus(0x03))
        LCD_RegWrite(0x40);
    //设置 CGRAM 的起始位置
    if(LCD_TestStatus(0x03))
        LCD_DataWrite(0x20);
    if(LCD_TestStatus(0x03))
        LCD_DataWrite(0x00);
    if(LCD_TestStatus(0x03))
        LCD_RegWrite(0x41);
    //设置图形层的起始位置(本驱动仅使用图形层)
    if(LCD_TestStatus(0x03))
        LCD_DataWrite(0x00);
```

```
    if(LCD_TestStatus(0x03))
        LCD_DataWrite(0x08);
    if(LCD_TestStatus(0x03))
        LCD_RegWrite(0x42);
    //设置一行占用的显存数量
    if(LCD_TestStatus(0x03))
        LCD_DataWrite(0x20);
    if(LCD_TestStatus(0x03))
        LCD_DataWrite(0x00);
    if(LCD_TestStatus(0x03))
        LCD_RegWrite(0x43);
    //
    if(LCD_TestStatus(0x03))
        LCD_RegWrite(0xa7);
    //
    if(LCD_TestStatus(0x03))
        LCD_RegWrite(0x80);
    //图形显示层开,其他关
    if(LCD_TestStatus(0x03))
        LCD_RegWrite(0x98);

    LCD_Fill(LCD_INITIAL_COLOR);
}
```

需要注意,本例程仅使用了 T6963C 的图形显示层,而其自带的西文字库以及 CGRAM 都没有使用,且字符层和光标显示也被代码关闭,这样的用法仅供参考;如需要 T6963C 控制器的这些特性,则按其控制方法和指令介绍来进行编程。

此外,仍需要修改 3 个函数,LCD 屏填充函数和 LCD 显存地址设置函数,如下:

```
void LCD_Fill(LCDBYTE Data)
{
    DOTBYTE i,j = 0;
    DOTBYTE uiTemp;
    uiTemp = Dis_X_MAX;
    uiTemp = uiTemp>>3;
    for(i = 0;i< = Dis_Y_MAX;i ++ )                    //往 LCD 中填充初始化的显示数据
    {
        Set_Dot_Addr_LCD(0,i);
        if(LCD_TestStatus(0x03))
            LCD_RegWrite(0xb0);
        for(j = 0;j< = uiTemp;j ++ )
```

```
        {
            if(LCD_TestStatus(0x08))
                LCD_DataWrite(Data);
        }
        if(LCD_TestStatus(0x03))
            LCD_RegWrite(0xb2);
    }
}
```

LCD_Fill 函数使用了 T6963C 控制器的连续写功能。

```
void Set_Dot_Addr_LCD(DOTBYTE x,DOTBYTE y)
{
    WORD Dot_Addr;                                  //定义列地址的高低位指令
    Dot_Addr = (x>>3) + 0x0800;
    Dot_Addr += (((WORD)y)<<5);
    if(LCD_TestStatus(0x03))
        LCD_DataWrite((LCDBYTE)(Dot_Addr&0x00ff));
    if(LCD_TestStatus(0x03))
        LCD_DataWrite((LCDBYTE)(Dot_Addr>>8));
    if(LCD_TestStatus(0x03))
        LCD_RegWrite(0x24);
}

void LCD_PortInit(void)
{
    LCD_Ctrl_GPIO();
    LCD_Ctrl_Out();
    LCD_Ctrl_Set(LCD_CS|LCD_RE|LCD_A0|LCD_WR|LCD_RD);
    LCD_Data_GPIO();
    LCD_Data_In();
}
```

由于 MzL728 模块的点阵规模为 240×128，比前面的 MzL613 和 MzL02 模块的点数都要多，所以需要在 LCD_Config.h 当中的进行配置修改，如下：

```
#define LCD_X_MAX         240 - 1          //屏幕的 X 轴的物理宽度
#define LCD_Y_MAX         128 - 1          //屏幕的 Y 轴的物理宽度
```

至此，LCD 驱动程序的移植基本上完成，不过再次提醒，本小节所移植的通用 LCD 驱动程序是基于 5.1 节所介绍的 STM32 驱动控制 MzL613 模块例程的。

第 6 章

基于通用 LCD 驱动程序的特殊应用

6.1 利用 MCU 内存来优化 LCD 的操作速度

6.1.1 优化驱动效率的前提条件

随着 MCU 技术的飞速发展，目前很多通用 MCU 已经拥有较快的速度、较多的 RAM 资源、较丰富的片上外围模块；然而当前仍有很多如 KS0108B、T6963C 等作为控制器的老旧的 LCD 模块充斥着市场，这些已经广泛应用了近十几年的 LCD 模块都存在速度慢（数据传输）、操作繁琐等共性的问题。

当工程师选择功能较强大的 MCU 操控这些旧式控制器 LCD 模块时，就不得不考虑如何处理高速运行的 MCU 与低速数据传输的 LCD 模块之间的速度匹配问题；该问题已经成为很多工程师在设计时必须面对的问题。

第 5 章介绍的 KS0108B 控制 LCD 模块（MzL613）属于较常用且 LCD 控制器比较老旧的 LCD 模块，用户在控制时，每进行一次操作都需要判断 LCD 的状态，无论是写指令、写数据，还是读取 LCD 模块上的显存。而从第 5 章的例程可以看出，底层的接口程序操作比较繁琐。本章介绍的 LCD 驱动程序的基本思想是绘点程序的"读—改—写"，MCU 每进行一次绘点操作都要读取 LCD 模块上的显存数据并写入显存数据；这使得 MCU 在驱动控制 KS0108B 的 LCD 模块时将耗费大量的 CPU 时钟周期等待 LCD 模块的状态位，并且显示操作越多，这样无谓的 CPU 消耗越明显。

当高速的 MCU 遇上低速老旧的 LCD 模块时，如何尽量减少这样无谓的 CPU 开销已经变成一个必须解决的问题。在遵循这里介绍的 LCD 驱动程序"读—改—写"基本编程思想的前提下，可以使用 MCU 内部的 RAM 作为显存，同步保存着 LCD 模块内部显存内容，这样可以省去每次绘点操作对 LCD 模块显存的读取，从而大大减少 MCU 在操作 LCD 模块时的操作次数以及操作时无谓的循环等待。

以第 5 章介绍的 STM32F103R8T6 控制 KS0108B 的 LCD 模块为例进行以下简单的分析：

- STM32F103 系列 MCU 可以工作在 72 MHz 系统时钟下；
- STM32F103 系列 MCU 都有较多的内部 RAM 资源（如 STM32F103R8T6 的内部 SRAM 为 20 KB）；
- 以 KS0108B 为控制的 LCD 模块（MzL613）为 128×64 点阵，需要 1 KB 的显存；
- 按照原来的驱动程序，每进行一次绘点操作需要进行 7 次循环等待状态、4 次指令写入操作、2 次显存读取操作和 1 次数据写入操作；
- 将 1 KB 的 MCU 内部 RAM 划分为 LCD 模块的显存，可以做到每一次绘点操作仅进行 3 次循环等待状态、2 次指令写入操作和 1 次数据写入操作。

6.1.2 修改驱动程序的思路和方法

在遵循 LCD 驱动程序“读—改—写”基本编程思想的前提下，对 LCD 驱动程序进行简单的修改即可提高驱动程序的效率。以下是基于 5.1 节例程（STM32 驱动显控 KS0108B 的 LCD 模块的驱动程序）的修改方法，即只需要改动 LCD_Driver_User.c 文件即可。

(1) 开辟显存空间并定义当前操作显存地址变量

在 LCD_Driver_User.c 文件的开始定义一个与 LCD 模块显存大小相同的数组作为 MCU 内部的 LCD 显存，然后再定义一个当前操作显存地址的变量。

```
LCDBYTE LCD_DisBuf[1024];
DISWORD LCD_DisAddr = 0;
```

LCD_Config.h 中已有对 LCDBYTE 的重定义，是一个变量类型的重定义，在本例中相当于 unsigned char（单色 LCD 模块当中，基本变量是 8 bit，即一个 Byte，使用 unsigned char 型数据最合适）。DISWORD 也有类似的定义，相当于 unsigned short，可在 LCD_Config.h 中找到它的重定义。

LCD_DisBuf[1024]数组开辟了一个与 MzL613 模块上点阵规模相同的显存区域，它将同步保存与 LCD 模块显存相同的数据。

LCD_DisAddr 表示当前操作的显存地址，用于连续的数据写入。

(2) 修改对 LCD 模块的数据写入程序

修改后的 LCD_DataWrite 函数（修改的部分已用粗体标出）如下：

```
void LCD_DataWrite(LCDBYTE Dat)
{
```

```
    LCDBYTE Status = 0x80;
    LCD_Data_In();
    LCD_A0_CLR();
    LCD_RW_SET();
    while(Status&0x80)
    {
        LCD_EP_SET();
        Status = LCD_Data_Read();
        LCD_EP_CLR();
    }
    LCD_RW_CLR();
    LCD_Data_Out();
    LCD_A0_SET();
    LCD_Data_BUS_Clr();
    LCD_Data_BUS_Set(Dat);
    LCD_EP_SET();
    LCD_EP_CLR();
    LCD_DisBuf[LCD_DisAddr++] = Dat;
}
```

可以看出，仅在 LCD_DataWrite 函数的最后增加了一条代码，也就是将要写入 LCD 模块内部显存的内容同样也保存一份到对应的 MCU 内部显存（LCD_DisBuf 数组）中；LCD_DisAddr 表示当前操作的显存地址。

(3) 修改绘点程序

在 MCU 内部开辟显存后，LCD_DisBuf 数组中将保存与 LCD 模块内部显存同样的内容，这样在绘点程序进行“读—改—写”操作时就不必再对 LCD 模块进行显存读取操作，只需要根据计算出来的显存地址从 LCD_DisBuf 中取出数据，修改后再写到同样地址的 LCD 模块内部显存即可，具体如下：

```
void Write_Dot_LCD(DOTBYTE x,DOTBYTE y,LCDBYTE i)
{
    LCDBYTE BitMask = 0x01;
    LCDBYTE Read_Back = 0;
    DOTBYTE Temp;
    if(x> = 64)
    {
        LCD_CS1_SET();LCD_CS2_CLR();
    }
    else
```

```
    {
        LCD_CS1_CLR();LCD_CS2_SET();
    }
    Temp = y>>3;
//    LCD_RegWrite((LCDBYTE)(0x40 + (x&0x3f)));
//    LCD_RegWrite((LCDBYTE)(0xb8 + (y>>3)));
//    Read_Back = LCD_DataRead();
    LCD_DisAddr = Temp * 128 + x;
    Read_Back = LCD_DisBuf[LCD_DisAddr];
    switch(y&0x07)
    {
        case 0:BitMask = 0x01;break;
        case 1:BitMask = 0x02;break;
        case 2:BitMask = 0x04;break;
        case 3:BitMask = 0x08;break;
        case 4:BitMask = 0x10;break;
        case 5:BitMask = 0x20;break;
        case 6:BitMask = 0x40;break;
        case 7:BitMask = 0x80;break;
    }
    if(i) Read_Back |= BitMask;
    else Read_Back &= (~BitMask);
    LCD_RegWrite((LCDBYTE)(0x40 + (x&0x3f)));
    LCD_RegWrite((LCDBYTE)(0xb8 + (Temp)));
    LCD_DataWrite(Read_Back);
}
```

修改后的绘点程序将原来读取 LCD 模块显存数据的代码去掉，然后根据要绘制点的坐标计算出该点对应在 MCU 内部显存的偏移位置，从 MCU 内部的显存中读取出该显存地址对应的 8 个点(一个 Byte)的数据；最后在该数据的基础上根据绘点操作的类型(绘点/清除点)进行修改，再调用数据写入程序(LCD_DataWrite 函数)将数据写到 LCD 模块内部显存，同时也在 LCD_DataWrite 程序中将该点数据同步存入对应地址的 MCU 内部显存。

(4) 其他修改

LCD_Driver_User.c 中还需要对设置 LCD 模块显存操作地址的程序进行修改，以便于同步计算出 MCU 内部显存的当前操作地址。

```
void Set_Dot_Addr_LCD(DOTBYTE x,DOTBYTE y)
{
    if(x>=64)
```

```
    {
        LCD_CS1_SET();LCD_CS2_CLR();
    }
    else
    {
        LCD_CS1_CLR();LCD_CS2_SET();
    }
    LCD_RegWrite((LCDBYTE)(0x40 + (x&0x3f)));
    LCD_RegWrite((LCDBYTE)(0xb8 + (y>>3)));
    LCD_DisAddr = (y>>3) * 128 + x;
}
```

这样,驱动程序的修改基本完成,类似的模块,如T6963C控制器的LCD模块(MzL728),也使用这样的修改方法以提高程序效率,这里不再过多介绍。

6.2 利用MCU的DMA及SPI驱动COG液晶模块

6.2.1 适用条件

并不是所有的MCU都具有DMA或者SPI接口,也不是所有的COG模块都具有串行数据通信模式,因此利用MCU的DMA及SPI驱动COG LCD模块时,需要MCU及COG LCD模块满足一定的条件。

MCU必须满足的条件:

- 具备较高的运行速度;
- 拥有SPI接口,并且可以使用DMA;
- 拥有较大的片内RAM空间。

LCD模块必须满足的条件:

- 拥有SPI串行接口,可通过串行总线对LCD模块进行操作;
- 拥有较快的接口速度。

市面上很多COG工艺的LCD模块都与第1章中介绍的MzL02模块规格类似,比如都具有可以配置的总线接口、接口速度都较高、显存读/写操作的方式都类似等。这里介绍STM32驱动MzL102模块的驱动程序,实质上是对第4章所介绍例程的改进。

MzL02模块是COG工艺中较具代表性的一类LCD模块,可以通过配置将接口设置成SPI串行接口,只是当模块配置为串行接口时,仅能写入而不能读出模块内部的显存或状态;其SPI串行接口速度为4 MHz,不需要等待任何LCD模块的状态。这种情况下可以在MCU内部开辟显存,以替代LCD模块上的显存;与6.1节里介绍的方法类似,同样可以遵循"读—

改一写”的基本编程思想。

STM32F103 系列的 MCU 最高可以工作在 72 MHz 的速度下，片内有多个 SPI 接口；并且 STM32 内部提供了多个 DMA 通道，这样可以在配置好 SPI 接口及 DMA 通道后，不通过 CPU 即可把整块的片内 RAM 数据直接发送给 SPI 接口(LCD 模块的接口也为 SPI 串行接口)。

在 STM32 的内部 RAM 区开辟出一块与屏点数相符的显存空间，然后设置好 DMA 通道以及 SPI 接口，定时地将 STM32 内部的显存发送到 LCD 模块上，以更新其内部的显存数据，使之与 MCU 内部的显存空间的内容相同。而 LCD 驱动程序在进行显示操作时，只需要对 MCU 内部的显存进行操作即可，而更新 LCD 模块上显存的工作由 DMA 和 SPI 来完成即可。

6.2.2 STM32 的内部 RAM 作为 LCD 显存

这里将对 LCD 驱动程序的架构进行修改，如图 6-1 所示。

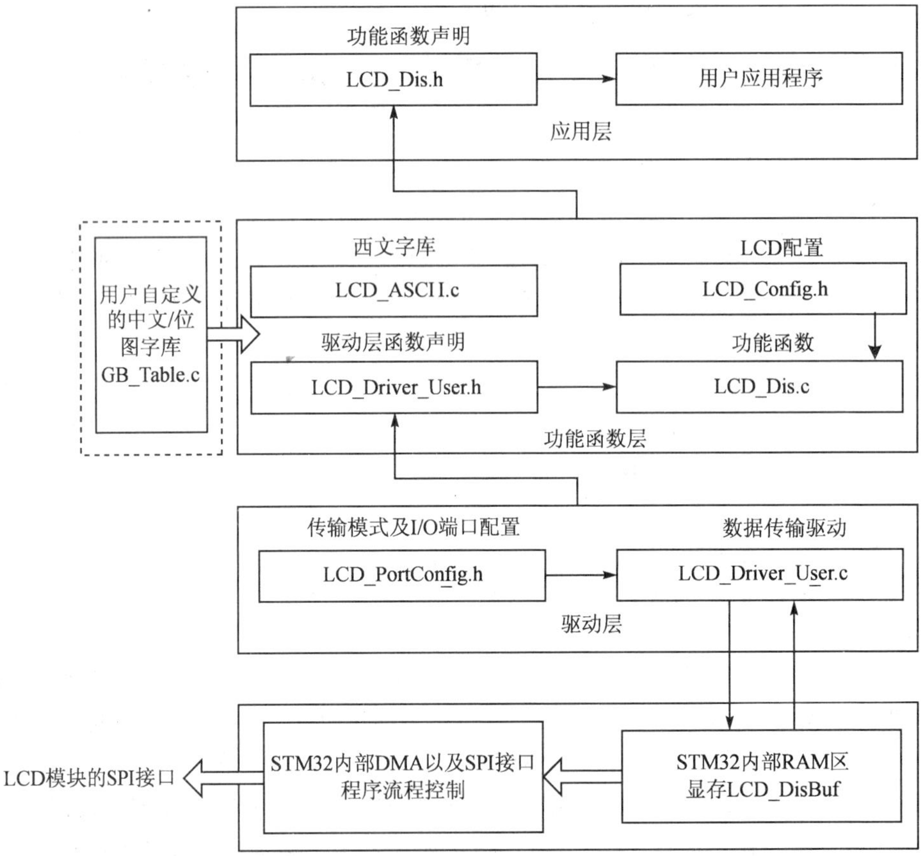

图 6-1 利用 DMA 及 MCU 内部显存时 LCD 驱动程序架构图

修改后的 LCD 驱动程序分为两部分;一部分是原来结构的 LCD 驱动程序,包括驱动层、功能函数层以及应用层的代码,与原来的程序几乎是一样的,只不过在操作显示时不再需要操作 LCD 模块上的显存;另一部分是新添加的设置 STM32 的 DMA 通道、SPI 接口,以及控制刷新 LCD 模块上显存的程序。

LCD 的驱动程序仅需要在驱动层进行改动,即将原来绘点操作或者对 LCD 模块进行数据写入的程序进行修改,使之仅对 MCU 内部开辟的显存进行读/写操作即可。而需要新编写的代码主要有 3 部分,即配置 STM32 的 DMA 通道以及 SPI 接口、定时调用 DMA 设置程序、将 MCU 内部开辟的显存中的数据通过 DMA 送至 SPI 端口最终完成 LCD 模块上显存的更新的程序这样,STM32 在工作时只需要定时对 DMA 进行设置并启动 DMA 即可,DMA 控制器会自动将 STM32 开辟的显存数据送至 SPI 来传送。

6.2.3　修改驱动程序的思路和方法

修改了程序架构,就需要着手修改原来的驱动程序,主要分为 3 块:

- 修改原 LCD 驱动程序的驱动层(LCD_Driver_User.c),使得原来对 LCD 的数据操作变为对 MCU 内部显存操作;
- 增加 DMA 以及 SPI 的配置,开启定时器,定时设置 DMA,以使其定时地控制 SPI 模块将 MCU 内部显存的数据发送给 LCD 模块;
- 修改 STM32 的初始化文件,打开 DMA 以及 SPI 模块的时钟,配置一些必要的初始化。

修改程序前首先要将 MzL02 模块改为 SPI 串行接口的模式,在第 1 章中已有介绍,可以通过跳接模块背板后的上/下拉电阻来实现,也可以通过外部输入低电平信号给 PS 引脚来实现。而跳接模块背板的电阻时,需要将 R9 焊下,并把焊下的电阻焊接在 R10 的位置,如图 6-2所示。

将模块配置为 SPI 串行接口后,只需要将 MCU 与 LCD 模块的复位线(Reset)、片选(CS)、指令数据传择线(A0)、数据输入(SID(或者 SDA),即原并行总线时的 DB7)以及时钟线(SCLK,即原并行总线时的 DB6)连接。此时 MzL02 模块与 STM32F103RC 的连接电路如图 6-3 所示。

STM32 的 PA4~PA7 端口复用的功能为 SPI1 模块的一组端口,PA4 为 NSS(SPI 模块片选)、PA5 为 SCK(SPI 模块时钟线)、PA6 为 MISO(SPI 模块的主模式数据输入/从模式数据输出)、PA7 为 MOSI(SPI 模块的主模式数据输出/从模式数据输入)。

根据新的端口连接关系,可以先对 LCD 驱动程序中的端口配置文件 LCD_PortConfig.h 进行修改,如下:

图 6-2　串行接口的 MzL02 模块的电阻配置

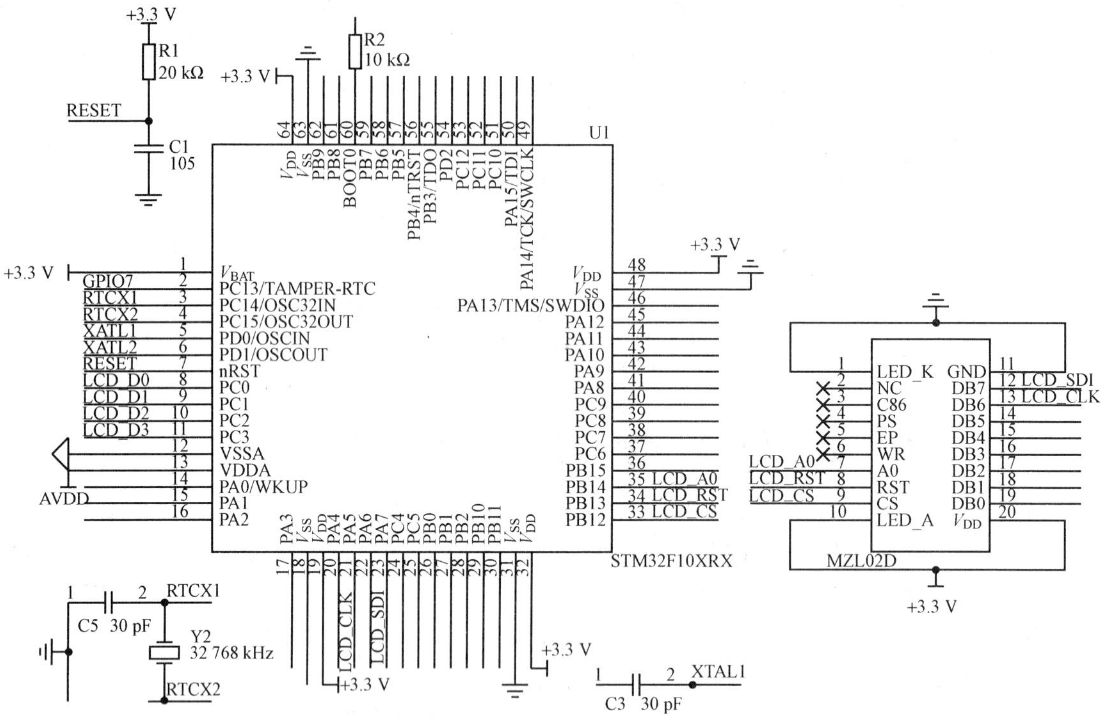

图 6-3　STM32 与串行模式的 MzL02 模块连接示意图

```
#include "stm32f10x_lib.h"

#define LCD_Ctrl_GPIO()         GPIOA->CRL &= ~0xf0f00000;GPIOA->CRL |= 0xB0B00000;\
                                GPIOB->CRH &= ~0x0fff0000;GPIOB->CRH |= 0x03330000
#define LCD_Ctrl_Out()          //无定义
#define LCD_Ctrl_Set(n)         GPIOB->BSRR = n
#define LCD_Ctrl_Clr(n)         GPIOB->BSRR = (n<<16)

#define LCD_CS                  (unsigned int)(0x01<<12)
#define LCD_CS_SET()            GPIOB->BSRR = LCD_CS
#define LCD_CS_CLR()            GPIOB->BSRR = (LCD_CS<<16)

#define LCD_RE                  (unsigned int)(0x01<<13)
#define LCD_RE_SET()            GPIOB->BSRR = LCD_RE
#define LCD_RE_CLR()            GPIOB->BSRR = (LCD_RE<<16)

#define LCD_A0                  (unsigned int)(0x01<<14)
#define LCD_A0_SET()            GPIOB->BSRR = LCD_A0
#define LCD_A0_CLR()            GPIOB->BSRR = (LCD_A0<<16)
```

```
#define LCD_CLK                 (unsigned int)(0x01<<5)
#define LCD_CLK_SET()           GPIOA->BSRR = LCD_CLK
#define LCD_CLK_CLR()           GPIOA->BSRR = (LCD_CLK<<16)

#define LCD_SDI                 (unsigned int)(0x01<<7)
#define LCD_SDI_SET()           GPIOA->BSRR = LCD_SDI
#define LCD_SDI_CLR()           GPIOA->BSRR = (LCD_SDI<<16)
```

LCD_Ctrl_GPIO()的宏定义是将本例所使用的PA5、PA7、PB12、PB13和PB14端口配置为需要的端口类型，PA5、PA7端口配置成端口的复用功能（即SPI1模块的端口），而PB12～PB14配置为输出端口。

1. 修改驱动层代码

与6.1节类似，需要在LCD驱动程序中开辟一个数组作为MCU内部显存，不一样的是这里将所有原来对LCD模块进行数据操作（包括数据读和写）改为对MCU内部显存的读/写。

在LCD_Driver_User.c文件开始定义一个与LCD模块点阵规模相符的数组，以及一个保存有当前操作显存地址的变量。

```
DOTBYTE LCD_DisBuff[1024];
DISWORD LCD_DisAddr = 0;
```

而将显存完全放置在MCU的内部RAM区后，进行显示操作时就不需要再对LCD模块进行寄存器写入、数据读出和数据写入，仅需要对内部RAM的显存进行操作即可。因此，有两个基本的对LCD模块进行操作的程序将不再使用，即LCD_DataWrite和LCD_DataRead函数；而寄存器写入函数（LCD_RegWrite）仍然会使用在LCD模块的初始化以及地址设置中，并将其保留。

LCD驱动程序的基本思想还是对显存的"读—改—写"操作，对MCU内存中显存的操作如下：

```
void Write_Dot_LCD(DOTBYTE x,DOTBYTE y,LCDBYTE i)
{
    DOTBYTE Dot_Mask_Buf = 0x01;
    DOTBYTE y_Page;                     //用于存放要画点的位置所在的byte数据位置
    LCD_DisAddr = y>>3;
    LCD_DisAddr = LCD_DisAddr<<7;
    LCD_DisAddr += x;
    switch(y&0x07)
    {
        case 0: Dot_Mask_Buf = 0x01;break;
        case 1: Dot_Mask_Buf = 0x02;break;
```

```
        case 2: Dot_Mask_Buf = 0x04;break;
        case 3: Dot_Mask_Buf = 0x08;break;
        case 4: Dot_Mask_Buf = 0x10;break;
        case 5: Dot_Mask_Buf = 0x20;break;
        case 6: Dot_Mask_Buf = 0x40;break;
        case 7: Dot_Mask_Buf = 0x80;break;
    }
    y_Page = LCD_DisBuff[LCD_DisAddr];
    if(i) y_Page |= Dot_Mask_Buf;
    else y_Page &= ~Dot_Mask_Buf;
    LCD_DisBuff[LCD_DisAddr] = y_Page;
}
```

Write_Dot_LCD 函数根据要绘制点的 X、Y 坐标计算出该点对应在显存中的地址，并将该地址保存于 LCD_DotAddr 中；然后，从 MCU 内部开辟的显存 LCD_DisBuff 中读出该点对应的显存地址上 8 个点的数据（一个 Byte），再根据该点在该字节数据的位置进行绘点/清除点操作（即位置位/位清零），最后再将数据写回显存。

原 LCD 驱动程序中，全屏填充的程序也需要进行修改，将全屏填充改为全显存填充即可，如下：

```
void LCD_Fill(LCDBYTE Data)
{
    DOTBYTE i,j = 0;
    DOTBYTE uiTemp;
    uiTemp = Dis_Y_MAX;
    uiTemp = uiTemp>>3;
    LCD_DisAddr = 0;
    for(i = 0;i<= uiTemp;i++)                    //往显存中填充初始化的显示数据
    {
        for(j = 0;j<= Dis_X_MAX;j++)
        {
            LCD_DisBuff[LCD_DisAddr++] = Data;
        }
    }
}
```

2. 添加 DMA 及 SPI 模块的设置代码以及相关控制程序

程序中会使用 ST 提供的 STM32 应用库对 SPI 模块以及 DMA 通道进行初始化设置，并进行相关控制；添加/改动的程序部分需要在 LCD_Driver_User.c 文件的一些子程序中进行修改,所以也将这部分要添加/改动的代码放在LCD_Driver_User.c中。

为了更快地对STM32的DMA模块进行设置,需要定义一个DMA配置结构体数据(结构体的定义已经在STM32应用库的头文件中定义)、一个SPI模块的数据寄存器地址(可以参考STM32的编程手册来了解该模块的应用)。

```
#define SPI1_DR_Address   0x4001300C
DMA_InitTypeDef  DMA_InitStructure_SPI;
DOTBYTE LCD_Page_Index = 0;
```

DMA_InitTypeDef是一个用于初始化DMA通道的结构体;定义一个结构体变量,里面保存了对DMA通道的设置。

LCD_Page_Index变量将会在程序控制的定时器中定时更新LCD模块上的显存时使用,因为每次进入定时刷新都会更新MzL02模块上一个页(Page)的显存,即将MCU内部的显存内容通过DMA和SPI模块自动写入MzL02模块对应页的显存中。LCD_Page_Index变量保存当前更新的页码。

在LCD_PortInit函数中初始化SPI模块以及DMA通道,如下:

```
void LCD_PortInit(void)
{
    SPI_InitTypeDef SPI_InitStructure;
    LCD_Ctrl_GPIO();
    LCD_Ctrl_Out();
    //SPI1模块的初始化,将SPI1初始化主模式下工作,单向仅发送,数据宽度为8位
    SPI_StructInit(&SPI_InitStructure);
    SPI_InitStructure.SPI_Direction = SPI_Direction_1Line_Tx;
    SPI_InitStructure.SPI_Mode = SPI_Mode_Master;
    SPI_InitStructure.SPI_DataSize = SPI_DataSize_8b;
    SPI_InitStructure.SPI_CPOL = SPI_CPOL_High;
    SPI_InitStructure.SPI_CPHA = SPI_CPHA_2Edge;
    SPI_InitStructure.SPI_NSS = SPI_NSS_Hard;
    SPI_InitStructure.SPI_BaudRatePrescaler = SPI_BaudRatePrescaler_4;
    SPI_InitStructure.SPI_FirstBit = SPI_FirstBit_MSB;
    SPI_InitStructure.SPI_CRCPolynomial = 7;
    SPI_Init(SPI1, &SPI_InitStructure);
    SPI_NSSInternalSoftwareConfig(SPI1,SPI_NSSInternalSoft_Reset);    //Clrea SSI bit
    SPI_SSOutputCmd(SPI1,ENABLE);      //enable NSS Output low when SPI Master senddata
    SPI_Cmd(SPI1, ENABLE);
......
```

SPI1 的初始化代码将 STM32 的 SPI1 模块设置为 8 位的数据宽度，由于仅需要发送数据给 LCD 模块，所以这里将 SPI1 模块设置为单向仅发送的模式，时钟空闲状态下为高电平，时钟的上升沿触发数据的发送，数据发送时先送高位；最后，使能 SPI1 模块。

在 LCD_Ctrl_GPIO()的宏定义中已介绍过，它会把所使用到的端口进行初始化。

DMA 通道的初始化在 SPI1 初始化代码之后，如下：

```
void LCD_PortInit(void)
{
    ……
    //DMA1 的通道 3 进行初始化
    DMA_DeInit(DMA1_Channel3);
    DMA_InitStructure_SPI.DMA_PeripheralBaseAddr = (u32)SPI1_DR_Address;
    DMA_InitStructure_SPI.DMA_MemoryBaseAddr = (u32)LCD_DisBuff[LCD_Page_Index];
    DMA_InitStructure_SPI.DMA_BufferSize = 128;
    DMA_InitStructure_SPI.DMA_DIR = DMA_DIR_PeripheralDST;
    DMA_InitStructure_SPI.DMA_Mode = DMA_Mode_Normal;
    DMA_InitStructure_SPI.DMA_Priority = DMA_Priority_Low;
    DMA_InitStructure_SPI.DMA_PeripheralInc = DMA_PeripheralInc_Disable;
    DMA_InitStructure_SPI.DMA_MemoryInc = DMA_MemoryInc_Enable;
    DMA_InitStructure_SPI.DMA_PeripheralDataSize = DMA_PeripheralDataSize_Byte;
    DMA_InitStructure_SPI.DMA_MemoryDataSize = DMA_MemoryDataSize_Byte;
    DMA_InitStructure_SPI.DMA_M2M = DMA_M2M_Disable;
    DMA_Init(DMA1_Channel3, &DMA_InitStructure_SPI);
……
```

DMA_DeInit 函数复位 DMA 通道的设置，而接下来的代码将对结构体变量 DMA_InitStructure_SPI 进行设置，完成后再将整个结构体变量中的设置通过 DMA_Init 函数对指定通道的 DMA 进行设置。

DMA_InitStructure_SPI. DMA_PeripheralBaseAddr 设置 DMA 通道传送目标地址，代码中将 SPI1 的数据寄存器地址赋予它；而 DMA_InitStructure_SPI. DMA_MemoryBaseAddr 设置 DMA 通道源数据存储地址，在此将 MCU 内部开辟的显存数组的首址赋予它。

DMA_InitStructure_SPI. DMA_DIR 设置 DMA 通道的数据传输方向；DMA_DIR_PeripheralDST 的设置表示该 DMA 通道将以硬件模块地址作为目标地址，即该 DMA 通道在工作时，是将存储器地址中的数据传输到硬件模块地址上的，即从 MCU 内部显存数组到 SPI1 数据寄存器。

DMA_InitStructure_SPI. DMA_BufferSize 设置 DMA 要传输的数据个数。当从 MCU 内部显存发送到 SPI1 数据寄存器的数据个数达到所设置的数据个数时，该 DMA 通道将停止工作直至下一次重新启动。

DMA_InitStructure_SPI.DMA_PeripheralInc 设置的是 DMA 硬件模块地址的自加特性。这里不需要对硬件模块地址(即 SPI1 的数据寄存器)进行自加,所以设置的是 DMA_PeripheralInc_Disable(该定义在 STM32 应用库中)。同样,设置 DMA 通道数据存储地址的自加特性 DMA_InitStructure_SPI.DMA_MemoryInc,要依次将显存中的数据送到 SPI1 的数据寄存器以启动 SPI1 的发送,就需要每发送完一个数据后显存的地址自加 1,以指向下一个数据,所以在此设置为使能数据存储器地址的自加特性 DMA_MemoryInc_Enable。

MzL02 模块的数据写入时,其内部可以对显存地址进行自动加 1 的操作,但该特性仅能在一页的显存中进行自加 1;就是说,要通过 DMA 驱动 SPI 来给 LCD 模块自动发送数据时,只能每次将一页 MCU 内部显存更新至 LCD 模块上,即 128 个 Byte。而在 DMA 驱动 SPI 模块发送数据时,MCU 在启动 DMA 的工作后不会打断也不会参与到数据的传输操作当中;因此,增加一个函数,该函数将定时被调用,且调用时重新设置 DMA 通道的相关参数并启动 DMA 通道。

```
void LCD_Driver_1Page(void)
{
    DMA_ClearITPendingBit(DMA1_IT_TC3);
    SPI_I2S_DMACmd(SPI1, SPI_I2S_DMAReq_Tx, DISABLE);
    LCD_RegWrite(0xb0 + LCD_Page_Index);
    LCD_RegWrite(0x01);
    LCD_RegWrite(0x10);
    //DMA1  通道 3 的重新设置
    DMA_DeInit(DMA1_Channel3);
    DMA_InitStructure_SPI.DMA_MemoryBaseAddr = (u32)&(LCD_DisBuff[LCD_Page_Index * 128]);
    DMA_InitStructure_SPI.DMA_BufferSize = 128;
    DMA_Init(DMA1_Channel3, &DMA_InitStructure_SPI);
    LCD_A0_SET();
    LCD_CS_CLR();
    DMA_Cmd(DMA1_Channel3, ENABLE);
    SPI_I2S_DMACmd(SPI1, SPI_I2S_DMAReq_Tx, ENABLE);
    LCD_Page_Index++;
    if(LCD_Page_Index >= 8) LCD_Page_Index = 0;
}
```

DMA_ClearITPendingBit 函数的调用将清除 DMA 通道的标志位,而 SPI_I2S_DMACmd 函数的调用将停止 SPI1 模块向 DMA 通道发出数据申请(即禁止 SPI1 模块与 DMA 之间的数据关系)。

启动 DMA 通道之前会调用 LCD_RegWrite 函数对当前操作的 LCD 模块内部显存地址

进行设置，这样在 DMA 通道驱动 SPI1 模块将数据发送给 LCD 模块时，LCD 模块内部将更新设置地址所在的那一页的显存。

启动 DMA 通道前还需要对 DMA 通道重新设置，主要包括 DMA 通道配置的数据存储器地址以及要发送数据的个数。完成设置后，将连接 LCD 模块 A0 线的端口设置为高电平，以指明即将启动的 DMA 驱动 SPI1 模块发送至 LCD 模块的数据为显存数据，另外也需要将控制 LCD 片选信号的 CS 置为低电平。

DMA_Cmd(DMA1_Channel3, ENABLE)将使能 DMA1 的通道 3 模块；而调用 SPI_I2S_DMACmd 函数允许 SPI1 模块向 DMA 通道申请数据，即启动了 DMA 驱动 SPI1 模块的数据传输。

LCD_Page_Index 将保存通过 DMA 驱动 SPI1 模块发送给 LCD 模块的显存页地址，在函数的最后对它进行更新，以指向下一次调用 LCD_Driver_1Page 函数时要传输的显存的页。

原 LCD 驱动程序的 LCD_Driver_User.c 文件中寄存器写入函数 LCD_RegWrite 会在程序控制时使用，也会在 LCD 模块初始化以及设置 LCD 模块内部显存地址时使用，所以该函数也需要进行一些改动，如下：

```
void LCD_RegWrite(LCDBYTE Command)
{
    LCD_CS_CLR();
    LCD_A0_CLR();
    SPI_I2S_SendData(SPI1, Command);
    while (SPI_I2S_GetFlagStatus(SPI1, SPI_I2S_FLAG_TXE) == 0);
    LCD_CS_SET();
}
```

SPI_I2S_SendData 函数将启动一次 SPI 模块的数据传输，即一个 Byte 的发送；之后有一个等待 SPI1 发送完成标志位的循环。

至此，对 LCD_Driver_User.c 文件的修改以及代码添加已经完成；但要完成 STM32 定时调用 LCD 模块显存更新的程序，还需要打开 STM32 的定时器，然后调用 LCD_Driver_1Page 函数。

3. STM32 初始化相关的改动

这里需要使用中断周期为 1 ms 的定时器，STM32 系统定时器的初始化代码在 STM32F10X_System.c 文件中，如下：

```
void System_Init(void)
{
    RCC_Configuration();  //完成时钟源选择、PLL 等系统时钟初始化，并使能一些用到的模块时钟
    GPIO_Configuration(); //初始化一些端口的功能，但也会有一些模块会在其驱动程序中单独初始化
```

```
    NVIC_Configuration();                   //初始化 NVIC 中断系统,以及使能一些 NVIC 中断
    //初始化系统时钟定时器
    SysTick_CLKSourceConfig(SysTick_CLKSource_HCLK);
    SysTick_SetReload(72000);               //1000 次/S          72 MHz 的时钟
    //Enable SysTick interrupt
    SysTick_CounterCmd(SysTick_Counter_Enable);
    SysTick_ITConfig(ENABLE);
}
```

STM32 系统定时器的中断服务程序如下：

```
void SysTickHandler(void)
{
    LCD_Driver_1Page();
}
```

这样即完成了利用 STM32 内部特殊的模块(DMA 及 SPI 模块)来优化 LCD 驱动程序的修改;将 LCD 模块的显存完全利用 MCU 片内 RAM 区替代后,LCD 的驱动程序在进行图形绘制时不再需要对 LCD 模块进行操作,只需要对 MCU 片内 RAM 区开辟的显存进行操作即可,从而大大提高了程序的效率而无需频繁控制程序来操作连接 LCD 模块的端口。STM32 片内的显存与 LCD 模块上显存的同步更新由 STM32 片内 DMA 和 SPI 模块的配合来完成。STM32 工作时 CPU 仅需要参与定时设置并启动 DMA 通道即可,不需要参与频繁的数据传输工作,这样可以节省宝贵的 CPU 资源以便用户进行其他更重要的运算。

当然,如何解决高速 MCU 与低速 LCD 模块之间的匹配、如何针对具体的 MCU 平台以及 LCD 模块的特性来进行更优化的驱动程序设计,还需要从具体方法上进行探讨,这里介绍的仅仅是一种思路而不应成为一种定性的规律,更多更高效的方法应该以具体的应用和具体的设计为基本思想。

第7章

彩色 TFT 模块驱动显控

7.1 将 LCD 驱动程序移植到彩色 TFT 模块应用中

前面分别分绍了几种单色点阵 LCD 模块的驱动显示方法，它们的驱动程序都是同样的驱动程序架构，在应用到不同 LCD 模块或者移植到不同单片机平台时，都只需要简单地修改一些底层的代码，所以称这份 LCD 驱动程序为通用 LCD 驱动程序。同样，也可以经过简单的修改将通用 LCD 驱动程序适应于彩色 TFT 模块的驱动显示控制，彩色的 TFT 液晶模块也是点阵的 LCD，只不过相比单色 LCD 模块，它的每个像素点所需要使用的数据量增多了而已。

需要说明，这里介绍的方法是针对于那些 TFT 屏上带有控制器的模块，也就是可以直接使用 MCU（在此将单片机或者微控制器统称为 MCU）的端口或者通过外部总线进行控制的情况，与控制显示单色屏差不多。而一些 RGB 接口的 TFT 数字屏以及模拟屏，或者是 VGA 接口的各种 TFT 屏，在使用方法上与带有控制器的 TFT 屏的还是不太一样的，这里就暂不涉及它们。

7.2 彩色 TFT 液晶显示模块介绍

7.2.1 MzT24 彩色 TFT 模块简介

MzT24 彩色 TFT 模块是一个 2.4 in 的 TFT 模块，内置 TFT 控制器，直接通过 8 位的 8080 总线进行指令和数据的传输。MzT24 像素点数为 240×320，色彩深度为 16 位色，也就是每一个像素点需要 16 位的数据来表示其显示的内容。

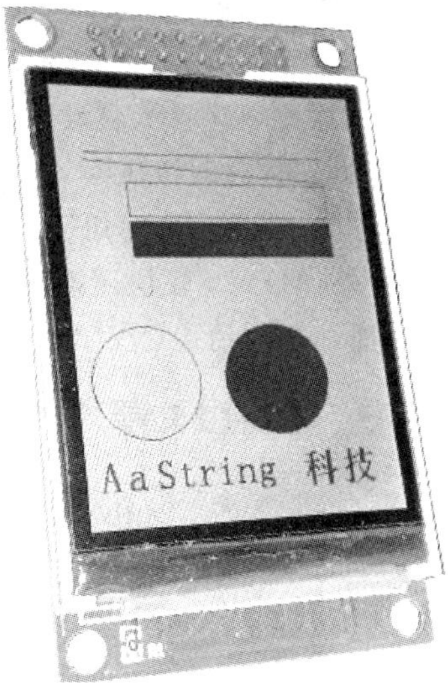

图 7－1　MzT24 模块实物图

MzT24 彩色显示模块的 LCD 驱动控制 IC 为 SPFD5408，用户在对 MzT24 模块进行操作时，实际上是对 SPFD5408 的控制寄存器、显示数学据存储器进行操作。图 7－1是实物图。

7.2.2　显示 RAM 区映射情况

MzT24 模块的 2.4 in TFT－LCD 显示面板上共分布着 240×320 个像素点，而模块内部的 TFT－LCD 驱动控制芯片内置了与这些像素点对应的显示数据 RAM（简称显存）。模块中每个像素点需要 16 位的数据（即 2 字节长度）来表示该点的 RGB 颜色信息，所以模块内置的显存共有 240×320×16 bit 的空间；通常我们以字节来描述其的大小。

MzT24 模块的显示操作非常简便，需要改变某一个像素点的颜色时，对该点所对应的 2 字节的显存进行操作即可。为了便于索引操作，模块将所有的显存地址分为 *X* 轴地址（*X* Address）和 *Y* 轴地址（*Y* Address），分别可以寻址的范围为 *X* Address＝0～239，*Y* Address ＝0～319，*X* Address 和 *Y* Address 交叉对应着一个显存单元（2byte）。这样只要索引到了某一个 *X*、*Y* 轴地址，并对该地址的寄存器进行操作，便可对 TFT－LCD 显示器上对应的像素点进行操作了。

提示：以上的描述意味着对某一个地址上的显示进行操作时，需要对该地址进行连续两次的 8 位数据写入或读出的操作，方可完成对一个显存单元的操作。

MzT24 模块的像素点与显存对应关系如图 7－2 所示。

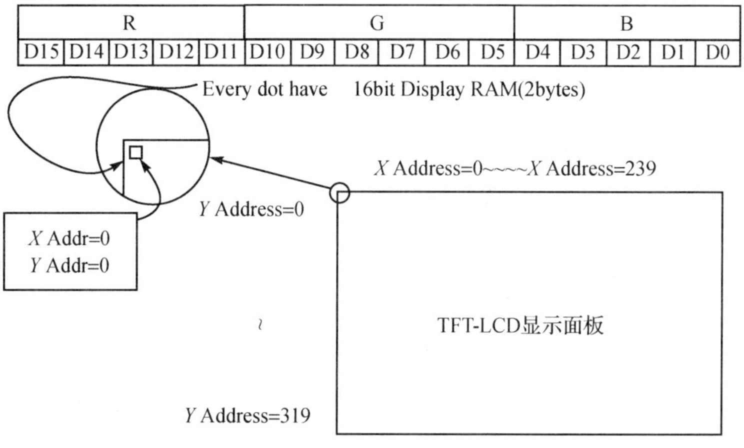

图 7－2　MzT24 显存与像素点对应关系示意图

MzT24 模块内部有一个显存地址累加器 AC，用于读/写显存时对显存地址进行自动累加，这在连续对屏幕显示数据操作时非常有用，特别是应用在图形显示、视频显示时。此外，AC 累加器可以设置为各种方向的累加方式，通常情况下为对 X Address 累加方式，当累加到一行的尽头时自动切换到下一行的开始累加；还可以为对 Y Address 累加方式，当累加到一列(垂直方向)的尽头自动切换到下一个 X Address 对应的列开始累加。

另外，MzT24 模块还提供了窗口操作的功能，可以对显示屏上某一个矩形区域进行连续操作，详细介绍请参见 7.2.4 小节。

7.2.3 MzT24 操作时序

MzT24 模块支持标准 intel8080 总线，总线的最高速度可达 8 MHz，也就是说，如果控制 MCU 速度足够快，那么是可以支持视频的显示的。图 7-3 为 MzT24 模块的总线时序图。时序特性见表 7-1。复位时序如图 7-4 所示。

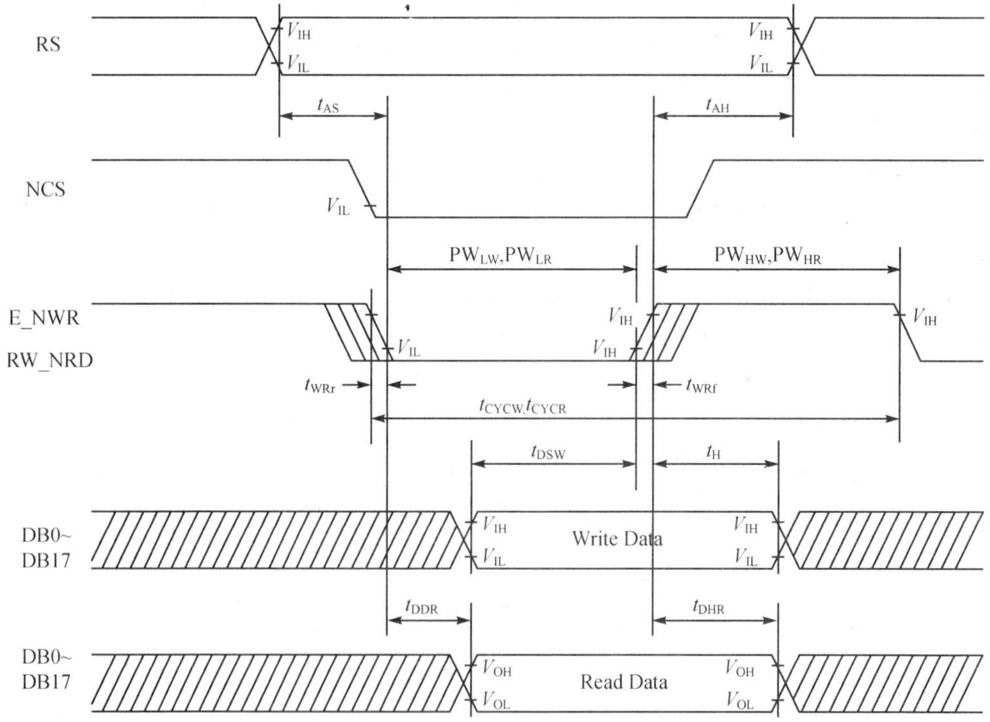

图 7-3 MzT24 模块总线时序图

注意：MzT24 模块的总线接口是 8 位的，也就意味着对显存的某一个地址操作时需要连续进行两次操作方可完成，先传高字节再传低字节。

表7-1　时序特性(I/O V_{cc}=2.4 V~3.3 V,T_A=25℃)

参数		符号	单位	最小值	典型	最大值
总线周期时间	写周期	t_{CYCW}	ns	125	—	—
	读周期	t_{CYCR}	ns	450	—	—
写控制低脉冲宽度(WR)		PW_{LW}	ns	45	—	—
读控制低脉冲宽度(RD)		PW_{LR}	ns	170	—	—
写控制高脉冲宽度(WR)		PW_{HW}	ns	70	—	—
读控制高脉冲宽度(RD)		PW_{HR}	ns	250	—	—
读/写控制信号上升/下降时间		t_{WRr},t_{WRf}	ns	—	—	25
建立时间	写(RS to CS,WR)	t_{AS}	ns	0	—	—
	读(RS to CS,RD)		ns	10	—	—
地址保持时间		t_{AH}	ns	2	—	—
写数据建立时间		t_{DSW}	ns	25	—	—
写数据保持时间		t_H	ns	10	—	—
读数据延迟时间		t_{DDR}	ns	—	—	200
读数据保持时间		t_{DHR}	ns	5	—	—

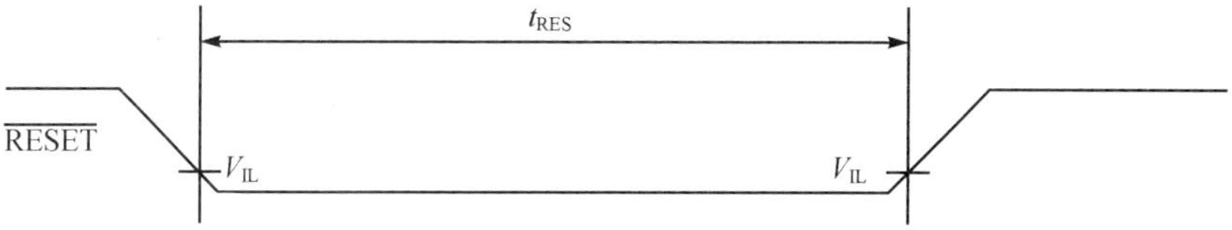

图7-4　MzT24复位时序图

表7-2　复位时序特性

参数	符号	单位	最小值	典型	最大值
复位低电平宽度	t_{RES}	ms	1	—	—
复位上升沿时间	t_{rRES}	μs	—	—	10

7.2.4　控制方法及LCD显示特性

1. MzT24模块控制方法

对MzT24模块的操作主要分为两种,一是对控制寄存器的读/写操作,二是对显存的读/

写操作;这两种操作实际上都是通过对 LCD 控制器(SPFD5408)的寄存器(register)进行操作完成的。SPFD5408 提供了一个索引寄存器(Index register),对其进行写入操作可以指定操作的寄存器索引,以便于完成控制寄存器、显存操作寄存器的读/写操作。MzT24 提供了 RS(有些资料称为 A0)控制线,并以此线的高低电平状态来区别是对索引寄存器操作还是对所指向的寄存器进行操作:当 RS 为低电平时,表示当前的总线操作是对 Index register 进行的,即指明接下去的寄存器操作是针对哪一个寄存器的;当 RS 为高电平时,表示为对寄存器操作。

MzT24 模块内部有控制寄存器,用户在使用 MzT24 之前以及对其进行操作时,需要对一些寄存器进行写操作以完成 LCD 的初始化或者某些功能的设置(如当前显存操作地址设置等)。

对控制寄存器进行操作前,需要先对索引寄存器进行写入操作,以指明接下来的读/写操作是针对哪一个寄存器的。操作的步骤如下:

① 在 RS 为低电平的状态下写入 2 字节的数据,第一字节为零,第二字节为寄存器索引值。

② 在 RS 为高电平的状态下写入 2 字节数据,第一字节为高 8 位,第二字节为低 8 位。若要读出指定寄存器的数据,则需要连续 3 次读操作方能完成一次读出操作,第一个字节为无效数据,第二字节为高 8 位,第三字节为低 8 位。

注意: MzT24 的显存操作也是通过寄存器操作来完成的,即对 0x22 寄存器进行操作就是对当前位置点的显示进行读/写操作。

MzT24 模块的控制寄存器中最常调用的是寄存器,除了对显存操作的 0x22 寄存器外,还有当前显存地址的寄存器 display RAM bus address counter,由两个寄存器组成,分别存放了 *X* Address 和 *Y* Adderss,表示当前对显存数据的读/写操作是针对该地址所指向的显存单元的。而每一个显存单元有 16 位,最高的 5 位为 R(红)的分量,最低的 5 位为 B(蓝)的分量,中间 6 位为 G(绿)分量,如图 7-5 所示。

R					G						B				
D15	D14	D13	D12	D11	D10	D9	D8	D7	D6	D5	D4	D3	D2	D1	D0

图 7-5 显存单元示意图

所以,当需要对 LCD 显示面板上某一个点(X,Y)进行操作时,需要先设置 AC,以指向需要操作的点所对应的显存地址,然后连续写入或者读出数据,完成对该点的显存单元的数据操作。

而当对某一个显存单元完成写入数据操作后,AC 自动进行调整或者不进行调整(根据控制寄存器中的设置而决定)保持原来指向。AC 的这个特性对于 MzT24 模块来说非常有用,可以根据此特性设计出快速的 LCD 显示操作功能函数,以适应不同用户的需求。

2. 显存地址指针

MzT24 内部含有一个用于对显存单元地址自动索引的显存地址指针 display RAM bus address counter (AC)；AC 根据当前用户操作的显存单元在用户完成一次显存单元的写操作后进行调整，以指向下一个显存单元；可以通过对相关寄存器中控制位的设置来选择合适的 AC 调整特性。这些用于设置 AC 调整特性(实际上也就是显存操作地址的自动调整特性)的位分别是：AM(bit3 of R03h)、ID0(bit4 of R03h)、ID1(bit5 of R03h)，下面分别这些控制位的特性。

配合 AM 位的设置可以得到多种 AC 调整方式，以适应不同用户的不同需要，详见表 7－3。

表 7－3　AC 调整特性

AM	ADR	ADX	示意图
0	1	0	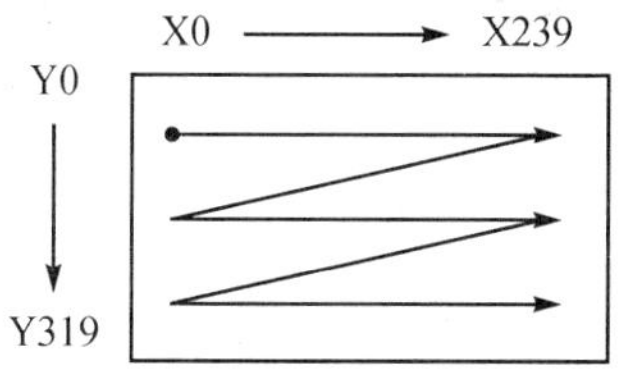
		1	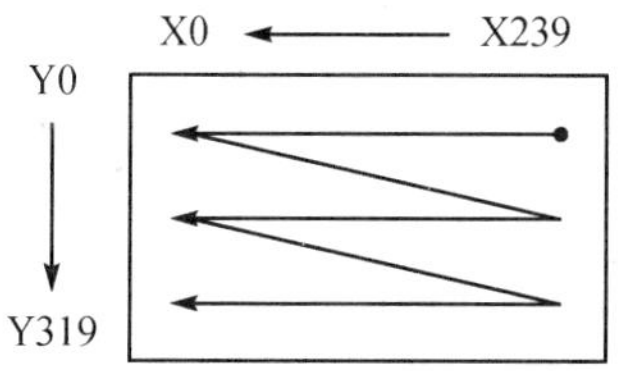
	1	0	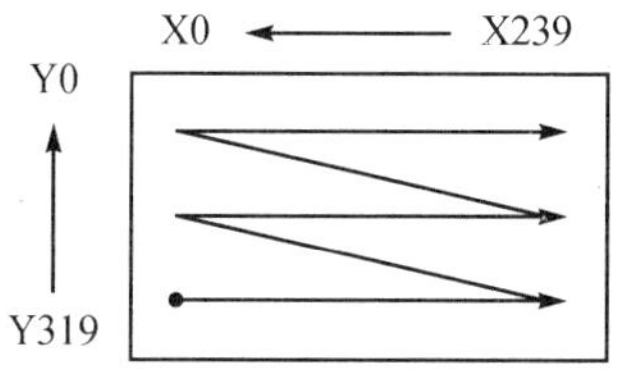
		1	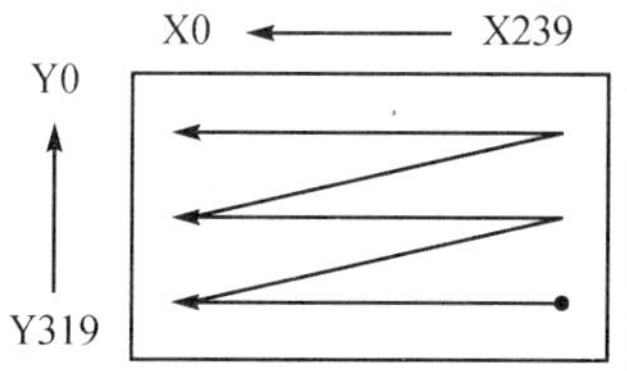
1	0	0	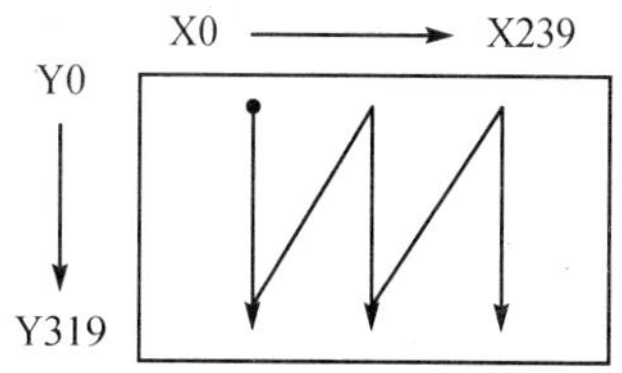
		1	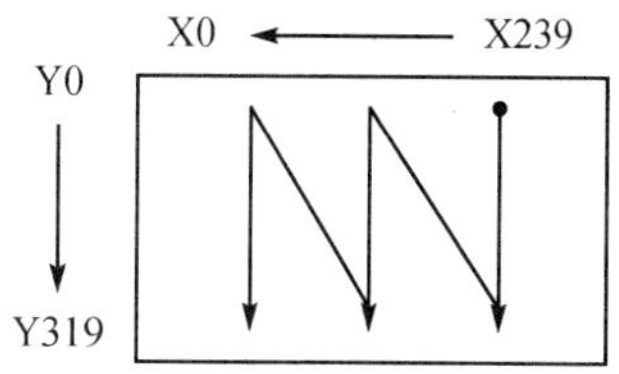
	1	0	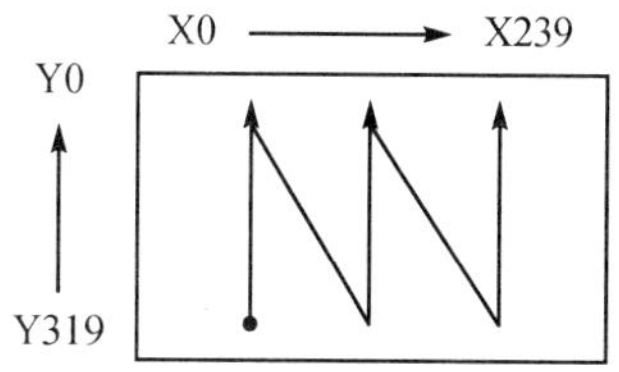
		1	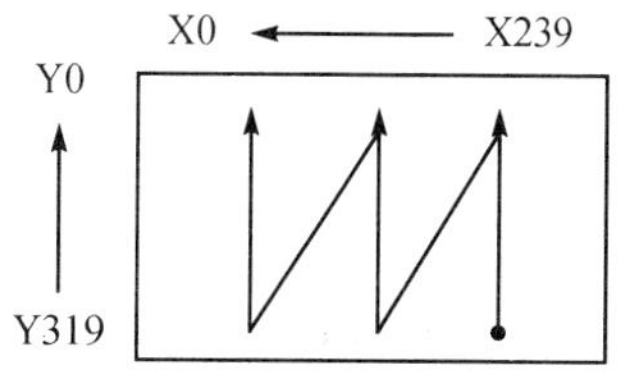

3. 显存的窗口工作模式

MzT24 除了一般的对全屏的工作模式外，还提供了一种局部的窗口工作模式，这样可以简化对局部显示区域的读/写操作；窗口工作模式时，用户对显存的操作仅仅是能对设置的窗口（即局部显示区域）所对应的显存进行读/写操作。而设置的局部区域可以通过设置 R50 来确定最小的 X Address，设置 R51 来确定窗口的最大 X Address，设置 R52 来确定窗口的最小 Y Address，设置 R53 来确定窗口的最大 Y Address；这时再对显存进行读/写操作，则 AC 将只会在所设置的局部显示区域（简称窗口）进行调整。

设置好窗口后需要确认对显存操作时，地址范围为：

00h ≤ 最小 X address ≤ X addrss ≤ 最大 X address ≤ EFh

00h ≤ 最小 Y address ≤ Y addrss ≤ 最大 Y address ≤ 13Fh

而前面所述的显存地址指针 AC 的调整特性在窗口工作模式中也是有效的。也就是说，在一般显存操作模式（全屏范围显存）设置的 AC 调整特性在工作在窗口模式时也是有效的。图 7－6 为当 AM＝0、ID0 和 ID1 都设置为 1 时的示意图。

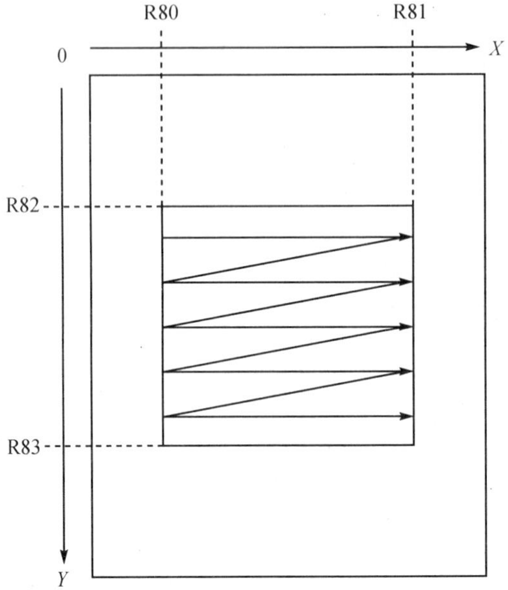

图 7－6　窗口工作模式示意图

7.3 STM32 驱动控制 MzT24

要想利用 STM32 将 MzT24 模块点亮，与单色 LCD 屏一样，这里首先也需要将通用 LCD

驱动程序移植到 STM32 平台上，并修改底层的 LCD 驱动函数，使之对应上 MzT24 模块的控制方法。这里首先介绍一下利用 STM32F103RCT6 的 GPIO 连接 MzT24 模块来进行驱动控制以及程序需要修改的地方。本节介绍的通用 LCD 驱动程序是基于第 4 章介绍的例程，即 STM32F103RCT6 驱动控制 MzL02 模块的例程。

7.3.1 STM32F103RCT6 与 MzT24 模块的连接

STM32F103RCT6 与 MzT24 模块的连接主要是 STM32F103RCT6 的端口与液晶模块之间的连接关系，而如 STM32F103RCT6 等的其他外围电路这里就不再画出，感兴趣的可以参考第 4 章中的电路。端口连接 MzT24 的示意图如图 7－7 所示。

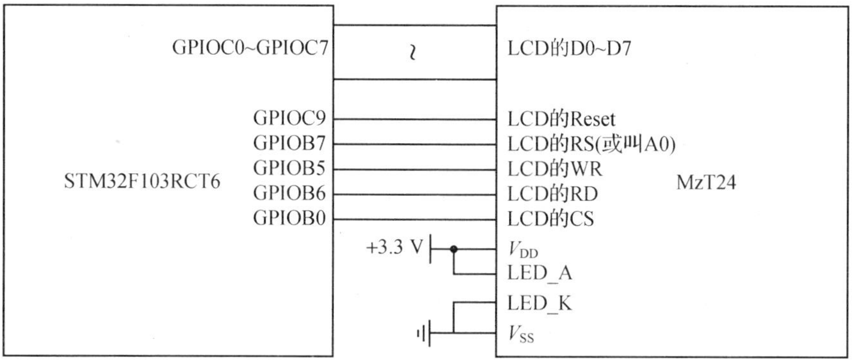

图 7－7　STM32F103RCT6 与 MzT24 的端口连接示意图

从图 7－7 中可看出，使用 STM32F103RCT6 的 GPIOC 0～7 这 8 个端口连接 MzT24 模块的数据线(D0～D7)；GPIOC 的第 9 端口控制 MzT24 模块的复位(Reset)，GPIOB0 端口控制 MzT24 模块的片选(CS)，GPIOB5 和 GPIOB6 分别控制 MzT24 模块的读、写控制线(RW 和 RD)，GPIOB7 端口控制 MzT24 模块总线操作时的指令/数据选择线(RS 或者 A0)。

MzT24 模块接入 3.3 V 直流稳压电源，LED_A 为模块背光的正极输入，LED_K 为背光的负极(或者地)输入；而 STM32F103RCT6 的其他电路在此不再列出，原则上让该 MCU 能正常工作即可。

确定了端口的连接后，首先要修改的是 LCD_PortConfig. h 中的宏定义，修改后的代码如下：

```
#include "stm32f10x_lib.h"

#define LCD_Ctrl_GPIO()        GPIOC->CRH &= ~0x000000f0;GPIOC->CRH |= 0x00000030;\
                               GPIOB->CRL &= ~0xfff0000f;GPIOB->CRL |= 0x33300003
#define LCD_Ctrl_Out()         //无定义
#define LCD_Ctrl_Set(n)        GPIOB->BSRR = n
```

```
#define LCD_Ctrl_Clr(n)         GPIOB->BSRR = (n<<16)

#define LCD_CS                  (0x01<<0)
#define LCD_CS_SET()            GPIOB->BSRR = LCD_CS
#define LCD_CS_CLR()            GPIOB->BSRR = (LCD_CS<<16)

#define LCD_RE                  (0x01<<9)
#define LCD_RE_SET()            GPIOC->BSRR = LCD_RE
#define LCD_RE_CLR()            GPIOC->BSRR = (LCD_RE<<16)

#define LCD_A0                  (0x01<<7)
#define LCD_A0_SET()            GPIOB->BSRR = LCD_A0
#define LCD_A0_CLR()            GPIOB->BSRR = (LCD_A0<<16)

#define LCD_RW                  (0x01<<5)
#define LCD_RW_SET()            GPIOB->BSRR = LCD_RW
#define LCD_RW_CLR()            GPIOB->BSRR = (LCD_RW<<16)

#define LCD_RD                  (0x01<<6)
#define LCD_RD_SET()            GPIOB->BSRR = LCD_RD
#define LCD_RD_CLR()            GPIOB->BSRR = (LCD_RD<<16)

#define LCD_Data_GPIO()         GPIOC->CRL = 0x33333333
#define LCD_Data_Out()          GPIOC->CRL = 0x33333333
#define LCD_Data_In()           GPIOC->CRL = 0x88888888;GPIOC->ODR |= 0x00ff
#define LCD_Data_BUS_Clr()      GPIOC->BSRR = 0x00ff0000
#define LCD_Data_BUS_Set(n)     GPIOC->BSRR = n
#define LCD_Data_Read()         (GPIOC->IDR&0x00ff)
```

与 4.1.1 小节中的定义类似，只是有一些控制 MzT24 模块端口的重定义改了名字，以便于更直观地表示该控制口线的实际意义。

7.3.2 修改 LCD_Driver_User.c 文件

与单色 LCD 模块的程序移植类似，首先要修改的是 3 个基本的函数，即 LCD 寄存器写入、数据写入以及数据读出函数，当然它们的程序控制流程需要参考 MzT24 的控制时序（请参考 7.2.3 小节）以及 MzT24 模块的控制方法（请参考 7.2.4 小节）。

1. LCD 寄存器写入函数

```
void LCD_RegWrite(LCDBYTE Command)
{
    LCD_CS_CLR();
    LCD_A0_CLR();
    LCD_RW_CLR();
```

```
    LCD_RW_SET();
    LCD_Data_BUS_Clr();
    LCD_Data_BUS_Set(Command);
    LCD_RW_CLR();
    LCD_RW_SET();
    LCD_CS_SET();
}
```

代码首先对 A0 控制线清零，以指明将要进行的是寄存器写入操作，即写入当前操作的寄存器索引号，同时将 CS 置低，以选定 MzT24 模块。而 MzT24 模块的寄存器索引号仅低 8 位有效，但模块的 TFT 控制器要求所有对总线的写入操作都必须完成 16 位数据的写入，即并行总线要操作两次写入操作，先写入高 8 位再写入低 8 位，只不过在寄存器写入操作时(写入当前要操作的寄存器索引号)高 8 位是无效的操作而已；因此，在 CS 置低后，先在 RW 线上进行一次写入操作(不管当时 LCD 的数据端口上的状态如何，都是无效的，但只是必须的)；而后对 LPC2292 连接着 MzT24 模块的 8 位数据口线状态进行清零(LCD_Data_BUS_Clr())，然后再将要写入的数值载入端口 LCD_Data_BUS_Set(Command)。此时要写入的数值已经在端口上准备好了，再在 RW 线上进行一次有效的写入操作(一次 RW 线的低电平，随后即恢复到高电平状态)，完成后 CS 置高。

2. LCD 数据写入函数

类似 LCD 寄存器写入函数，实际上 MCU 对 MzT24 模块的操作就是对 MzT24 模块上 TFT 控制器的寄存器进行数据写入操作，只不过寄存器写入函数仅指定当前要操作的 TFT 控制器的寄存器索引号，而数据的写入需要写入完整的 16 位数据，即高低 8 位的数据都将是有效的。

```
void LCD_DataWrite(LCDBYTE Dat)
{
    LCD_Ctrl_Set(LCD_A0 + LCD_RD);
    LCD_CS_CLR();
    LCD_Data_BUS_Clr();
    LCD_Data_BUS_Set((unsigned char)(Dat>>8));
    LCD_RW_CLR();
    LCD_RW_SET();
    LCD_Data_BUS_Clr();
    LCD_Data_BUS_Set((unsigned char)Dat);
    LCD_RW_CLR();
    LCD_RW_SET();
    LCD_CS_SET();
}
```

完成一个完整的数据写入需要对 MzT24 模块的 8 位数据总线进行连续两次写入操作，第一次写入 16 位数据的高 8 位，第二次将写入 16 位数据的低 8 位。

使用宏 LCD_Ctrl_Set 来控制多个端口的电平变化时，需要注意，这些同时控制的端口需要在同一组端口，比如 LCD_A0 和 LCD_RD 口线，就是同属于 GPIOB 的端口；这可以从 LCD_PortConfig.h 当中看出它的使用限制。

3. LCD 数据读出函数

与大多数 LCD 模块类似，MzT24 模块要读出显存中的数据时，如果是第一次读取数据（第一次指的是之前的一次或一次以上对模块的操作不是读操作），则需要先进行一次完整的空读操作。MzT24 模块内部的数据宽度为 16 位，但总线仅为 8 位，因此每次完整的读操作需要进行连续两次的对总线读操作，第一次读出的是数据的高 8 位，第二次读的为低 8 位数据。

```
LCDBYTE LCD_DataRead(void)
{
    LCDBYTE Read_Data;
    LCD_Data_In();
    LCD_A0_SET();
    LCD_CS_CLR();
    LCD_RD_CLR();
    LCD_RD_SET();
    LCD_RD_CLR();
    LCD_RD_SET();
    LCD_RD_CLR();
    Read_Data = LCD_Data_Read();
    Read_Data = Read_Data<<8;
    LCD_RD_SET();
    LCD_RD_CLR();
    Read_Data |= LCD_Data_Read();
    LCD_RD_SET();
    LCD_CS_SET();
    LCD_Data_Out();
    return Read_Data;
}
```

读操作前先调用宏定义 LCD_Data_In()，则连接 MzT24 模块 8 个数据口的端口设置为输入口；然后片选（CS）置低电平、指令/数据选择线（A0 或者叫 RS）置高电平（以确定接下来的操作是对数据进行读/写操作）；然后读控制线（RD）连续两次进行跳变（一次跳变完成一个低的脉冲），这是一个完整的读数据操作，只是进行的空读操作。最后对读控制线进行读数据的触发时，就是读取的真正的数据了，分别两次操作读回数据的高 8 位和低 8 位。

该读数据函数的设计是针对突发性的读数据操作而设计的，且已考虑了对 MzT24 模块显存中数据的连续读取，所以每次读操作时都会在读回数据前进行一次完整的空读操作。

4. LCD 绘点函数

彩色 TFT 模块 MzT24 的驱动程序与之前介绍的通用 LCD 驱动程序的架构仍是一样的，基于 3 个有关显示模块控制时序的函数构建绘点函数，而上层的各种字符显示、图形显示等函数都基于它来完成。

MzT24 模块驱动程序当中的绘点函数与其他单色 LCD 模块的稍稍不一样，单色 LCD 模块的每一个屏幕上的像素点仅占用其显存中一个存储单元（一个 Byte）中的一位，所以单色 LCD 模块在进行绘点操作时需要通过对显存的“读—改—写”方式完成；而 MzT24 模块的每一个像素点需要使用 16 位宽度的数据来表示，只需要对需要操作的像素点所在的显存单元写入数据即可。

```
void Write_Dot_LCD(DOTBYTE x,DOTBYTE y,LCDBYTE i)
{
    LCD_RegWrite(0x20);
    LCD_DataWrite(x);
    LCD_RegWrite(0x21);
    LCD_DataWrite(y);
    LCD_RegWrite(0x22);
    LCD_DataWrite(i);
}
```

调用 LCD_RegWrite 函数将指定数据操作时对应的寄存器入口，0x20 寄存器用于设置当前操作显存对应的 X 轴坐标位置，0x21 寄存器用于设置当前操作显存对应的 Y 轴坐标位置，最后再将当前操作的寄存器指向 0x22，即接下来的数据操作是对应显存的。

5. LCD 初始化程序

同样，MzT24 模块也需要初始化后方可显示，而端口也需要初始化（这是针对 STM32 系列 MCU 的），有关初始化的几个函数如下：

```
unsigned short LCD_IndexAuto = 0;
void LCD_Init(void)
{
    //LCD 驱动所使用到的端口的初始化
    LCD_PortInit();
    //根据 LCD 显示的配置，设置 LCD 的数据地址指针自动增加特性
    if(LCD_XY_Switch == 1)
    {
```

```
    LCD_IndexAuto |= 0x0008;
    if(LCD_X_Rev == 0)
        LCD_IndexAuto |= 0x0020;
    else
        LCD_IndexAuto &= ~0x0020;
    if(LCD_Y_Rev == 0)
        LCD_IndexAuto |= 0x0010;
    else
        LCD_IndexAuto &= ~0x0010;
}
else
{
    LCD_IndexAuto &= ~0x0008;
    if(LCD_X_Rev == 0)
        LCD_IndexAuto |= 0x0010;
    else
        LCD_IndexAuto &= ~0x0010;
    if(LCD_Y_Rev == 0)
        LCD_IndexAuto |= 0x0020;
    else
        LCD_IndexAuto &= ~0x0020;
}
LCD_IndexAuto |= 0x1100;
//end
LCD_RE_CLR();
TimeDelay(50);
LCD_RE_SET();
TimeDelay(20);
LCD_RegWrite(0x01);
LCD_DataWrite(0x0100);                    //Driver Output Contral Register
   LCD_RegWrite(0x02);
LCD_DataWrite(0x0700);                    //LCD Driving Waveform Contral
  LCD_RegWrite(0x03);
LCD_DataWrite(LCD_IndexAuto);             //Entry Mode 设置
                                          //指针从左至右、自上而下的自动增模式
                                          //RGB 格式
                                          //16 位数据 2 次传输的 8 总线设置
LCD_RegWrite(0x04);
```

```
LCD_DataWrite(0x0000);                    //0x04 扫描控制寄存器设置
LCD_RegWrite(0x08);
LCD_DataWrite(0x0207);                    //0x08 显示控制寄存器 2 设置
LCD_RegWrite(0x09);
LCD_DataWrite(0x0000);                    //0x09 显示控制寄存器 3 设置
LCD_RegWrite(0x0A);
LCD_DataWrite(0x0000);                    //0x0A 帧扫描周期控制寄存器设置
LCD_RegWrite(0x0C);
LCD_DataWrite(0x0000);                    //0x0C 总线配置控制寄存器设置 1
LCD_RegWrite(0x0D);
LCD_DataWrite(0x0000);                    //0x0D 帧设置
LCD_RegWrite(0x0F);
LCD_DataWrite(0x0000);                    //0x0F 总线配置控制寄存器设置 1 2
TimeDelay(20);
LCD_RegWrite(0x07);
LCD_DataWrite(0x0101);                    //显示控制寄存器设置
TimeDelay(20);
LCD_RegWrite(0x10);
LCD_DataWrite(0x16B0);                    //0x10 电源控制寄存器设置 1
LCD_RegWrite(0x11);
LCD_DataWrite(0x0001);                    //0x11 电源控制寄存器设置 2
LCD_RegWrite(0x17);
LCD_DataWrite(0x0001);                    //0x17 电源控制寄存器设置 3
LCD_RegWrite(0x12);
LCD_DataWrite(0x0138);                    //0x12 电源控制寄存器设置 4
LCD_RegWrite(0x13);
LCD_DataWrite(0x0800);                    //0x13 电源控制寄存器设置 5
LCD_RegWrite(0x29);
LCD_DataWrite(0x0009);
LCD_RegWrite(0x2a);
LCD_DataWrite(0x0009);
LCD_RegWrite(0xa4);
LCD_DataWrite(0x0000);
LCD_RegWrite(0x50);
LCD_DataWrite(0x0000);                    //0x50 设置操作窗口的 X 轴开始列
LCD_RegWrite(0x51);
LCD_DataWrite(0x00EF);                    //0x51 设置操作窗口的 X 轴结束列
LCD_RegWrite(0x52);
LCD_DataWrite(0x0000);                    //0x52 设置操作窗口的 Y 轴开始行
```

```
    LCD_RegWrite(0x53);
    LCD_DataWrite(0x013F);                    //0x53 设置操作窗口的 Y 轴结束行
    LCD_RegWrite(0x60);                       //0x60 驱动输出寄存器设置
    LCD_DataWrite(0xA700);                    //设置屏幕的点数以及扫描的起始行
    LCD_RegWrite(0x61);
    LCD_DataWrite(0x0001);                    //0x61 驱动输出寄存器设置
    LCD_RegWrite(0x6A);
    LCD_DataWrite(0x0000);
    LCD_RegWrite(0x80);
    LCD_DataWrite(0x0000);
    LCD_RegWrite(0x81);
    LCD_DataWrite(0x0000);
    LCD_RegWrite(0x82);
    LCD_DataWrite(0x0000);
    LCD_RegWrite(0x83);
    LCD_DataWrite(0x0000);
    LCD_RegWrite(0x84);
    LCD_DataWrite(0x0000);
    LCD_RegWrite(0x85);
    LCD_DataWrite(0x0000);
    LCD_RegWrite(0x90);
    LCD_DataWrite(0x0013);
    LCD_RegWrite(0x92);
    LCD_DataWrite(0x0000);
    LCD_RegWrite(0x93);
    LCD_DataWrite(0x0003);
    LCD_RegWrite(0x95);
    LCD_DataWrite(0x0110);
    LCD_RegWrite(0x07);
    LCD_DataWrite(0x0173);
    LCD_Fill(LCD_INITIAL_COLOR);
}
```

需要说明的是，MzT24 模块 0x03 寄存器的设置可以根据用户需要来选择合适的配置，这将决定 MzT24 模块的地址指针 AC 的自动增长方式、顺序，以及 TFT 像素点的三基色信息排布选择等。这在一些特殊应用中很有用，特别对于使用 MzT24 模块时用户需要将屏幕的显示进行软件坐标变换时非常有用；从代码中就可以看到，0x03 寄存器值的设置是由 *X* 和 *Y* 轴的坐标关系来决定的。

MzT24 模块初始化时需要设置大量寄存器，请参考模块控制寄存器手册中的介绍。

6. 显存操作地址设置函数

显存操作地址设置函数(Set_Dot_Addr_LCD)用来设置当前模块中操作的显存的地址，如下：

```
void Set_Dot_Addr_LCD(DOTBYTE x,DOTBYTE y)
{
    LCD_RegWrite(0x20);
    LCD_DataWrite(x);
    LCD_RegWrite(0x21);
    LCD_DataWrite(y);
    LCD_RegWrite(0x22);
}
```

通过设置寄存器 0x20 和 0x21 的数值可以设置好当前操作的显存地址，最后再将寄存器设置到 0x22 上，此时就可以对指定地址的显存进行连续写入或者读出的操作了。

7. 全屏填充函数

全屏填充函数(LCD_Fill)可以快速地完成整屏同一种颜色的填充，如下：

```
void LCD_Fill(LCDBYTE Data)
{
    DOTBYTE i,j = 0;
    Set_Dot_Addr_LCD(0,0);
    for(i = 0;i<= Dis_Y_MAX;i++)                //往 LCD 中填充初始化的显示数据
    {
        for(j = 0;j<= Dis_X_MAX;j++)
        {
            LCD_DataWrite(Data);
        }
    }
}
```

全屏填充函数会将当前操作的显存地址指向屏的坐标系统原点，即 X 和 Y 轴位置都为 0 的位置，然后连续地写入显存数据，数据的个数与屏上的点数相同。

8. 连续填充数据函数

连续填充数据函数(LCD_Fill_s)的设计，主要考虑在 LCD 显示操作时需要连续的数据写入操作。该函数将不设置显示模块当前操作显存地址，仅连续填充所需数量同一种颜色的数据。

```
void LCD_Fill_s(DWORD Number,LCDBYTE Color)
{
    while(Number!= 0)
    {
        LCD_DataWrite(Color);
        Number -- ;
    }
}
```

7.3.3 修改 LCD_Config.h 的配置

MzT24 模块比 MzL02 模块点数多了许多，而且数据的位宽也变成了 16 位（此处的数据位宽并不指总线端口的位宽，而是指每个像素点需要用多少位的数据来表示其显示的状态），所以必需对配置文件进行一些修改，如下：

```
typedef unsigned short LCDBYTE;      //重定义有关 LCD 的，也即 LCD 当中的数据位宽
typedef unsigned short DOTBYTE;      //重定义有关 LCD 的，也即 LCD 的点阵数量
typedef signed short   DISWORD;      //重定义在 LCD_Dis.c 文件中一些中间处理的数据的宽度

typedef const unsigned char FLASH1;  //重定义驱动当中存放到 CODE 的数据类型声明

#define LCD_X_MAX          240 - 1  //屏幕的 X 轴的物理宽度
#define LCD_Y_MAX          320 - 1  //屏幕的 Y 轴的物理宽度
typedef unsigned char   BYTE;
typedef unsigned short WORD;
typedef unsigned long   DWORD;
typedef unsigned int    BOOL;
```

7.3.4 一些简单的速度优化

至此，通用 LCD 驱动程序基本上已经修改完成。其实除了 TFT 模块的控制方法以及相关寄存器的设置方法比较麻烦外，整个程序修改的过程还是比较简单的，更多的工作是修改一些宏的定义，然后修改几个基本函数，很多有经验的工程师都能很快完成驱动程序的移植。

相比单色液晶模块，彩色 TFT 液晶模块在绘制图形、显示图片时，需要传输的数据量会大大增多，所以可以将一些需要频繁调用的子程序进行优化。这里将 LCD_DataWrite 函数和 LCD_RegWrite 函数进行了调整，将它们用宏定义的形式封装成函数，这样可以为频繁调用时省掉一些参数传递以及堆栈操作的时间。因此，将 LCD_DataWrite 函数和 LCD_RegWrite 函数从 LCD_Driver_User.c 中移除，而在 LCD_PortConfig.h 当中对其进行宏定义：

```
#define LCD_RegWrite(n)        LCD_A0_CLR();LCD_CS_CLR();LCD_RW_CLR();\
                               LCD_RW_SET();LCD_Data_BUS_Clr();\
                               LCD_Data_BUS_Set(n);\
                               LCD_RW_CLR();LCD_RW_SET();LCD_CS_SET()
#define LCD_DataWrite(n)       LCD_Ctrl_Set(LCD_A0 + LCD_RD);LCD_CS_CLR();\
                               LCD_Data_BUS_Clr();\
                               LCD_Data_BUS_Set((unsigned char)(n>>8));\
                               LCD_RW_CLR();LCD_RW_SET();LCD_Data_BUS_Clr();\
                               LCD_Data_BUS_Set((unsigned char)n);LCD_RW_CLR();\
                               LCD_RW_SET();LCD_CS_SET()
```

使用宏定义来替代函数可以使该函数被调用时省掉堆栈的处理以及参数传递、返回的操作。在一些频繁调用的函数里，使用宏定义可以让代码的执行速度更快一些，但是会增加代码量。

第 8 章

TFT 模块的扩展功能驱动程序

通用 LCD 驱动程序中对于一些字符显示、简单绘图操作是足够的，当然它们也是作为图形界面编程的最底层功能模块；但使用 LCD 模块进行人机界面的设计时经常会结合 LCD 模块的自身特点来做一些扩展功能的程序，以充分利用该模块的特点来达到预期的效果。例如，MzT24 模块提供了一个很好的功能——窗口操作，即在显存对应的显示区域内设置一个指定的显示区域窗口，然后可以对其进行连续的数据写入/读出操作，此时 MzT24 模块 TFT 控制器的 AC 地址指针按照设置的增长方向在该窗口范围内依次(每进行一次数据操作移动一次 AC)变化；这对于进行矩形区域填充数据是非常有用的。

本章设计的两个扩展功能驱动程序也是基于通用 LCD 驱动程序的，整合了一些在图形界面绘制时经常使用的功能函数：

➤ 驱动功能扩展程序：LCD_Extend. c

➤ 窗口操作功能扩展程序：Dis_Window. c

它们与通用 LCD 驱动程序的关系如图 8－1 所示。

为了简化设计，本书附带的例程对基于底层的通用 LCD 驱动程序提出了要求：在 *X* 和 *Y* 轴坐标系不进行交换的前提下扩展的 LCD_Extend. c 和 Dis_Window. c。也就是说，在此 LCD_Config. h 中含有关于 *X* 和 *Y* 轴坐标体系的定义都要为 0。

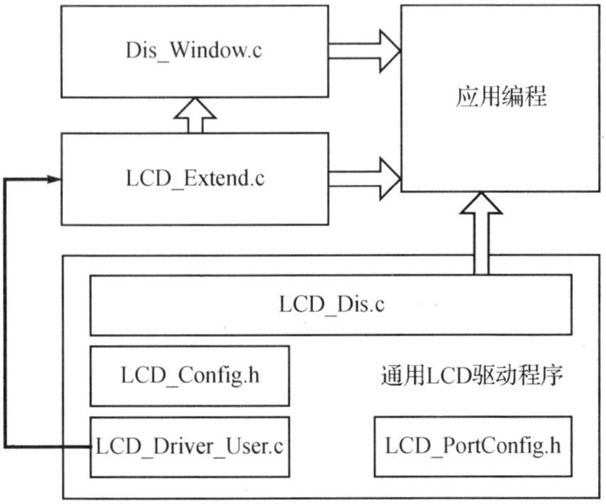

图 8－1　功能扩展程序架构示意图

8.1　驱动功能扩展程序 LCD_Extend

8.1.1　一些有用的功能扩展

如果没有编写 LCD_Extend.c 扩展功能程序，单纯利用通用 LCD 驱动程序的功能程序也一样可以实现所需要的绘图效果，只是这样不能充分发挥 LCD 模块上控制器的特性。比如 LCD_Extend.c 文件提供的代码基本上都是针对窗口操作的功能进行设计的，不单单是为了充分发挥 LCD 控制器的特性，也是为了使一些 TFT LCD 模块进行各种绘图操作时保持常用功能程序接口的通用性和可移植性。

LCD_Extend.c 提供了一个窗口填充的功能函数，实际上，它所完成的绘图效果与通用 LCD 驱动程序中填充矩形是一样的，只不过在利用 LCD 的特性后完成的速度加快了。

8.1.2　功能代码分析

LCD_Extend.c 中分了两层功能函数，一类是前面带有“LCD_”前缀的，一类是没有的；显然，希望用户在应用层直接调用该文件的功能函数时调用的是后者。

1. 设置窗口函数

窗口的设置很简单，只需要重新设置 0x50～0x53 的寄存器值即可；相当于重新设置一个对应在原 TFT 屏显示区域中的一个窗口范围，分别要设置窗口在原坐标系的 *X*、*Y* 轴起点以及终点。设置完成后，调用 Set_Dot_Addr 函数将当前操作的显存地址指针指向该窗口左上角原点位置。

```
//========================================================================
// 函数：void LCD_SetWindow(unsigned int x_s,unsigned int y_s,
//                         unsigned int x_e,unsigned int y_e)
// 描述：设置窗口模式,并将地址指向窗口的首地址
// 参数：x_s 窗口在 LCD 屏上的物理 X 轴开始位置
//       y_s 窗口在 LCD 屏上的物理 Y 轴开始位置
//       x_e 窗口在 LCD 屏上的物理 X 轴结束位置
//       y_e 窗口在 LCD 屏上的物理 Y 轴结束位置
// 版本
//      2008/01/15      First version
//========================================================================
void LCD_SetWindow(unsigned int x_s,unsigned int y_s,unsigned int x_e,unsigned int y_e)
{
    if(x_e>Dis_X_MAX) x_e = Dis  _X_MAX;
```

```
    if(y_e>Dis_Y_MAX) y_e = Dis _Y_MAX;
    LCD_RegWrite(0x50);
    LCD_DataWrite(x_s);                  //设置操作窗口的 X 轴开始列
    LCD_RegWrite(0x51);
    LCD_DataWrite(x_e);                  //设置操作窗口的 X 轴结束列
    LCD_RegWrite(0x52);
    LCD_DataWrite(y_s);                  //设置操作窗口的 Y 轴开始行
    LCD_RegWrite(0x53);
    LCD_DataWrite(y_e);                  //设置操作窗口的 Y 轴结束行
    LCD_RegWrite(0x03);
    Set_Dot_Addr(x_s,y_s);
}
```

2. 结束窗口操作设置

结束窗口操作的设置很简单，只要把窗口的范围设置成实际屏蔽的大小就可以了，也就是把起点的 X、Y 轴坐标设回 0，然后终点的 X、Y 轴坐标设置到最大即可。

```
void LCD_EndWindow(void)
{
    LCD_RegWrite(0x50);
    LCD_DataWrite(0x0000);               //设置操作窗口的 X 轴开始列
    LCD_RegWrite(0x51);
    LCD_DataWrite(0x00EF);               //设置操作窗口的 X 轴结束列
    LCD_RegWrite(0x52);
    LCD_DataWrite(0x0000);               //设置操作窗口的 Y 轴开始行
    LCD_RegWrite(0x53);
    LCD_DataWrite(0x013F);               //设置操作窗口的 Y 轴结束行
}
```

3. 填充矩形区域函数

LCD_Extend.c 中提供了一个填充矩形区域的函数，与通用 LCD 驱动程序中绘制矩形块是一样的作用，只不过利用了窗口特性，运行速度加快。

```
//==========================================
// 函数：void LCD_FillWindow(unsigned int x_s,unsigned int y_s,unsigned int x_e,
//                           unsigned int y_e,unsigned int Color)
// 描述：填充窗口
// 参数：x_s 窗口在 LCD 屏上的物理 X 轴开始位置
//       y_s 窗口在 LCD 屏上的物理 Y 轴开始位置
//       x_e 窗口在 LCD 屏上的物理 X 轴结束位置
```

```
//        y_e窗口在LCD屏上的物理Y轴结束位置
//        Color     填充色
// 版本：
//       2008/01/15        First version
//================================================
void LCD_FillWindow(unsigned int x_s,unsigned int y_s,unsigned int x_e,
    unsigned int y_e,unsigned int Color)
{
    unsigned int Dot_Nums = 0;
    if(x_e>LCD_X_MAX) x_e = Dis_X_MAX;
    if(y_e>LCD_Y_MAX) y_e = Dis_Y_MAX;
    LCD_RegWrite(0x50);
    LCD_DataWrite(x_s);                    //设置操作窗口的X轴开始列
    LCD_RegWrite(0x51);
    LCD_DataWrite(x_e);                    //设置操作窗口的X轴结束列
    LCD_RegWrite(0x52);
    LCD_DataWrite(y_s);                    //设置操作窗口的Y轴开始行
    LCD_RegWrite(0x53);
    LCD_DataWrite(y_e);                    //设置操作窗口的Y轴结束行
    LCD_RegWrite(0x03);
    Dot_Nums = (x_e-x_s+1)*(y_e-y_s+1);
    Set_Dot_Addr(x_s,y_s);
    LCD_Fill_s(Dot_Nums,Color);
    LCD_RegWrite(0x50);
    LCD_DataWrite(0x0000);                 //设置操作窗口的X轴开始列
    LCD_RegWrite(0x51);
    LCD_DataWrite(0x00EF);                 //设置操作窗口的X轴结束列
    LCD_RegWrite(0x52);
    LCD_DataWrite(0x0000);                 //设置操作窗口的Y轴开始行
    LCD_RegWrite(0x53);
    LCD_DataWrite(0x013F);                 //设置操作窗口的Y轴结束行
}
```

在LCD_FillWindow函数中，先根据要填充的区域设置好该区域的窗口范围，然后连续地将数据填充至该窗口，而无需在填充过程中判断以及改变填充点的地址；它会从该窗口起始点开始将数据填入显存，填充的数量由该窗口范围内像素点的数量决定。

在前面程序的基础上，我们再将其封装，并将其作为用户调用的接口，主要是以下3个函数：

➢ 填充窗口区域函数(FillWindow)；

➤ 窗口设置函数(SetWindow);

➤ 结束窗口设置函数(EndWindow)。

```
//=============================================
// 函数：void FillWindow(unsigned int x_s,unsigned int y_s,unsigned int x_e,
//                              unsigned int y_e,unsigned int Color)
// 描述：填充窗口
// 参数：无
// 返回：无
//=============================================
void FillWindow(unsigned int x_s,unsigned int y_s,unsigned int x_e,unsigned int y_e,
    unsigned int Color)
{
    Match_xy(x_s,x_e);
    Match_xy(y_s,y_e);
    LCD_FillWindow(x_s,y_s,x_e,y_e,Color);
}
//=============================================
// 函数：void SetWindow(unsigned int x_s,unsigned int y_s,unsigned int x_e,
//                         unsigned int y_e)
// 描述：设置 LCD 进入窗口模式
// 参数：
//=============================================
void SetWindow(unsigned int x_s,unsigned int y_s,unsigned int x_e,unsigned int y_e)
{
    Match_xy(x_s,x_e);
    Match_xy(y_s,y_e);
    LCD_SetWindow(x_s,y_s,x_e,y_e);
}
//=============================================
// 函数：void EndWindow(void)
// 描述：设置 LCD 结束窗口模式
// 参数：无
//=============================================
void EndWindow(void)
{
    LCD_EndWindow();
}
```

其中,宏定义 Match_xy 在 LCD_Config.h 中定义,可以比较两个参数的大小,如果第二个参数小于第一个参数,则调换两个参数。

8.2 窗口操作功能扩展程序 Dis_Window

8.2.1 窗口功能扩展程序的必要性

Dis_Window. c 中定义的函数实际上与 LCD_Extend. c 中的函数在功能上是基本类似的，只不过 Dis_Windw. c 中的代码基本上就是用于本书介绍的 BMP 文件、JPG 文件解码显示的，更多偏向于软件的层面，基于 LCD_Extend. c 衔接 BMP 文件、JPG 文件解码显示。这样做是为了在移植解码显示程序到另外的 MCU 平台或者 TFT 液晶模块上时，不会由于 MCU 或 TFT 模块的特性不一样而导致改动的代码变得繁杂，尽可能地把需要改动的地方限制在 Dis_Window 中即可。

8.2.2 功能代码分析

Dis_Window. c 中的代码偏向软件层面，其中定义了一个结构体：

```
typedef struct DIS_WINDOW{
    unsigned short x_s;
    unsigned short x_e;
    unsigned short y_s;
    unsigned short y_e;
    unsigned short Witch;
    unsigned short Hight;
    unsigned char XY_Match;                  //宽和高比结果,1:宽>高  0:宽<高
    unsigned char XY_Switch;
    unsigned short x_ss;
    unsigned short x_se;
    unsigned short y_ss;
    unsigned short y_se;
    unsigned short x_n;
    unsigned short y_n;
}Dis_Window;
```

与 LCD_Extend. c 中的一样，为了简化设计，本书提供的范例将对一些功能进行裁减，所以上面的结构体变量中有一些定义对于读者理解此书是没有意义的，比如 XY_Switch 是一个标识要开辟窗口(Window)的 X、Y 轴倒置标识，而在本书介绍的范例仅作为扩展内容，不做介绍。所以，接下来仅介绍 3 个用户可使用到的功能函数接口。

结构体变量 x_s、x_e、y_s、y_e 保存了创建窗口的范围参数；Witch 为窗口的宽度，Hight 为窗口的高度；x_ss、x_se、y_ss、y_se 保存了开辟的窗口中再嵌入一个小窗口的范围参数；x_n 和 y_n 要根据实际情况决定用还是不用，表示相对于当前窗口显存地址的坐标位置，即相当于指明了当前操作窗口内的显存位置，是相对当前窗口的。

1. 窗口创建函数

窗口创建函数(Dis_Window_Creat)将创建一个窗口，实际上是将窗口结构体变量中的各个参数初始化，以便于在绘图操作时对已创建的窗口进行操作。

```
//==============================================================
// 函数：void Dis_Window_Creat(Dis_Window * Win,unsigned short x_s,
//                  unsigned short y_s,unsigned short x_e,unsigned short y_e)
// 描述：创建新窗口
// 参数：....
// 返回：无
//==============================================================
void Dis_Window_Creat(Dis_Window * Win,unsigned short x_s,unsigned short y_s,
                unsigned short x_e,unsigned short y_e)
{
    Win-> x_s = x_s;
    Win-> x_e = x_e;
    Win-> y_s = y_s;
    Win-> y_e = y_e;
    Win-> Witch = x_e-x_s+1;
    Win-> Hight = y_e-y_s+1;
    if(Win-> Witch>Win-> Hight) Win-> XY_Match = 1;
    else Win-> XY_Match = 0;
    Win-> XY_Switch = 0;
}
```

窗口创建函数相当于一个结构体变量赋值的函数，如上代码所述，它仅仅是将要创建窗口的数据赋值到一个传递了地址进来的 Dis_Window 结构体变量；而这个结构体变量将用在 BMP 文件以及 JPG 文件解码显示的调用中，用来告知显示程序要显示的图像需要在该窗口范围中。如果图像像素点尺寸大于该窗口，则图像缩小显示。

从上面的代码可看出，Dis_Window_Creat 函数并没有做任何实际性的硬件操作，仅仅是赋值而已。Win 参数是一个窗口结构体变量，用于保存创建窗口的相关参数，以供窗口操作以及绘图操作使用；它将成为一个应用程序的操作对象。

2. 子操作窗口建立函数

子操作窗口建立函数(Dis_SetWindow)将在已创建好窗口(由传递进来的 Dis_Window

结构体变量决定)的基础上创建一个真正要进行窗口操作的操作窗，而在建立窗口之前，先将各个与要建立的操作窗口的相关参数设置好；最后调用 LCD_Extend.c 中的 LCD_SetWindow 函数来创建操作窗口，并进入窗口操作状态。

实际上，Dis_SetWindow 函数与 LCD_Extend.c 中 LCD_SetWindow 的功能基本一样，只不过 Dis_SetWindow 函数多了一些对结构体变量的赋值，这些都将在 BMP/JPG 文件解码显示时有用。

```
void Dis_SetWindow(Dis_Window * Win,unsigned short x_s,unsigned short y_s,unsigned short x_e,un-
signed short y_e)
{
    Match_xy(x_s,x_e);
    Match_xy(y_s,y_e);
    Win-> x_ss = x_s;
    Win-> x_se = x_e;
    Win-> y_ss = y_s;
    Win-> y_se = y_e;
    Win-> x_n = x_s;
    Win-> y_n = y_s;
    if(Win-> XY_Switch)
    {
        y_s = Win-> x_e-y_s;
        x_s = Win-> y_s+x_s;
        x_s = x_s+y_s;
        y_s = x_s-y_s;
        x_s = x_s-y_s;

        y_e = Win-> x_e-y_e;
        x_e = Win-> y_s+x_e;
        x_e = x_e+y_e;
        y_e = x_e-y_e;
        x_e = x_e-y_e;
    }
    else
    {
        x_s = x_s+Win-> x_s;
        y_s = y_s+Win-> y_s;
        x_e = x_e+Win-> x_s;
        y_e = y_e+Win-> y_s;
    }
```

```
    LCD_SetWindow(x_s,y_s,x_e,y_e);
}
```

建立子操作窗口时需要注意，Win 参数指向的窗口结构体变量一定要先创建好；而子操作窗口的概念并不是指 Win 窗口结构体变量中的窗口大小，而是指在已创建好窗口的基础上建立一个真正可以操作的窗口区域。该子操作窗口的大小及位置需要包含在创建好的窗口 Win 中，它们的关系如图 8-2 及图 8-3 所示。

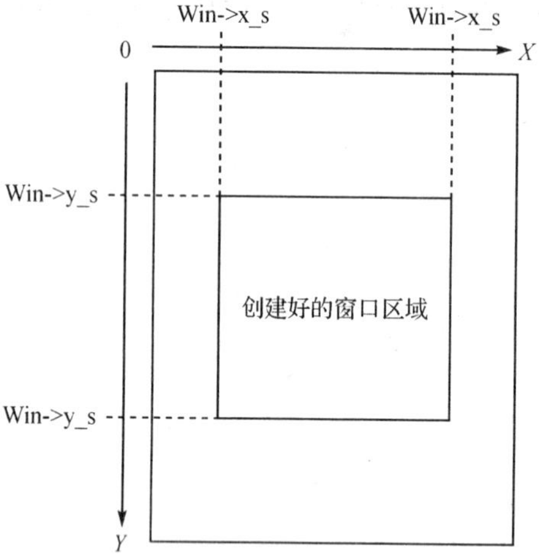

图 8-2　在屏幕上创建一个窗口(Win)

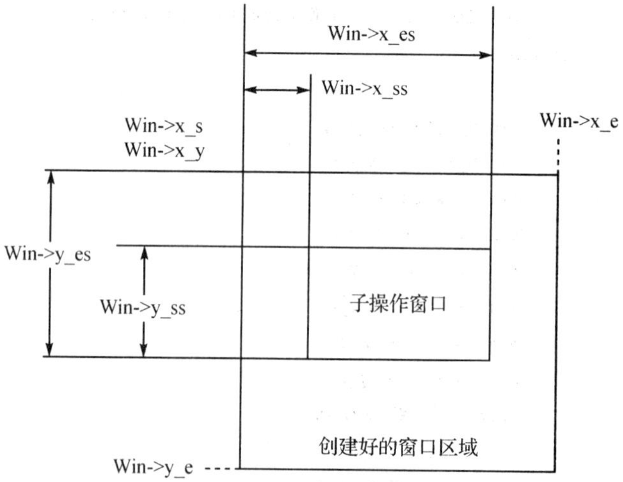

图 8-3　在已创建好的窗口上建立一个子操作窗口

子操作窗口的建立实际上是在已创建好的一个虚拟窗口中建立一个相对于该虚拟窗口的子操作窗口，真正的绘图操作将在子操作窗口中进行。

3. 子操作窗口数据填充函数

子操作窗口建立后就可以对其进行数据的填充；对于彩色图像的显示，它的作用在于开辟一个与图像尺寸大小相等或与其比例相符的子操作窗口，从而将彩色图像中的数据连续地填充到子操作窗口中，以更快地显示图像。

```
void Dis_WindowFillDot(Dis_Window * Win,unsigned short Dat)
{
    LCD_DataWrite(Dat);
/*     if(Win-> x_n<Win-> x_se) Win-> x_n++;
    else
    {
        Win-> x_n = Win-> x_ss;
        if(Win-> y_n<Win-> y_se) Win-> y_n++;
```

```
        else Win-> y_n = Win-> y_ss;
        Set_Dot_Addr(Win-> x_n,Win-> y_n);
    } */
}
```

子操作窗口数据填充函数从功能上看就是向创建好窗口的子操作窗(调用 Dis_SetWindow 函数建立的操作窗)中填充像素数据。从代码中可以看到,部分代码是屏蔽掉的(已用粗体标出),这部分代码对于本身带有窗口操作模式的 MzT24 模块来说是没有意义的(TFT 控制器可以自行根据窗口来切换和跳变当前显存地址);但对于一些没有提供窗口操作功能的彩色 TFT 显示模块来说,它将从软件中保证数据的连续填充是在所开辟的子操作窗口中显示。

8.2.3　Dis_Window 的作用

可以这么理解 Dis_Window 的代码:它是服务于 BMP/JPG 文件解码显示的,希望读者对它的理解停留在其中函数的功能上;如需要深入理解,则可以自行体会,但还是建议先从功能入手。

第9章

RGB565格式图像取模显示

9.1 RGB565格式图像取模显示简介

彩色TFT模块通常采用16位色表示。三基色(红R、绿G、蓝B)分量在一个16位的数据中,排列顺序多为565(一般称为RGB565)的格式,这在第7章介绍MzT24模块的颜色对应关系时已有说明。利用TFT模块显示彩色图像时,往往都会将彩色图像的像素点按照TFT模块的颜色对应关系取出该图像像素点的数据,我们称这个过程为取模。取完模后的彩色图像数据实际上是一个彩色的位图信息数组,其数据排列顺序一般都是从图像左上角的第一个点开始向右边排列,到达图像最右边的像素点后再切换到下一行的像素点,直到把数据排到右下角的像素点。因此,对于这种方式,利用工具将图像的彩色信息取模后再由程序控制显示在TFT屏上是很简单的,也在一定程度上将图像文件中的一些多余信息去掉,且将一些与TFT屏像素颜色深度不一样的处理成TFT屏可以接受的样式。

将图像进行RGB565的取模后再显示在TFT屏上是最简单、最省资源的方式,通常会使用在一些资源相对较小的MCU平台上。当然,所谓的节省资源并不是单纯地指存储空间的节省,更多是指这样的图像取模后的显示操作可以更快地完成;毕竟一张240×320点阵、16位色的图像数据就需要153 600字节的数据,还是较大的。在实际的方案设计中,除了背景图片之外,都会将一些小图标、LOGO或者小块的彩色图案按RGB565取模后再显示,这在界面切换以及动态显示时可以做得效果更好一些。

图9-1是范例中利用RGB565格式取模程序的架构示意。

RGB565Dis.c中的代码较简单,显示程序直接设用了LCD_Driver_User.c中的底层函数。

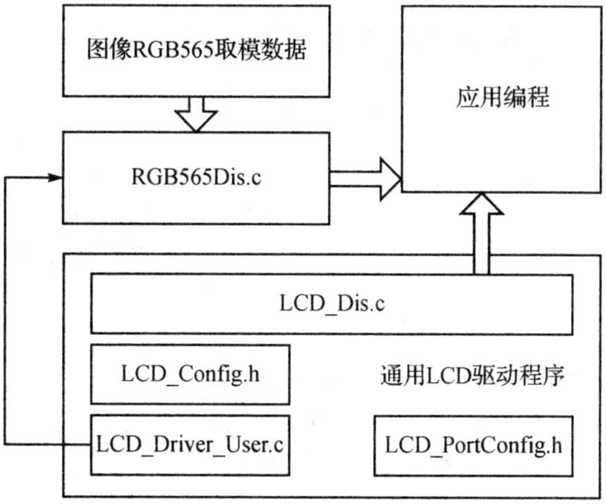

图 9-1 RGB565 图像取模显示程序的架构示意图

9.2 图像取模

9.2.1 工具简介

彩色图片的 RGB565 取模可以利用一些方便的工具;最常用的是 BMP2RGB. exe 工具,可以取出 8 位、12 位、16 位以及 18 位的 RGB 图像数据,而生成的数据可以按照 8 位或者 16 位的数据宽度进行存储。可以从网络上找到 BMP2RGB. exe 工具的下载。图 9-2 为 BMP2RGB 工具的界面。

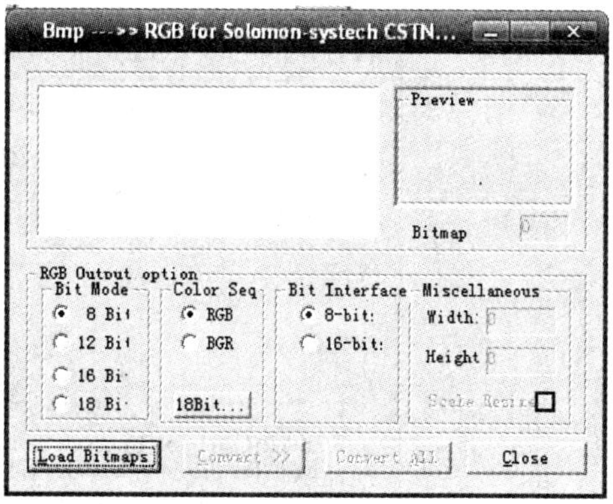

图 9-2 BMP2RGB 工具的界面

9.2.2 彩色图像 RGB565 取模的步骤

本小节介绍一个显示 16 位 RGB565 格式图像数据的程序,因此接下来需要了解该例程所要求的图像数据的提取方法。

单击 Load Bitmaps 按钮,则可以在此处载入一个 BMP 文件,通常都是 24 位色的 BMP 彩色图像文件。载入一个图像文件,如图 9-3 所示。

载入 BMP 文件后,就可以在右侧的预览框看到图片的大概图案;只不过有些变形失真,这个并不重要,是软件本身设计的固有问题。而载入 BMP 文件后,需要设置 Bit Mode 为 16 位,选择 Color Seq 为 RGB 的排列,选择 Bit Interface 为 16-bit,如图 9-4 所示。

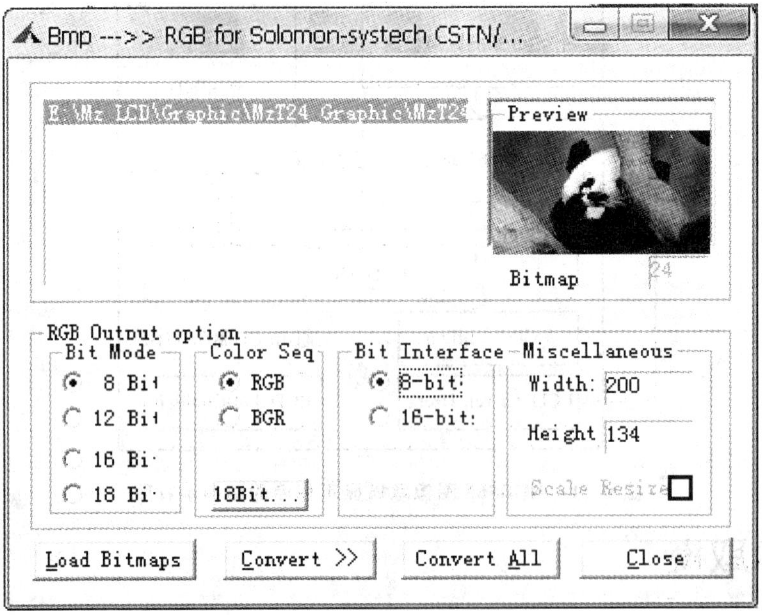

图 9-3　BMP2RGB 打开图像文件

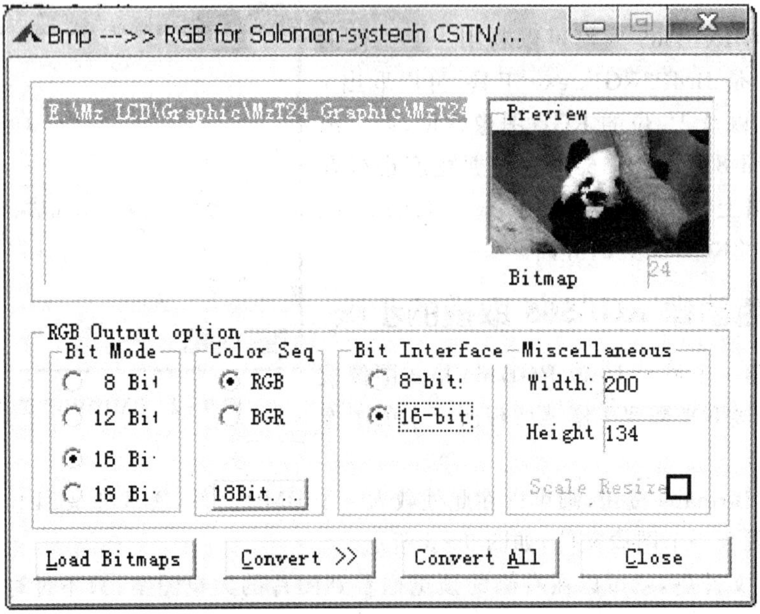

图 9-4　针对 RGB565 图像取模设置软件

设置完成后单击 Convert 按钮，则打开一个保存文件的对话框，选择好文件要保存的路径后，单击“确定”按钮，则进行转换。转换完成后就出现一个系统提示对话框，如图 9-5 所示。

图 9-5　图像取模完成提示对话框

BMP2RGB.exe 工具在完成图片转换后一般会生成一个后缀为.h 的头文件，前面的图片转换后的.h 文件内容概要如图 9-6 所示。

这个取模生成的文件将作为图像的资源加入后面介绍的工程，程序将从数组中提取数据传送给 MzT24 模块进行显示。

```
/* RGB color sequence is :  RRRRRGGGGGGBBBBB
  Color data : 16 bits
 original bmp size : 200 x 134 ; bit per pixel : 24
  Bits Interface : 16  */
unsigned int code xongmao[]={
0x4a49, 0x4a49, 0x4a29, 0x4249, 0x4229, 0x4249, 0x4228, 0x4249, 0x4269, 0x4249,
0x4a69, 0x4269, 0x4248, 0x4a69, 0x4269, 0x4a69, 0x4a69, 0x4a69, 0x4a69, 0x4a69,
0x4a8a, 0x4a8a, 0x4aaa, 0x4aaa, 0x4aaa, 0x4aaa, 0x4aab, 0x4a6a, 0x4a8a, 0x4a69,
0x52ab, 0x52cb, 0x52cb, 0x52cc, 0x5aca, 0x5aeb, 0x5aea, 0x5b0b, 0x630b, 0x5b0c,
0x73ad, 0x73ad, 0x73ad, 0x73ad, 0x738d, 0x738d, 0x738d, 0x738d, 0x738d, 0x7bce,
0x6b4c, 0x6b6c, 0x6b4c, 0x636c, 0x634c, 0x6b2c, 0x6b2b, 0x6309, 0x5a86, 0x7b29,
0xa44d, 0x9c0c, 0x9c0d, 0x9c0d, 0x9c0d, 0x9bec, 0x9bed, 0xac6e, 0x9c4e, 0xb4f0,
0x838b, 0x7b4b, 0x6b4a, 0x4a26, 0x3a07, 0x4208, 0x4207, 0x4227, 0x4207, 0x4227,
0x5289, 0x52a9, 0x52aa, 0x5aca, 0x5aca, 0x5aca, 0x5aca, 0x5aaa, 0x5aca, 0x5aca,
0x4a46, 0x2942, 0x18c0, 0x0860, 0x18c1, 0x2963, 0x39c4, 0x39c4, 0x31a3, 0x3182,
```

图 9-6　彩色图像 RGB565 取模后的数据

9.3　代码分析

本书介绍的 RGB565 图像显示的工程名为 RGB565_Show，是 Keil MDK 中的 ARM 工程。打开工程后，可以看到工程的文件结构，如图 9-7 所示。

- STM32F10x_vector.s　　STM32 的启动文件，随着 STM32 应用库而使用的文件，一般不做修改；
- STM32F10X.lib　　STM32 的库文件；
- cortexm3_macro.s　　STM32 的一些宏定义，必需的；
- stm32f10x_conf.h　　STM32 的库配置文件；
- stm32f10x_it.c　　STM32 的中断定义文件；
- STM32F10X_System.c　　当前工程的系统初始化，包括晶体初始化、中断初始化以及端口初始化；
- main.c　　主程序文件；

➤ LCD_Driver\　LCD 驱动程序集，LCD_PortConfig.h 中有端口定义；
➤ LCD_Extend\　LCD 通用驱动程序集的扩展程序集，根据 LCD 特性写的一些应用程序接口；
➤ Graphic\RGB565Dis.h/.c　RGB565 图像取模数据显示；
➤ xongmao.h　用 Bmp2RGB.exe 转换的 BMP 文件的图像取模数组；
➤ Lovery03.h　用 Bmp2RGB.exe 转换的 BMP 文件的图像取模数组；

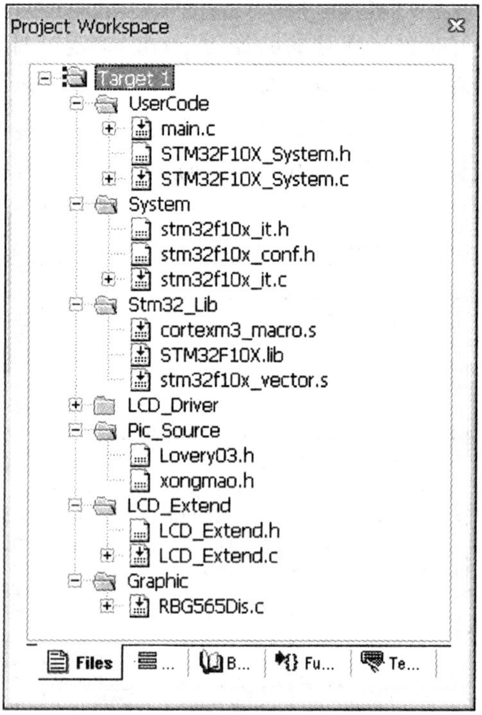

图 9－7　RGB565_Show 工程文件构成

有关工程的设置以及相关文件的关系就不过多解释。xongmao.h 文件即为前面使用 BMP 文件取模工具提取出来的图像数据文件，但并不能直接使用生成的数组定义，需要修改一下，如图 9－8 所示（由于字模数据量太大，图中仅选取截图一部分示意）。

如图 9－8 所示，通过工具转出来的数组是以 unsigned int code 进行定义的，而对于 STM32 系列的 ARM 芯片在 Keil 的编程环境时，需要将其修改为 const unsigned short。

```
/* RGB color sequence is :  RRRRRGGGGGGBBBBB
   Color data : 16 bits
  original bmp size : 200 x 134 ; bit per pixel : 24
   Bits Interface : 16  */
const unsigned short xongmao[]={
0x4a49, 0x4a49, 0x4a29, 0x4249, 0x4229, 0x4249, 0x4228, 0x4249, 0x4269, 0x42
0x4a69, 0x4269, 0x4248, 0x4a69, 0x4269, 0x4a69, 0x4a69, 0x4a69, 0x4a69, 0x4a
0x4a8a, 0x4a8a, 0x4aaa, 0x4aaa, 0x4aaa, 0x4aaa, 0x4aab, 0x4a6a, 0x4a8a, 0x4a
0x52ab, 0x52cb, 0x52cb, 0x52cc, 0x5aca, 0x5aeb, 0x5aea, 0x5b0b, 0x630b, 0x5b
0x73ad, 0x73ad, 0x73ad, 0x73ad, 0x738d, 0x738d, 0x738d, 0x738d, 0x738d, 0x7b
0x6b4c, 0x6b6c, 0x6b4c, 0x636c, 0x634c, 0x6b2c, 0x6b2b, 0x6309, 0x5a86, 0x7b
0xa44d, 0x9c0c, 0x9c0d, 0x9c0d, 0x9c0d, 0x9bec, 0x9bed, 0xac6e, 0x9c4e, 0xb4
0x838b, 0x7b4b, 0x6b4a, 0x4a26, 0x3a07, 0x4208, 0x4207, 0x4227, 0x4207, 0x42
0x5289, 0x52a9, 0x52aa, 0x5aca, 0x5aca, 0x5aca, 0x5aca, 0x5aaa, 0x5aca, 0x5a
0x4a46, 0x2942, 0x18c0, 0x0860, 0x18c1, 0x2963, 0x39c4, 0x39c4, 0x31a3, 0x31

0x4a49, 0x4249, 0x4a49, 0x4229, 0x4249, 0x4249, 0x4249, 0x4249, 0x4229, 0x42
0x4269, 0x4269, 0x4269, 0x4248, 0x4268, 0x4a69, 0x4a69, 0x4a69, 0x4a69, 0x4a
0x4aaa, 0x4aaa, 0x4aaa, 0x4a69, 0x4a8a, 0x4a8a, 0x4a8a, 0x526a, 0x4269, 0x4a
```

图 9－8　图像取模数据修改

范例工程中的主要函数是RGB565Dis.c中的E_GUI_RGB565函数，代码如下：

```
void E_GUI_RGB565(int x_s,int y_s,int x_w,int y_h,unsigned short *pic)
{
    unsigned int x_rw,y_rh,Temp_x,Temp_y;//,x_e,y_e;
    x_rw = x_w-1;
    y_rh = y_h-1;
    if(x_rw+x_s>(Dis_X_MAX)) x_rw = Dis_X_MAX - x_s;
    if(y_rh+y_s>(Dis_Y_MAX)) y_rh = Dis_Y_MAX - y_s;
    for(Temp_y = 0; Temp_y<=y_rh; Temp_y++)
    {
        Set_Dot_Addr(x_s,y_s+Temp_y);
        for(Temp_x=0;Temp_x<=x_rw;Temp_x++)
        {
            //Dis_WindowFillDot(&Win, *(pic+Temp_x));
            LCD_DataWrite( *(pic+Temp_x));
        }
        pic = pic+x_w;
    }
}
```

代码很简单，x_s和y_s参数为指定要显示的图像在屏幕左上角的起始位置坐标，而x_w为图像RGB565数组的像素点宽度，y_h为图像高度，指针pic为传递进来的要显示的RGB565图像取模数组首地址。

需要注意的是，在调用该函数进行图像显示时，一定要将x_w、y_h与实际图像的宽、高相符，否则显示出来的图形将无法预测。

代码仅在图像显示时每一行的起始设置一次地址，随后的数据直接从数组中提取并通过LCD_DataWrite函数将数据写入对应的显存当中。

注意：MzT24模块的显存地址指针(AC)是可以随着每一次完整的显存写入操作后自动完成指针移动的。

前面所介绍的函数调用起来很简单，可在main.c的主循环看到整个程序的过程：

```
#include "STM32F10x_lib.h"
#include "STM32F10x_System.h"
#include "Lovery03.h"
#include "xongmao.h"
#include "LCD_Extend.h"
extern void E_GUI_RGB565(int x_s,int y_s,int x_w,int y_h,unsigned short *pic);
void TimerDly(unsigned int Timer)
```

```
{
    unsigned int i = 0;
    while(Timer)
    {
        for(i = 0;i<1000;i ++ );
        Timer -- ;
    }
}
int main(void)
{
    System_Init();
    LCD_Init();                              //LCD 初始化
      while (1)
      {
        FillWindow(0,0,239,319,0x0000);
        FontSet(0,0xf800);
        PutString(5,10,"RGB565 Show Demo");
        TimerDly(80000);
        FillWindow(0,0,239,319,0x0000);
        E_GUI_RGB565(20,90,200,134,(unsigned short * )xongmao);
        TimerDly(80000);
        FillWindow(0,0,239,319,0x0000);
        E_GUI_RGB565(0,0,240,320,(unsigned short * )Lovery03);
        TimerDly(80000);
      }
}
```

其中，TimerDly 是一个简单的延时程序，没有计算延时时长，只是为了延时而延时。而在主循环中调用了一个 FillWindow 函数，这是 LCD_Extend.c 中的功能函数；正如代码当中那么使用的，相当于全屏填充黑色。

9.4 显示效果参考

两幅图片的原始图片如图 9－9 所示，经过图片取模后在 MzT24 模块上显示的效果如图 9－10所示。

图 9－9　原始图片

图 9－10　MzT24 模块上显示效果示意图

第 10 章

BMP 文件解码显示

10.1　BMP 文件解码显示简介

BMP 文件的解码显示实际上并不难，只要了解 BMP 文件的结构就容易多了。因此，本章简单介绍 BMP 文件的结构、示例如何分析 BMP 文件以提取出所需要的图像信息，并把 BMP 文件中的图像像素点的颜色信息转换为适合 TFT 屏显示的 RGB565 格式数据，再按照位置将图像中各个点显示在 TFT 屏上。

与很多 Windows 中的文件类似，BMP 文件也有很多种不同的格式，这里只介绍最常见的格式，一般来说对于常用、常看到的 BMP 文件都是适用的。

BMP 文件解码显示的代码是基于 Dis_Window.c 中代码的，工程的文件架构如图 10－1 所示。

如图 10－1 所示，BMP 文件在本章介绍的例程中为一个与图像名称同名的 C 文件，里面定义的是一个数组。该数组的数据即为 BMP 文件，且没有经过处理，只是利用工具把文件的 Hex 转化为一个数组，以便于将文件载入到 Keil 的工程中。

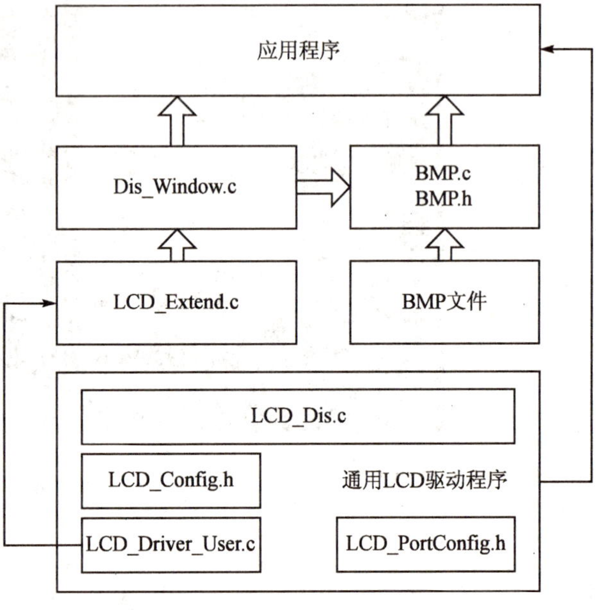

图 10－1　BMP 文件解码显示工程架构示意图

10.2　BMP 文件格式

BMP 文件(Bitmap－File)是 Windows 采用的图形文件格式，Windows 操作系统中运行的所有图形处理软件基本上都支持 BMP 文件格式；而 Windows 系统内部各图像绘图操作也都是以 BMP 为基础。

10.2.1　BMP 文件构成分析

BMP 文件可以看成 4 大块的内容(如图 10－2 所示)，分别是：

- 位图文件头(bitmap－file header)；
- 位图信息头(bitmap－information header)；
- 色彩表(color table)；
- 位图的字节阵列(即位图数据流)。

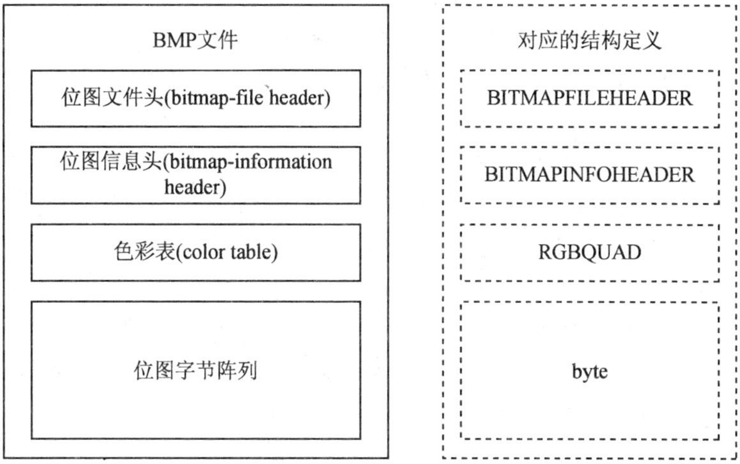

图 10－2　BMP 文件构成

BMP 文件中针对这 4 大块内容定义了 3 个数据结构，位图文件头和位图信息头的数据长度是固定的，而色彩表(简称色表)的长度将由前面位图信息头中的参数决定；比如 256 色的 BMP 文件就需要 256 个 RGBQUAD 的数据结构单元来存储色表信息，而单色 BMP 文件仅需要 2 个。

位图字节阵列实际上是一个位图数据的数据流，是以字节为单位进行存储的。位图文件头的数据组成见表 10－1。

表 10－1　位图文件头数据组成

偏移量	数据域名称	大　小	描　述
0x0000	文件标识	2 字节	使用两个字节的内容来标识位图的类型： 'BM'：Windows 3.1x、95，NT… 'BA'：OS/2 Bitmap Array 'CI'：OS/2 Color Icon 'CP'：OS/2 Color Pointer 'IC'：OS/2 Icon 'PT'：OS/2 Pointer 实际使用中，仅判断第一个标识'BM'即可
0x0002	File Size	1 DWORD	以字节数表示整个 BMP 文件的大小
0x0006	Reserved	1 DWORD	保留，为 0
0x000A	Bitmap Data Offset	1 DWORD	从文件开始到位图数据开始之间的偏移量

可以利用 UltraEdit 打开一个小的 BMP 文件，以此加深对前面所介绍 BMP 文件数据结构内容的了解。如图 10－3 所示，打开一个简单的小位图。图 10－4 为该文件用 UltraEdit 打开后的数据图。

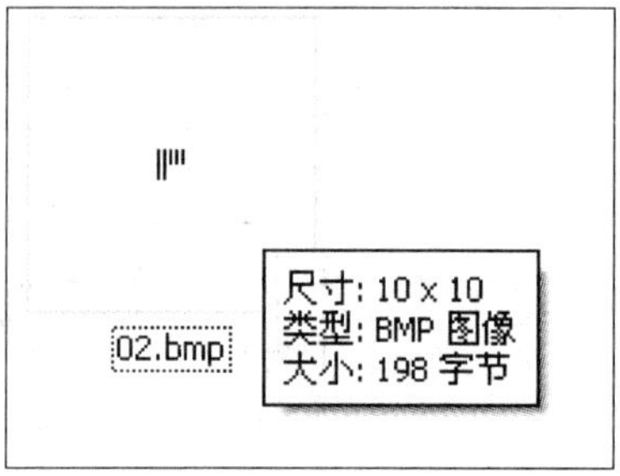

图 10－3　单色 BMP 位图示例

如图 10－4 所示，文件头的 2 字节"0x42、0x4D"是'BM'的 ASCII 码，然后紧接着的 4 字节(即一个 DWORD)数据为文件字节数。但要注意，文件中数据的大小端排列表示文件大小的数据为0x000000C6，即为 198 字节大小；接下来的 4 字节是保留为 0 的数据；而文件头的最后 4 字节数据为 0x00000076，表示从文件开始到位图数据开始的偏移量，这样就说明可以在 0x76 的偏移处开始为位图的数据流。而位图信息头的结构如表 10－2 所列。

```
00000000h: 42 4D C6 00 00 00 00 00 00 00 76 00 00 00 28 00 ; BM?......v...(.
00000010h: 00 00 0A 00 00 00 0A 00 00 00 01 00 04 00 00 00 ; ................
00000020h: 00 00 50 00 00 00 00 00 00 00 00 00 00 00 00 00 ; ..P.............
00000030h: 00 00 00 00 00 00 00 00 00 00 00 00 80 00 00 80 ; ............€..€
00000040h: 00 00 00 80 80 00 80 00 00 00 80 00 80 00 80 80 ; ...€€.€...€.€.€€
00000050h: 00 00 80 80 80 00 C0 C0 C0 00 00 00 FF 00 00 FF ; ..€€€.览?..   ..
00000060h: 00 00 00 FF FF 00 FF 00 00 00 FF 00 FF 00 FF FF ; ...    .  ...  .
00000070h: 00 00 FF FF FF 00 0F 0F FF FF FF 00 00 00 0F 0F ; ..        ...
00000080h: FF FF FF 00 00 00 0F 0F FF FF FF 00 00 00 0F 0F ;         .....
00000090h: FF FF FF 00 00 00 0F 0F FF FF FF 00 00 00 0F 0F ;         .....
000000a0h: 0F 0F 0F 00 00 00 0F 0F 0F 0F 0F 00 00 00 0F 0F ; ................
000000b0h: 0F 0F 0F 00 00 00 0F 0F 0F 0F 0F 00 00 00 0F 0F ; ................
000000c0h: 0F 0F 0F 00 00 00                               ; ......
```

图 10－4　单色 BMP 位图文件数据示列

表 10－2　位图信息头数据结构

偏移量	数据域名称	大　小	描　述
0x000E	位图信息头大小 Bitmap Header Size	1 DWORD	位图信息头的字节数量，以下的长度分别表示： 0x28：Windows 3.1x、95，NT… 0x0C：OS/2 1.x 0xF0：OS/2 2.x 通常情况下，位图信息头的数据长度为0x28，但Windows的新规范当中允许有不等于该值的位图信息头长度，所以在实际使用当中，建议从文件读取该值的实际数值，这样才能保证程序的兼容性
0x00012	Width（宽度）	1 DWORD	位图的宽度，以像素点为单位
0x0016	Height（高度）	1 DWORD	位图的高度，以像素点为单位
0x001A	Planes（位面数）	1 WORD	位图的位面数（总为1）
0x001C	Bit PerPixel（数据位数）	1 WORD	每个像素点所需要的数据位数 1—单色位图　4—16色位图　8—256色位图 16—16位高彩色位图　24—24位真彩色位图 32—32位增强型真彩色位图
0x001E	Compression（压缩算法）	1 DWORD	压缩算法： 0—不压缩（使用BI_RGB表示） 1—RLE 8使用8位RLE压缩方式（使用BI_RLE8表示） 2—RLE 4使用4位RLE压缩方式（使用BI_RLE4表示） 3—Bitfields位域存放方式（使用BI_BITFIELDS表示）
0x0022	Bitmap Data Size（字节数）	1 DWORD	位图数据的字节数，该数必需为4的倍数
0x0026	HResolution（水平分辨率）	1 DWORD	以像素/米为单位表示水平分辨率
0x002A	VResolution（垂直分辨率）	1 DWORD	以像素/米为单位表示垂直分辨率
0x002E	Colors（颜色数）	1 DWORD	位图使用的颜色数
0x0032	Important Colors（重要颜色）	1 DWORD	指定重要颜色数，当该值等于位图颜色数或等于0时，表示所有的颜色都同样重要

可以从前面用UltraEdit打开的位图了解相关的数据结构，位图信息头的数据在BMP文件中如图10－5所示。

如图10－5所示，选中的背景色的数据为位图信息头。第一个WORD（宽度为2字节）为0x0028，即表示位图信息头的数据为40字节；位图为4色，数据格式不压缩，宽度和高度的像素点都为10个。

```
00000000h: 42 4D C6 00 00 00 00 00 00 00 76 00 00 00 28 00
00000010h: 00 00 0A 00 00 00 0A 00 00 00 01 00 04 00 00 00
00000020h: 00 00 50 00 00 00 00 00 00 00 00 00 00 00 00 00
00000030h: 00 00 00 00 00 00 00 00 00 00 00 00 80 00 00 80
00000040h: 00 00 00 80 80 00 80 00 00 00 80 00 80 00 80 80
00000050h: 00 00 80 80 80 00 C0 C0 C0 00 00 00 FF 00 00 FF
00000060h: 00 00 00 FF FF 00 FF 00 00 00 FF 00 FF 00 FF FF
00000070h: 00 00 FF FF FF 00 0F 0F FF FF FF 00 00 00 0F 0F
00000080h: FF FF FF 00 00 00 0F 0F FF FF FF 00 00 00 0F 0F
00000090h: FF FF FF 00 00 00 0F 0F FF FF FF 00 00 00 0F 0F
000000a0h: 0F 0F 0F 00 00 00 0F 0F 0F 0F 0F 00 00 00 0F 0F
000000b0h: 0F 0F 0F 00 00 00 0F 0F 0F 0F 0F 00 00 00 0F 0F
000000c0h: 0F 0F 0F 00 00 00
```

图 10-5 位图信息头数据在 BMP 文件中

接下来的数据为色彩表数据。色表是一个以 4 字节为一个结构体的数据，也就是说，每一个色表的单元为 4 字节；至于一个位图文件有多少个色表单元则取决于该位图的颜色深度，即每个像素点需要多少位的数据来表示。表 10-3 是色表的结构。

表 10-3 色彩表数据结构

偏移量	数据域名称	大 小	描 述
0x0036 (可能根据各版 BMP 格式有所变化，但通常在此处开始)	Palette	N×4 字节	调色板数据，即色表数组。数组的个数由位图的颜色深度决定，每个色表单元由 4 个字节组成，用以描述 RGB 的值： ➤ 1 字节用于蓝色(B)分量 ➤ 1 字节用于绿色(G)分量 ➤ 1 字节用于红色(R)分量 ➤ 1 字节保留(为 0)

位图数据流的位置可以从位图文件头的参数中得知，该区域数据量的大小取决于压缩方式、位图大小和颜色深度；在位图数据中，有可能表示色表的索引号，也可能是实际像素点的 RGB 值。

10.2.2 位图文件头结构

可以将位图文件头定义为一个结构体数据：BITMAPFILEHEADER，程序如下：

```
//BMP 文件头
typedef __packed struct tagBITMAPFILEHEADER {
    WORD bfType;
```

```
    DWORD bfSize;
    WORD bfReserved1;
    WORD bfReserved2;
    DWORD bfoffBits;
}BITMAPFILEHEADER;
```

可以对照表 10-1 来了解结构体 BITMAPFILEHEADER，这里仅针对 Windows 系统规范的 BMP 文件格式进行解码显示，所以在检测位图文件头时，bfType 应该确认为 0x4D42，即'BM'字符。

"__packed"的声明是 Keil 中的定义声明，因为 Keil 使用的 ARM 核心的 C 编译器会将定义的数据以 32 位对齐，使用"__packed"的声明可以使数据的定义最小以字节为单元，从而适当节省 RAM 空间的占用，并使程序中的定义符合 BMP 文件中数据的安排。

10.2.3　位图信息头结构

同样，也可以为位图信息头定义一个结构体 BITMAPINFOHEADER，程序如下：

```
//BMP 图像文件头
typedef __packed struct tagBITMAPINFOHEADER {
    DWORD biSize;
    DWORD biWidth;
    DWORD biHeight;
    WORD  biPlanes;
    WORD  biBitCount;
    DWORD biCompress;
    DWORD biSizeImage;
    DWORD biXPeIsPerMeter;
    DWORD biYPeIsPerMeter;
    DWORD biCIrUsed;
    DWORD biClrImprotant;
} BITMAPINFOHEADER;
```

biSize 为位图信息头的大小，但并不一定代表 BITMAPINFOHEADER 的大小，因为结构体大小是固定的，可能有一些特殊位图文件的位图信息头大小不一定等于 0x28。本书介绍的范例是针对绝大多数情况下的 BMP 文件，BITMAPINFOHEADER 的结构体还是适用的，不过，建议用户尽可能利用 biSize 来获取色表的首地址(在位图文件当中)。

biWidth 和 biHeight 是位图的宽度和高度的像素点数，但也有一些特殊的情况；通常，位图数据是按照倒序来安排的，即排在最前的数据为位图最下面一行的数据，然后依次往上，不过也有的位图数据是按照正序来的（即按照从左到右、自上到下的顺序）；这是由 biWidth 和 biHeight 的数据决定的，在倒序的情况下（绝大多数是倒序）这两个值是正数，正序的情况下这两个数值为负数。

biPlanes 一般都为 1。

biBitCount 表示该位图的 bits/像素，一般为 1、4、8、16、24、32。

biCompression 说明位图的图像数据采用的压缩类型，其值为 0、1、2、3，但绝大多数情况下为 0，即不使用压缩。本书介绍的就是不压缩情况下位图解码显示，如对压缩的文件感兴趣，可参考 BMP 文件格式的介绍文档。

biSizeImage 表示图像数据的大小，以字节为单位。

biXPelsPerMeter 和 biYPelsPerMeter 分别表示图像的水平和垂直分辨率。

10.2.4 色表结构分析

色表是一个数组，数组中的每个单元由 4 字节组成，前 3 字节分别表示 BGR 的三元色分量，最后一个字节无用。而色表的数组大小是与图像的相关信息有关的。这里将色表的结构体定义为 RGBQUAD，程序如下：

```
//颜色表数据结构，即调色板数据
typedef __packed struct tagRGBQUAD
{
    BYTE rgbBlue :8;            //RGB 蓝
    BYTE rgbGreen :8;           //RGB 绿
    BYTE rgbRed :8;             //RGB 红
    BYTE rgbReserved :8;        //保留
}RGBQUAD;
```

色表的首址在位图文件中的定位可以从下面的公式中获取：

色表首地址 = sizeof(BITMAPFILEHEADER)＋BITMAPINFOHEADER→biSize

色表的大小由 biBitCount 来决定，当然在不压缩的前提下。

1) biBitCount＝1

表示位图最多有两种颜色，默认情况下是黑色和白色，当然也可能有其他两种颜色的组合；位图的色表中有两个色表项，索引号为 0 和 1。此时在图像数据流中每一个位表示一个像素点，如果该位为 0，则显示时使用色表中索引 0 的 RGB 值；如为 1，则使用索引 1 的 RGB 值。

2) biBitCount＝4

表明位图最多有 16 种颜色，即色表中有 16 项；图像数据中每 4 位为一个像素点，并将这 4 位作为色表的索引值从色表中提取对应表项的颜色。比如在图像数据中某一有效数据为

0x09，则说明该字节表示两个像素点，第一个像素点的颜色为色表中的第0项，第二个像素点的颜色为色表中的第19项。

3）biBitCount＝8

表明位图最多有256种颜色，即色表中有256项；图像数据中每个字节为一个像素点，并使用这个字节作为色表的索引值从色表中提取对应表项的颜色。比如在图像数据中某一有效数据为0x09，则说明该字节表示一个像素点，该像素点的颜色为色表中的第9项。

4）biBitCount＝16

表明位图最多有65 536种颜色；图像数据中每两个字节为一个像素点，而在biBitCount为16时，biCompression的数值将决定位图数据的格式。

当biCompression为0时，即BI_RGB的模式，位图是没有色表的。在16位的每个像素点的数据中，最低5位为蓝色(B)分量，中间5位为绿色(G)分量，再往上的5位为红色(R)分量，最高位保留为0。通常这种格式被称为RGB555。

当biCompression为3时，即BI_BITFIELDS的模式，这种情况下比较麻烦一些。在原色表所在的位置被3个DWORD变量替代，分别为红、绿、蓝的掩码，也就是描述红、绿、蓝分量在16位像素点数据中的位置。如果这3个WORD的变量分别为0x7C00、0x03E0和0x001F，则相当于前面介绍的RGB555格式，即最高位为保留，红色为接下来的5位，绿色为中间5位，蓝色为最低的5位。而如果这3个变量为0xF800、0x07E0、0x001F，则为RGB565格式。

5）biBitCount＝24

表明位图最多有24位深度的颜色，此时位图没有色表（在biCompression＝0的情况下）。图像数据中每3个字节为一个像素点，分别代表3种颜色的分量：R、G、B。

6）biBitCount＝32

表明位图最多有32位深度的颜色，这种格式与biBitCount＝16时的情况类似。当biCompression＝0时，没有色表项，每4个字节(32位)数据为一个像素点，其中有24位用于保存RGB值，空下8位作为保留；顺序是第一个字节(8位)为保留，红(R)8位，绿(G)8位，蓝(B)8位。而当biCompression＝3时，为BI_BITFIELDS格式，与16位的位图类似。

10.2.5　图像数据分析

图像数据是一行一行排列的，如前面所述的，多大数情况下是按照倒序来排列的，即由下向上来扫描行，此时图像数据流中第一个字节表示的是位图左下角的像素点，而最后一个字节为位图右上角的像素。如果是正序，则扫描行从上向下来扫描行。

图像数据中每一行数据字节数都必须是4的倍数。一般来说，可以照下面的算法计算出每行的字节数：

((BITMAPINFOHEADER－> biWidth * BITMAPINFOHEADER－> biBitCount＋0x1f)>>5)<<2

10.3 将 BMP 文件数据整合进 Keil 的工程

为了简化设计、便于理解，本书把 BMP 文件作为 MCU 的常量保存在程序存储器中，当然，是把 BMP 文件看成一个数组的形式作为一种资源看待。不过，通常情况下，BMP 文件可能存放在基于文件系统的外部存储介质中，比如 SD 卡、U 盘等。这点也容易解决，本书介绍的 BMP 解码显示的代码当中，考虑到了这些应用方法，BMP 解码显示的程序接口已经为此做好了预留。

在 Keil 的开发环境中，要想将 BMP 文件作为一个常量数据放置在程序空间中，就需要将 BMP 文件的全部数据转换为数组的形式；在此推荐一个很小但很有用的转换工具 Bin2C. exe；如图 10－6 所示。

图 10－6　Bin2C 工具

打开 Bin2C. exe 后的界面如图 10－7 所示。

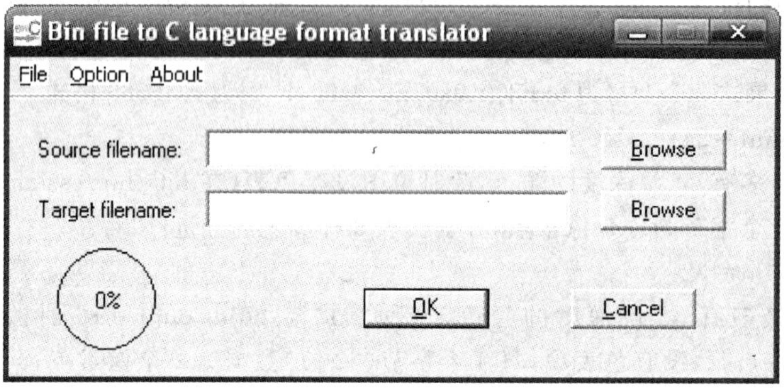

图 10－7　Bin2C 工具界面

单击 Source filename 文本框后面的 Browse 按钮选择并打开所需要转换的源文件。Target filename 文本框可以设置目标文件的保存路径。一般情况下，默认选择源文件所在的路径保存转换完成后的目标文件，文件名与源文件名相同，只是后缀改为. c。

如图 10－8 所示，打开了一个 BMP 文件。

此时单击 OK 按钮，则进行转换，工具左下争的圆和百分比数表示转换的进度，转换完成后会有提示，如图 10－9 所示。

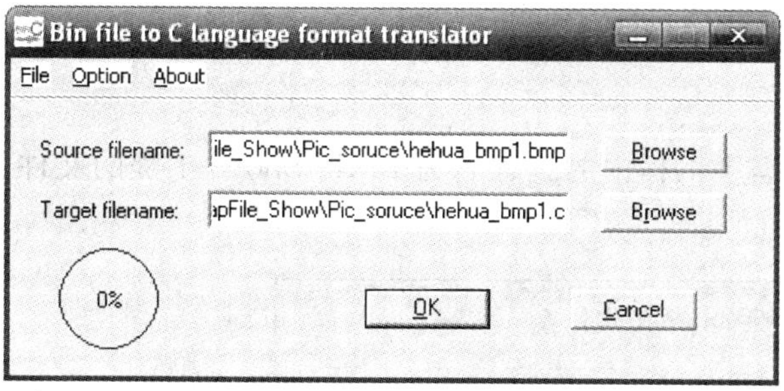

图 10-8 Bin2C 工具打开图像文件

图 10-9 转换完成提示对话框

然后在保存目标文件的路径下可以找到一个与源文件相同名字的 C 语言源文件，如刚才进行转换的文件，打开该文件后我们来查看一下数组的情况，如图 10-10 所示。

```
char hehua_bmp1[]={66,77,62,24,0,0,0,0,0,0,62,0,0,0,40,0,
0,0,0,1,0,0,192,0,0,0,1,0,1,0,0,0,
0,0,0,24,0,0,196,14,0,0,196,14,0,0,0,0,
0,0,0,0,0,0,0,0,0,0,255,255,255,0,0,0,
0,0,0,0,0,0,0,0,0,0,0,0,0,0,0,0,
0,0,0,0,0,0,0,0,0,0,0,0,0,0,0,0,
0,0,0,0,0,0,0,0,0,0,0,0,0,0,0,0,
0,0,0,0,0,0,0,0,0,0,0,0,0,0,0,0,
0,0,0,0,0,0,0,0,0,0,0,0,0,0,0,0,
0,0,0,0,0,0,0,0,0,0,0,0,0,0,0,0,
0,0,0,0,0,0,0,0,0,0,0,0,0,0,0,0,
0,0,0,0,0,0,0,0,0,0,0,0,0,0,0,0,
0,0,0,0,0,0,0,0,0,0,0,0,0,0,0,0,
```

图 10-10 Bin2C 工具转换后的 BMP 文件数组

为了将数组作为常量进行保存，需要将数组的定义改为 const unsigned char 类型。当然，也可以利用 UltraEdit 打开前面进行转换的 BMP 文件进行对比，如图 10-11 所示。

```
00000000h: 42 4D 3E 18 00 00 00 00 00 00 3E 00 00 00 28 00 ; BM>.......>...(
00000010h: 00 00 00 01 00 00 C0 00 00 00 01 00 01 00 00 00 ; ......?........
00000020h: 00 00 00 18 00 00 C4 0E 00 00 C4 0E 00 00 00 00 ; ......?..?....
00000030h: 00 00 00 00 00 00 00 00 00 00 FF FF FF 00 00 00 ; ..........
00000040h: 00 00 00 00 00 00 00 00 00 00 00 00 00 00 00 00 ; ...............
00000050h: 00 00 00 00 00 00 00 00 00 00 00 00 00 00 00 00 ; ...............
00000060h: 00 00 00 00 00 00 00 00 00 00 00 00 00 00 00 00 ; ...............
00000070h: 00 00 00 00 00 00 00 00 00 00 00 00 00 00 00 00 ; ...............
00000080h: 00 00 00 00 00 00 00 00 00 00 00 00 00 00 00 00 ; ...............
00000090h: 00 00 00 00 00 00 00 00 00 00 00 00 00 00 00 00 ; ...............
```

图 10-11 利用工具查看 BMP 文件数据

10.4 BMP 文件解码显示程序分析

本节介绍的 BMP 文件解码显示程序工程中的工程名为 BMP_Show，工程的文件构成如图 10－12 所示。

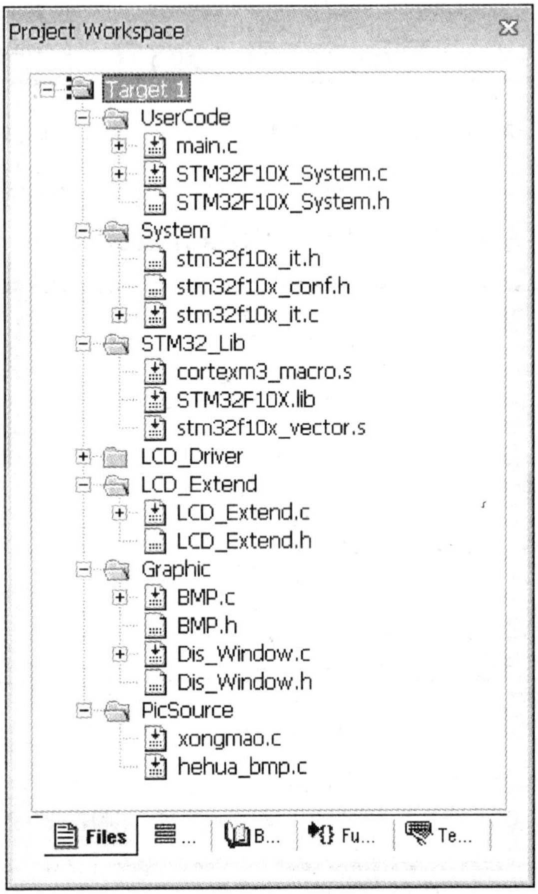

图 10－12　BMP 文件解码显示程序文件结构

- STM32F10x_vector.s　　STM32 的启动文件，随着 STM32 应用库而使用的文件，一般不修改；
- STM32F10X.lib　　STM32 的库文件；
- cortexm3_macro.s　　STM32 的一些宏定义，必需的；
- stm32f10x_conf.h　　STM32 的库配置文件；

➤ stm32f10x_it. c　　STM32 的中断定义文件；
➤ STM32F10X_System. c　　当前工程的系统初始化，包括晶体初始化、中断初始化以及端口初始化；
➤ main. c　　主程序文件；
➤ LCD_Driver\　　LCD 驱动程序集，LCD_PortConfig. h 中有端口定义；
➤ LCD_Extend\　　LCD 通用驱动程序集的扩展程序集，根据 LCD 特性写的一些应用程序接口；
➤ Graphic\Dis_Window. h/. c　　通用 LCD 驱动程序集的扩展程序，主要用于 BMP 及 JPG 文件显示；
Graphic\BMP. h/. c　　BMP 文件解码显示；
xongmao. c　　用 bin2C. exe 转换的 BMP 文件数据；
hehua_bmp. c　　用 bin2C. exe 转换的 BMP 文件数据。

下面主要介绍 BMP. c 中的代码。表 10－4 是该文件中各个函数的简述。

表 10－4　BMP 文件解码显示程序各函数介绍

函数名	功能简述	参　数	返　回
Bytes_Line	计算一个位图的每行图像数据需要用多少个字节数	BITMAPINFOHEADER ＊bmiHeader 要计算图像行字节数的位图信息头结构体指针	图像行字节数
E_GUI_BMP_ReadFile	从位图文件中读取数据	(BYTE ＊buf,WORD Num) ＊buf　读取到的数据保存的地址 Num　要读取的字节数	无
Get_Color_Table	从位图文件中提取色表	(US_COLORS ＊ Colors_s, unsigned int nColors) ＊ Color_s　用于保存色表的缓冲区首址 nColors　颜色深度	无
E_GUI_BMP	解码显示 BMP 文件	(Dis_Window ＊Win, BYTE ＊ bitmap) ＊Win　显示将要解码的 BMP 文件的窗口（必须先创建好了的） ＊ bitmap BMP　位图文件的首址	无
BMP_Show	解码显示已经分析完文件头、信息头以及色表的位图文件	后面再详述	无

Bytes_Line 函数的代码如下：

```
//=========================================================================
// 函数：unsigned int Bytes_Line(BITMAPINFOHEADER * bmiHeader)
// 描述：计算一行所需字节数
// 参数：bmiHeader  要进行计算的位图文件的位图信息头结构指针
// 返回：图像每一行的像素所占用的字节数
//=========================================================================
unsigned int Bytes_Line(BITMAPINFOHEADER * bmiHeader)
{
    unsigned int n;
    n = bmiHeader -> biWidth * bmiHeader -> biBitCount;
    n = ((n + 31)>>5)<<2;
    return n;
}
```

计算位图图像的一行像素点占用的字节数在前面的 BMP 文件结构中(10.2.5 小节)已经做了详细的说明，对照一下公式基本上就一目了然了。而 BMP.c 文件中还定义了一个数据指针和一个数组，如下：

```
unsigned char bit[8] = {128, 64, 32, 16, 8, 4, 2, 1};
BYTE * BMP_File_Pointer;
```

这都是作为全局变量定义的。bit[8]的数组用在 BMP 文件解码时，用于单色位图；而 BMP_File_Pointer 指针用于保存当前要解码显示的 BMP 文件的首地址(要读取外存或者基于文件系统的存储器的 BMP 文件显示时，该变量可能没有什么意义了)。

E_GUI_BMP_ReadFile 是 BMP 文件解码显示程序的一个中间调用程序，把它单独出来做一个函数是为了适应不同的应用。例如，当存储的位图文件不在内部的程序空间或者 RAM 空间而是在外存或者基于文件系统的 SD 卡时，可以只修改这个函数，无须修改其他程序了；毕竟它就是 BMP 文件解码显示程序中用于从位图文件获取数据的功能函数。

```
//=========================================================================
// 函数：void E_GUI_BMP_ReadFile(BYTE * buf,WORD Num)
// 描述：从 BMP 文件中读取 Num 个 byte 数据，存放在 buf 当中，同时 BMP 文件的指针修正
// 参数：* buf      读取字节的保存缓冲区
//          Num      要读取的字节数
//=========================================================================
void E_GUI_BMP_ReadFile(BYTE * buf,WORD Num)
{
    while(Num --)
    {
        * buf ++  =  * BMP_File_Pointer ++ ;
```

```
    }
}
```

提取位图文件色表的函数稍稍有点特别，本节介绍的代码会在提取标准 BMP 文件色表时将其转换成 MzT24 模块可以接受的 RGB565 格式的色表，而 BMP.h 文件中还要定义一个指向适合 MzT24 模块颜色深度相同位宽的指针变量。

```
//颜色表数据结构，即调色板数据
typedef __packed struct tagRGBQUAD
{
    BYTE rgbBlue :8;                //RGB 蓝
    BYTE rgbGreen :8;               //RGB 绿
    BYTE rgbRed :8;                 //RGB 红
    BYTE rgbReserved :8;            //保留
}RGBQUAD;

typedef WORD US_COLORS;
```

RGBQUAD 结构体是符合 BMP 文件结构中规范的色表；而后面又定义了一个 US_COLORS 的变量类型，它是 16 位长度的变量类型，用于保存 RGB565 格式色表的单元。

再接着看 BMP.c 中的提取色表的函数 Get_Color_Table，如下：

```
//= = = = = = = = = = = = = = = = = = = = = = = = = = = = = = = = = = = = = = = = = = =
// 函数：void Get_Color_Table(US_COLORS * Colors_s, unsigned int nColors)
// 描述：从 BMP 的 RGB 颜色表中提取出用户实际 LCD 所适用的色表
// 参数：Colors_s      保存颜色表的缓存区      nColors        颜色表的色彩数
// 返回：无
//= = = = = = = = = = = = = = = = = = = = = = = = = = = = = = = = = = = = = = = = = = =
void Get_Color_Table(US_COLORS * Colors_s, unsigned int nColors)
{
    unsigned int i;
    unsigned int uiTemp,uiTemp2;
    RGBQUAD bmiColor;
    for(i = 0;i<nColors;i++)
    {
        E_GUI_BMP_ReadFile((BYTE *)&bmiColor,4);
        uiTemp = bmiColor.rgbRed;
        uiTemp = (uiTemp<<8)&0xf800;
        uiTemp2 = bmiColor.rgbGreen;
        uiTemp2 = (uiTemp2<<3)&0x07e0;
        uiTemp |= uiTemp2;
```

```
        uiTemp2 = bmiColor.rgbBlue;
        uiTemp2 = (uiTemp2>>3)&0x001f;
        uiTemp |= uiTemp2;
        (*Colors_s++) = uiTemp;
    }
}
```

上述代码就是将色表从 BMP 文件读出,然后按照 RGB565 的格式存入指定的用户色表。

在前面这些函数的基础上,本例提供了一个供用户调用的接口函数:

void E_GUI_BMP(Dis_Window * Win, BYTE * bitmap)

该函数需要两个参数,一个是已经创建好窗口的指针,用于指定位图显示的区域性;另一个是位图文件的首地址。

在 BMP 文件解码显示的程序中,BMP 文件在定义好的窗口显示时可以根据当前窗口的大小来调整显示的图像缩小比例,同时保证图像处在该窗口的中心位置显示。

```
void E_GUI_BMP(Dis_Window * Win, BYTE * bitmap)
{
    US_COLORS * Colors_User;
    BITMAPFILEHEADER bmfHeader;
    BITMAPINFOHEADER bmiHeader;
    BYTE Data_Buf[4];
    unsigned int nColors = 1;
    DWORD pic_xw,pic_yw,pic_div = 1;
    WORD top,left;

    BMP_File_Pointer = bitmap;
    //获取主文件头
    E_GUI_BMP_ReadFile(Data_Buf,2);
    bmfHeader.bfType = ((Data_Buf[1]<<8)&0xff00) + (Data_Buf[0]&0x00ff);
    E_GUI_BMP_ReadFile(Data_Buf,4);
    bmfHeader.bfSize = ((Data_Buf[3]<<24)&0xff000000) + ((Data_Buf[2]<<16)&0x00ff0000)
                        + ((Data_Buf[1]<<8)&0x0000ff00) + (Data_Buf[0]&0x000000ff);
    E_GUI_BMP_ReadFile(Data_Buf,2);
    bmfHeader.bfReserved1 = ((Data_Buf[1]<<8)&0xff00) + (Data_Buf[0]&0x00ff);
    E_GUI_BMP_ReadFile(Data_Buf,2);
    bmfHeader.bfReserved2 = ((Data_Buf[1]<<8)&0xff00) + (Data_Buf[0]&0x00ff);
    E_GUI_BMP_ReadFile(Data_Buf,4);
    bmfHeader.bfoffBits = ((Data_Buf[3]<<24)&0xff000000) + ((Data_Buf[2]<<16)
                          &0x00ff0000) + ((Data_Buf[1]<<8)&0x0000ff00) + (Data_Buf[0]
```

```
                    &0x000000ff);
bmfHeader.bfoffBits = bmfHeader.bfoffBits;
//获取文件类型,即从信息头
E_GUI_BMP_ReadFile(Data_Buf,4);
bmiHeader.biSize = ((Data_Buf[3]<<24)&0xff000000) + ((Data_Buf[2]<<16)&0x00ff0000)
                   + ((Data_Buf[1]<<8)&0x0000ff00) + (Data_Buf[0]&0x000000ff);
E_GUI_BMP_ReadFile(Data_Buf,4);
bmiHeader.biWidth = ((Data_Buf[3]<<24)&0xff000000) + ((Data_Buf[2]<<16)&0x00ff0000)
                   + ((Data_Buf[1]<<8)&0x0000ff00) + (Data_Buf[0]&0x000000ff);
E_GUI_BMP_ReadFile(Data_Buf,4);
bmiHeader.biHeight = ((Data_Buf[3]<<24)&0xff000000) + ((Data_Buf[2]<<16)
                   &0x00ff0000) + ((Data_Buf[1]<<8)&0x0000ff00) + (Data_Buf[0]
                   &0x000000ff);
E_GUI_BMP_ReadFile(Data_Buf,2);
bmiHeader.biPlanes = ((Data_Buf[1]<<8)&0xff00) + (Data_Buf[0]&0x00ff);
E_GUI_BMP_ReadFile(Data_Buf,2);
bmiHeader.biBitCount = ((Data_Buf[1]<<8)&0xff00) + (Data_Buf[0]&0x00ff);
E_GUI_BMP_ReadFile(Data_Buf,4);
bmiHeader.biCompress = ((Data_Buf[3]<<24)&0xff000000) + ((Data_Buf[2]<<16)
                     &0x00ff0000) + ((Data_Buf[1]<<8)&0x0000ff00) + (Data_Buf[0]
                     &0x000000ff);
E_GUI_BMP_ReadFile(Data_Buf,4);
bmiHeader.biSizeImage = ((Data_Buf[3]<<24)&0xff000000) + ((Data_Buf[2]<<16)
                      &0x00ff0000) + ((Data_Buf[1]<<8)&0x0000ff00) + (Data_Buf[0]
                      &0x000000ff);
E_GUI_BMP_ReadFile(Data_Buf,4);
bmiHeader.biXPeIsPerMeter = ((Data_Buf[3]<<24)&0xff000000) + ((Data_Buf[2]<<16)
                          &0x00ff0000) + ((Data_Buf[1]<<8)&0x0000ff00) + (Data_Buf
                          [0]&0x000000ff);
E_GUI_BMP_ReadFile(Data_Buf,4);
bmiHeader.biYPeIsPerMeter = ((Data_Buf[3]<<24)&0xff000000) + ((Data_Buf[2]<<16)
                          &0x00ff0000) + ((Data_Buf[1]<<8)&0x0000ff00) + (Data_Buf
                          [0]&0x000000ff);
E_GUI_BMP_ReadFile(Data_Buf,4);
bmiHeader.biClrUsed = ((Data_Buf[3]<<24)&0xff000000) + ((Data_Buf[2]<<16)
                    &0x00ff0000) + ((Data_Buf[1]<<8)&0x0000ff00) + (Data_Buf[0]
                    &0x000000ff);
E_GUI_BMP_ReadFile(Data_Buf,4);
bmiHeader.biClrImprotant = ((Data_Buf[3]<<24)&0xff000000) + ((Data_Buf[2]<<16)
```

```
                                        &0x00ff0000) + ((Data_Buf[1]<<8)&0x0000ff00) + (Data_Buf[0]
                                        &0x000000ff);
    //提取色表
    if(bmiHeader.biCompress == 0&&bmiHeader.biBitCount<= 8)
    {
        nColors<<= bmiHeader.biBitCount;
        if(nColors>256) nColors = 256;
            Colors_User = malloc(nColors * sizeof(US_COLORS));
        Get_Color_Table(Colors_User, nColors);
    }
    //计算要缩放的倍数
    pic_xw = bmiHeader.biWidth;
    pic_yw = bmiHeader.biHeight;
    while((pic_xw>Win -> Witch)||(pic_yw>Win -> Hight))
    {
        pic_div++;
        pic_xw = pic_xw>>1;
        pic_yw = pic_yw>>1;
    }
    left = ((Win -> Witch)>>1) - (pic_xw>>1);
    top = ((Win -> Hight)>>1) - (pic_yw>>1);

    BMP_Show(Win,left,top,&bmiHeader,Colors_User,pic_div);
}
```

如上述代码中的注释一样，整个函数主要分为 5 大块内容，分别是：

(1) 提取位图文件头 BITMAPFILEHEADER

处理的方法很简单，就是从位图文件中按照这些结构体的顺序来将位图中的信息读出。

(2) 提取位图信息头 BITMAPINFOHEADER

与前面的一样类似，读出信息即可。

(3) 提取色表

程序提取色表前首先确定该位图文件没有使用压缩，而且会利用 C 库中的内存管理程序将该位图所需要的色表大小的内存空间开辟出来，最后调用提取色表的函数进行色表提取以及转换。

因此，如果利用该程序进行 BMP 位图显示，且位图的颜色数少于 16 位(即 biBitCount＝8、4、1)时，则需要确认一下工程中是否留有足够的堆栈供 malloc 来开辟内存空间。本例中设置给 C 语言库内存管理的堆栈设置在 STM32F10x_vector.s 文件，如图 10－13 所示。需要注意图中框出来的内容。

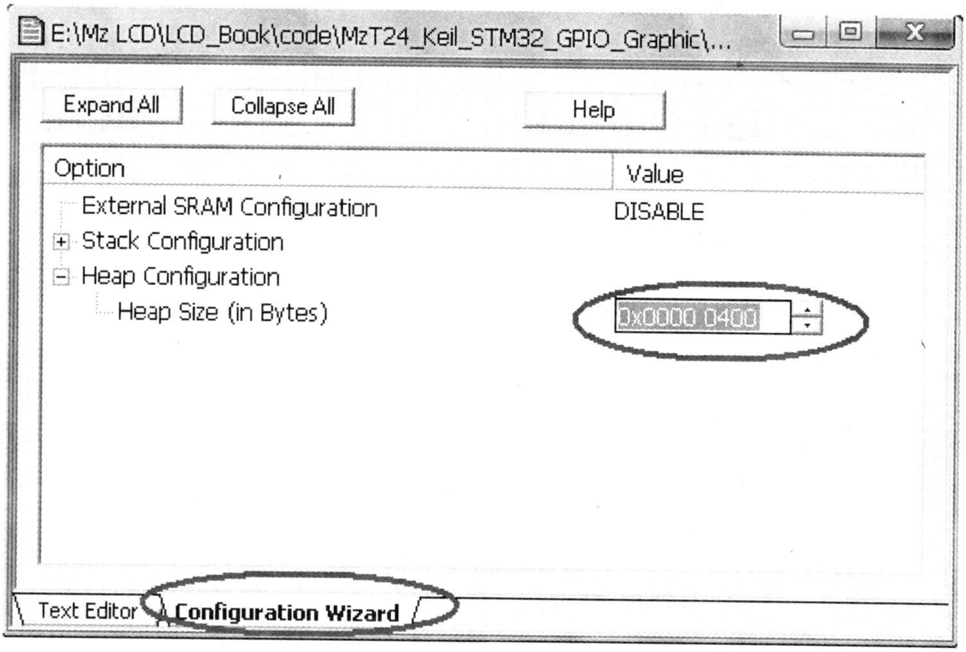

图 10-13 给 BMP 文件解码显示工程设置堆栈

(4) 计算图像显示时的缩小倍数

本章提供的 BMP 文件解码显示代码可以根据开好的窗口大小以及位图图像的大小自动调整显示的比例，只不过在此提供的仅为缩小比例，必需是 1、2、4、8 等的倍数关系。缩小的比例需要从该函数传进来的参数 Dis_Window * Win(已建好的窗口)和位图的宽、高进行比较、计算。

(5) 调用函数最终将位图显示

BMP_Show 函数是最终将位图的图像数据进行分析、显示的；该函数将区别不同颜色位数的 BMP 文件，区分开后再进行数据解码，最终调用第 8 章中介绍的窗口扩展功能程序来实现图像在 MzT24 模块上的显示。

位图显示函数的代码是按照位图的颜色位数来进行分类解码显示的，不过做了限制，仅对 biCompression 为 0 的位图进行解码显示。

BMP_Show 函数的代码如下：

```
void BMP_Show (Dis_Window * Win,DWORD left, DWORD top,BITMAPINFOHEADER * bmiHeader,
            US_COLORS * Colors_User,BYTE div)
{
    unsigned int i,m,step = 1;
    unsigned int bytes_line;
```

```
unsigned int bmp_height_y,bmp_width_x;
unsigned short usTemp = 0;
BYTE Data_Buf[12];
bytes_line =  Bytes_Line(bmiHeader);                    //计算每行点需要的字节数
div-- ;
step = (step<<div) - 1;
//计算实际显示时图像的 X 和 Y 轴的大小
bmp_height_y = top + ((bmiHeader -> biHeight + step)>>div) - 1;
bmp_width_x = left + ((bmiHeader -> biWidth + step)>>div) - 1;
if(bmiHeader -> biCompress == 0)
{
    switch(bmiHeader -> biBitCount)
    {
        case 1:
            for(m = 0;m<bmiHeader -> biHeight;m ++ )
            {
                if((m&step) == 0)
                {
                    Dis_SetWindow(Win,left,bmp_height_y,bmp_width_x,(bmp_height_y + 1));
                    bmp_height_y -- ;
                }
                for(i = 0;i<bmiHeader -> biWidth;i ++ )
                {
                    if((i&0x07) == 0) E_GUI_BMP_ReadFile(Data_Buf,1);
                    if((i&step) == 0)
                    {
                        if((Data_Buf[0]&bit[i&0x07])!= 0)
                        Dis_WindowFillDot(Win,Colors_User[1]);
                        else
                        Dis_WindowFillDot(Win,Colors_User[0]);
                    }
                }
            }
            free(Colors_User);
            break;
        case 4:
            for(m = 0;m<bmiHeader -> biHeight;m ++ )
            {
                if((m&step) == 0)
```

```
            {
                Dis_SetWindow(Win,left,bmp_height_y,bmp_width_x,(bmp_height_y+1));
                bmp_height_y--;
            }
            for(i=0; i<bmiHeader->biWidth; i++)
            {
             if((i&0x01)==0)
             {
                 E_GUI_BMP_ReadFile(Data_Buf,1);
                 if((i&step)==0)
                     Dis_WindowFillDot(Win,Colors_User[(Data_Buf[0]>>4)%0x0f]);
             }
             else if((i&step)==0)Dis_WindowFillDot(Win,
                           Colors_User[(Data_Buf[0])%0x0f]);
            }
            if((i>>1)<bytes_line) E_GUI_BMP_ReadFile(Data_Buf,(bytes_line-i));
        }
        free(Colors_User);
        break;
    case 8:
        for(m=0;m<bmiHeader->biHeight;m++)
        {
            if((m&step)==0)
            {
                Dis_SetWindow(Win,left,bmp_height_y,bmp_width_x,(bmp_height_y+1));
                bmp_height_y--;
            }
            for(i=0; i<bmiHeader->biWidth; i++)
            {
                E_GUI_BMP_ReadFile(Data_Buf,1);
                if((i&step)==0)
                    Dis_WindowFillDot(Win,Colors_User[Data_Buf[0]]);
            }
            if(i<bytes_line) E_GUI_BMP_ReadFile(Data_Buf,(bytes_line-i));
        }
        free(Colors_User);
        break;
    case 24:
        for(m=0;m<bmiHeader->biHeight;m++)
```

```
                {
                    if((m&step) == 0)
                    {
                        Dis_SetWindow(Win,left,bmp_height_y,bmp_width_x,(bmp_height_y + 1));
                        bmp_height_y -- ;
                        for(i = 0; i<bmiHeader -> biWidth; i ++ )
                        {
                            E_GUI_BMP_ReadFile(Data_Buf,3);
                            if((i&step) == 0)
                            {
                                usTemp = ((unsigned short)(Data_Buf[2])<<8)&0xf800;
                                usTemp |= (((unsigned short)(Data_Buf[1])<<3)&0x07e0);
                                usTemp |= ((unsigned short)Data_Buf[0]>>3)&0x001f;
                                Dis_WindowFillDot(Win,usTemp);
                            }
                        }
                    }
                    else for(i = 0; i<bmiHeader -> biWidth; i ++ ) E_GUI_BMP_ReadFile(Data_Buf,3);
                    if(i * 3<bytes_line) E_GUI_BMP_ReadFile(Data_Buf,(bytes_line - i * 3));
                }
                break;
            }
        }
        Dis_EndWindow();
    }
```

而在分类显示时,会对一些中间使用数据进行计算:

```
BYTE Data_Buf[12];
bytes_line =  Bytes_Line(bmiHeader);                    //计算每行点需要的字节数
div -- ;
step = (step<<div) - 1;
//计算实际显示时,位图图像的显示尺寸数据
bmp_height_y = top + ((bmiHeader -> biHeight + step)>>div) - 1;
bmp_width_x = left + ((bmiHeader -> biWidth + step)>>div) - 1;
```

Data_Buf[12]的数组将会在 BMP 图像显示时使用,作为从 BMP 文件读取数据的缓冲。

div 的参数表示要缩小的比例,当 div 为 1 时表示原尺寸显示,为 2 时表示缩小为原来的 X、Y 轴的二分之一显示,缩小比例相当于 2div−1 倍。

Step 是一个中间变量,当传递进来的 div 为 1 时,该值也为 1;当 div 为 2 时,该值为 3。其

实，将该值以二进制的形式列出会更好理解。

接下来以对 24 位色的图像进行解码显示为例，介绍将 BMP 的图像数据显示到 TFT 上的方法。BMP_Show 函数中 24 位色 BMP 图像解码显示的部分代码如下：

```
case 24:
    for(m = 0;m<bmiHeader -> biHeight;m ++ )
    {
        if((m&step) == 0)
        {
            Dis_SetWindow(Win,left,bmp_height_y,bmp_width_x,
                (bmp_height_y + 1));
            bmp_height_y -- ;
            for(i = 0; i<bmiHeader -> biWidth; i ++ )
            {
                E_GUI_BMP_ReadFile(Data_Buf,3);
                if((i&step) == 0)
                {
                    usTemp = ((unsigned short)(Data_Buf[2])<<8)&0xf800;
                    usTemp |= (((unsigned short)(Data_Buf[1])<<3)&0x07e0);
                    usTemp |= ((unsigned short)Data_Buf[0]>>3)&0x001f;
                    Dis_WindowFillDot(Win,usTemp);
                }
            }
        }
        else for(i = 0; i<bmiHeader -> biWidth; i ++ )
        E_GUI_BMP_ReadFile(Data_Buf,3);
if(i * 3<bytes_line) E_GUI_BMP_ReadFile(Data_Buf,(bytes_line - i * 3));
}
break;
```

在显示控制代码中，第一个循环(for(m=0;m<bmiHeader—> biHeight;m++))会让显示控制程序把整个图像所有行的数据进行遍历，而循环中的一个 if 判断(if((m&step==0)))则会在所有图像的行中选择依据缩小比例而应该选择的行来显示。确定某一行要显示时，首先调用 Dis_Window.c 中的函数 Dis_SetWindow 来建立一个操作窗口，然后进入该行的像素点进行遍历，与行的遍历一样，也会根据缩小显示的比例来选择一行中应该显示的像素点来显示。

显示某一点像素点时，从位图图像数据中提取出该像素点的数据，然后转化为 RGB565 格式的显示数据，最后调用 Dis_WindowFillDot 函数将该像素点的 RGB565 数据填充到建立好的窗口中。

而对于不显示的点或者行，则调用 E_GUI_BMP_ReadFile 函数继续读取数据，以便于让当前读取数据的地址指针继续移动。

10.5 应用参考

在 10.4 节所有程序的基础上将 BMP 文件显示在 MzT24 上就很简单了，BMP 文件解码显示程序的主程序(main.c)流程控制代码如下：

```
#include "STM32F10x_lib.h"
#include "STM32F10x_System.h"
#include "LCD_Extend.h"
#include "bmp.h"
extern const unsigned char hehua_bmp[];
extern const unsigned char xongmao[];
void TimerDly(unsigned int Timer)
{
    unsigned int i = 0;
    while(Timer)
    {
        for(i = 0;i<1000;i++);
        Timer--;
    }
}
int main(void)
{
    Dis_Window Win;                                        //定义一个窗口
    System_Init();
    LCD_Init();                                            //LCD 初始化
    Dis_Window_Creat(&Win,0,0,239,319);                    //初始化窗口
      while (1)
      {
        FillWindow(0,0,239,319,0x0000);
        FontSet(0,0xf800);
        PutString(5,10,"Bitmap file Decode & Show");
        TimerDly(80000);
        FillWindow(0,0,239,319,0x0000);
        E_GUI_BMP(&Win,(unsigned char *)hehua_bmp);        //在 Win 窗口的范围中显示 BMP 文件
        TimerDly(80000);
        FillWindow(0,0,239,319,0x0000);
```

```
        E_GUI_BMP(&Win,(unsigned char *)xongmao);        //在 Win 窗口的范围中显示 BMP 文件
        TimerDly(80000);
    }
}
```

需要注意，在显示 BMP 文件之前，一定要将窗口创建好。

本例程将显示两幅 BMP 图片，原始图片如图 10-14 所示。实际用相机拍摄的效果图如图 10-15 所示(相机拍摄，难免有图形失真以及色彩偏差)。

图 10-14 BMP 文件原图

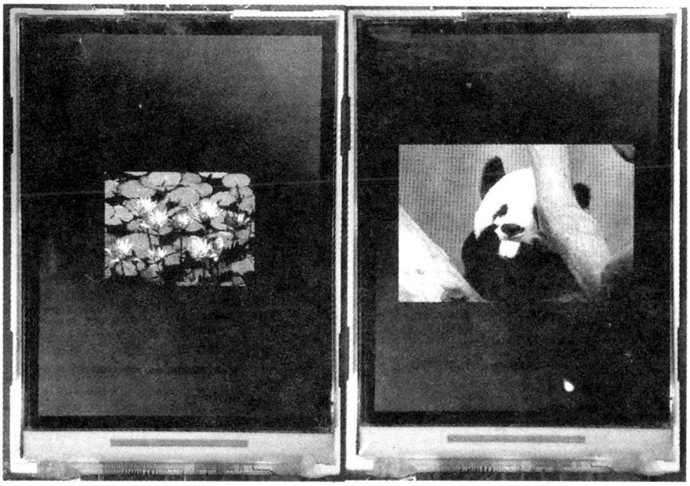

图 10-15 BMP 文件解码显示程序显示效果图

需要注意的是，第一张 BMP 位图的宽度为 256 点，已经超出了所建的窗口大小(240 点)。因此，在显示该图片时将其缩小了，即宽度变为原来的 1/2，高度了变为 1/2。

第 11 章

JPG 文件解码显示

在涉及 PC 的应用中，接触到的图像文件大多都是 JPG 格式的图像文件，而各种数码设备（常见的有数码相机、数码相框等）也都以 JPEG 文件格式作为输出图像的基本格式。JPG（JPEG）是一种静态图像压缩格式，具有出色的压缩能力和很小的图像失真。因性能优异，JPG 现已成为计算机的标准图像格式。随着技术的进步，JPG 的算法也有了进一步的发展；性能更好的 JPG2000 算法的出现使 JPG 的应用领域进一步扩展。

相比 BMP 位图格式的图像文件，JPG 文件的压缩率很高，通常一张 240×320 点阵的彩色图片，BMP 需要占用大约 150 KB 的空间，而 JPG 文件仅需要 20～30 KB。这些优点使得 JPG 格式的文件在嵌入式系统中得以广泛应用，比如远程图像传输等，可以大大降低图像传输对通信速率的要求。

本章介绍一个 JPG 文件解码库的应用，限于自身精力以及技术方面的原因，这里就不对具体的 JPG 文件格式及其解码、压缩的规则做详细介绍了，感兴趣的读者可以参阅相关书籍。

11.1 JPG 解码算法库

11.1.1 JPG 解码库简介

本章介绍的 JPG 解码库是基于 ST 公司的 STM32 系列 Cortex－M3 核心的 ARM 芯片的，不过该版本 JPG 解码库不支持附带缩略图的 JPG 文件，比如一般数码相机拍摄后导出的相片文件。这样的文件可通过用 Windows 自带的画图工具打开再重新保存的方法把附带的缩略图信息去除掉。

本章介绍的 JPG 解码显示例程所包含解码库是开放给读者使用的，对一些函数进行适当的修改则可以灵活地应用于各种系统中。实际应用中已经将 JPG 解码显示的应用运行在 C8051、LPC 的 ARM7、ST 的 STM32 等多种 MCU 平台上，JPG 文件可读取自基于 FAT 文件系统中的 SD 卡、MCU 内部程序空间、通过通信端口传输过来的文件等来源；速度优化方面利用 STM32 系列 ARM 芯片对程序空间内保存的 240×320 点的 JPG 文件进行解码并显示时最快，可以做到 0.5 s 以内。

11.1.2 JPG 解码库的特点

本章介绍的 JPG 解码库是针对拥有较少资源的 MCU 平台的，在解码库的设计过程中应重点考虑对 RAM 资源的节省以及处理速度的优化。这点单从表面上来看本书所附带的解码库是看不出来的，下面大概说明一下：

- 在 JPG 解码过程中，Huffman 解码、色彩空间变换、反量化和 IDCT(反离散余弦变换)占用绝大部分运算时间，其中以 IDCT 为最。因此，JPG 解码器设计的关键就是这几部分算法的设计。
- 解码库的 Huffman 解码部分使用 JPG 的标准算法(详情请参考 ITU.81)。为了尽可能节省内存和加快解码速度，这部分在实际实现上做了一些灵活的处理。
- 色彩空间变换部分使用快速的定点算法。为了保证在低性能的单片机上也能流畅执行解码过程，这部分使用汇编语言编写(虽然给移植带来了负面影响，但对于较低性能的单片机来说，可以较大程度地提高处理速度)。
- IDCT 变换部分使用 AA&N 快速算法。为了进一步优化算法，反量化也一同溶合到 IDCT 变换里实现。由于 JPG 编码中的高频部分有很多零值，利用这种方式可以最大限度地减少运算量。这样不但可以加快处理速度，而且节约了相当数量的 RAM。

JPG 解码库的特点总结如下：

- 可应用于普通的单片机，能快速移植到各种 32 位、16 位或 8 位 MCU 平台；
- 低资源占用，整个方案仅占用约 2 KB 的 RAM 和 11 KB 的 ROM；
- 使用灵活，配合用户自己的 API 可适用于任何存储介质；
- 完善而简便的控制接口，以适应不同应用的需要。

11.1.3 JPG 解码显示的软件架构

JPG 解码库的内部结构如图 11－1 所示。

图 11－1 中虚框部分为 JPG 解码库的内容，用户应用程序接口部分提取了一些函数开放出来，这样可以方便用户按功能要求对其修改。适当的修改可以更加灵活地应用 JPG 解码库。

对于程序代码来说，数据缓冲池就是一些定义的数组，通常可以通过对这些数组的访问获取到 JPG 文件解码后的图像像素点信息，并用于显示。

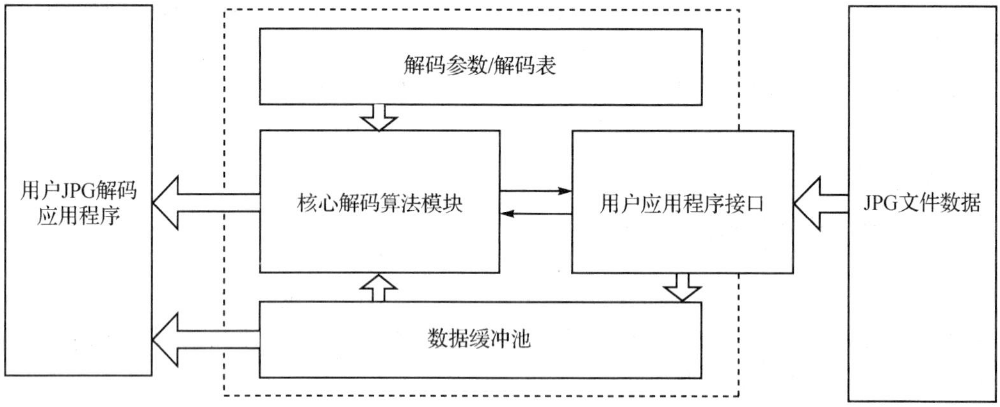

图 11-1　JPG 解码应用库软件架构

结合 JPG 解码应用库的使用，再来介绍一下 JPG 解码显示程序的架构，如图 11-2 所示。

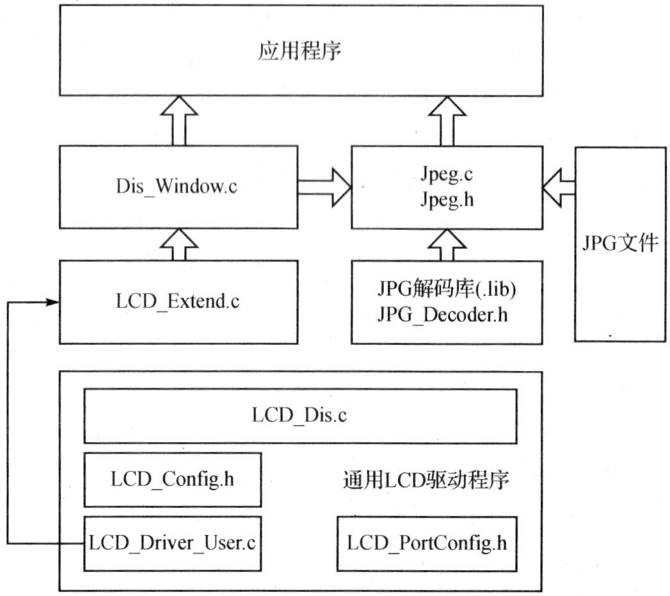

图 11-2　JPG 解码显示程序的架构

从图 11-2 可以看到，例子里提供了一个 jpeg.c 文件，里面是基于 TFT LCD 的驱动程序以及 JPG 解码库的应用代码，主要完成控制 JPG 文件的读取、解码以及将数据控制显示在 TFT 上。

11.2　将 JPG 文件数据整合进 Keil 的工程

与 BMP 文件显示的工程类似，范例中将 JPG 文件作为 MCU 的常量保存在程序存储器中；当然，是把 JPG 文件看成一个数组的形式，作为一种资源看待。不过，通常情况下，BMP 文件可能存放于基于文件系统的外部存储介质中，比如 SD 卡、U 盘等。这点在 JPG 解码显示的代码中已考虑到了如此应用方法，JPG 解码显示的程序接口上已经做好了预留。

而在 Keil 的开发环境中，要想将 JPG 文件作为一个常量数据放置在程序空间当中，则需要将 JPG 文件的全部数据转换为数组的形式，这就需要工具来转换，仍然使用 10.3 节所介绍的工具 Bin2C.exe。可以在网络上找到并下载该工具软件；而将 JPG 文件转化为 C 语言数组的方法与前面所述的 BMP 文件转换一样，在此不多介绍。

注意：在此需要再次说明，本范例提供的 JPG 解码库不支持文件中附带缩略图的 JPG 文件，一般数码相机或从网络上下载的图片都会附带缩略图，这时需要通过 Windows 自带的绘图工具软件将 JPG 文件打开后重新保存来去除缩略图数据。

11.3　JPG 文件的解码显示程序分析

JPG 解码显示程序为 keil 工程，名称为 Jpeg_Show，基于 STM32F103RCT6 驱动控制 MzT24 模块的显示程序；打开工程 Target1，则可以看到工程的文件结构，如图 11－3 所示。

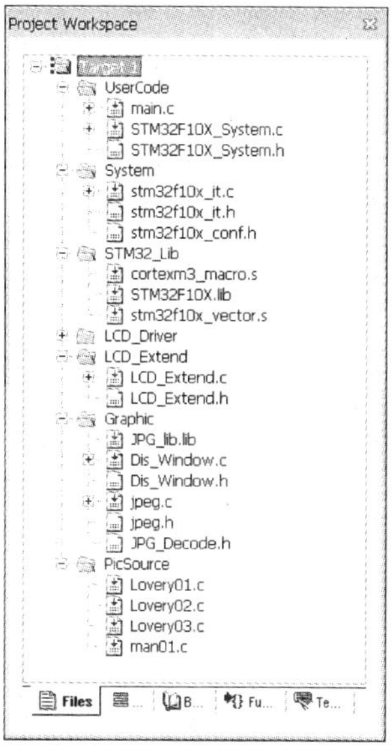

图 11－3　JPG 解码显示程序工程文件结构图

- STM32F10x_vector.s　　STM32 的启动文件，随着 STM32 应用库而使用的文件，一般不做修改；
- STM32F10X.lib　　STM32 的库文件；
- cortexm3_macro.s　　STM32 的一些宏定义，必需的；
- stm32f10x_conf.h　　STM32 的库配置文件；
- stm32f10x_it.c　　STM32 的中断定义文件；
- STM32F10X_System.c　　当前工程的系统初始化，包括晶体初始化、中断初始化以及端口初始化；
- main.c　　主程序文件；
- LCD_Driver\　　LCD 驱动程序集，LCD_PortConfig.h 中有端口定义；
- LCD_Extend\　　LCD 通用驱动程序集的扩展程序集，根据 LCD 特性写

	的一些应用程序接口；
➤ Graphic\Dis_Window. h/. c	通用 LCD 驱动程序集的扩展程序，主要为 BMP 及 JPG 文件显示而做；
➤ Graphic\jpeg. h/. c	JPG 文件解码显示应用程序；
➤ Graphic\JPG_lib. lib	JPG 文件解码库；
➤ Lovery01. c	用 bin2C. exe 转换的 JPG 文件数据；
➤ Lovery02. c	用 bin2C. exe 转换的 JPG 文件数据；
➤ Lovery03. c	用 bin2C. exe 转换的 JPG 文件数据；
➤ Man01. c	用 bin2C. exe 转换的 JPG 文件数据。

JPG 解码应用库附带一个头文件(JPG_Decoder. h)，需要用户来了解的，代码如下：

```
extern void JPG_MCU_Decode(void);
extern char JPG_Decode(unsigned char * File);
extern void JPG_YCbCr_RGB(void);

extern unsigned char JPG_Y_Temp[4][64];             //IDCT 变换后的亮度参数
extern unsigned char JPG_Cb_Temp[2][64];            //IDCT 变换后的色差参数 Cb
extern unsigned char JPG_Cr_Temp[2][64];            //IDCT 变换后的色差参数 Cr
extern unsigned int RGB_out[64];                    //解码后的 16 位真彩数据，这个数组里存了一个
                                                    //8×8 的图像块

extern struct
{
    int Width_Size;                                 //图像宽度
    int High_Sine;                                  //图像高度
    char G_RGB;                                     //图像属性
    char MCU_Decode_Step;
    int Width_MCU_Num;                              //水平方向的 MCU 数量
    int High_MCU_Num;                               //垂直方向的 MCU 数量
    int MCU_Loop_Num;                               //MCU 单元标记重复出现的长度
    char JPG_Pq;                                    //量化表精度 0 表示 8 位，1 表示 16 位
    char JPG_Tq;                                    //量化表个数，0～3 通常为 0～1，也就是最多两
                                                    //个量化表
    char H_MAX;                                     //水平方向采样系数的最大值
    char V_MAX;                                     //垂直方向采样系数的最大值
} JPG_Head;
```

前面做外部声明的 3 个函数为 JPG 解码库中的函数，进行 JPG 文件解码时，用户需要调用这 3 个函数来完成 JPG 文件的分析，它们的功能分别为：

➤ JPG_Decode 函数为 JPG 文件信息分析函数，在进行某个 JPG 文件解码前，都需要调用

它。该函数调用后会输出 JPG 文件的相关信息，存放在 JPG_Head 的结构体变量中；不过该函数的参数在调用时，传递一个空指针即可。

➢ JPG_MCU_Decode 函数用于对 JPG 文件的图像数据进行解码。一次调用可以解出一个 16×16 点的图像数据，顺序是从左到右、自上到下，即第一个解码完成的图像区域为图像的左上角；但此时不输出图像的数据，仅保存于解码库的内部缓冲区当中。

➢ JPG_YCbCr_RGB 函数是在 JPG_MCU_Decode 函数调用之后，对解完码的 16×16 点阵的图像数据进行转换、输出；输出为 RGB565 格式的数据，保存于 RGB_out[64]数组中，一次调用可以输出一块 8×8 的图像数据。也就是说，调用完一次 JPG_MCU_Decode 函数后，需要调用 4 次该函数方可将一个 16×16 点阵的图像数据输出。

此外，JPG 解码库要求用户必需定义有两个函数，以供 JPG 解码库在进行数据读取时调用。在本章的 JPG 解码显示程序将其定义在 jpeg.c 文件中，代码如下：

```
//==========================================================================
// ----Function: void JPG_Read_File(unsigned char * Data,int Num);
// -Description: 从图像文件中读取图像数据函数
// --Parameters: Data:读取后的数据指针，Num:需要读取的字节数
// -----Returns: None
//==========================================================================
void JPG_Read_File(unsigned char * Data,char Num)
{
    char i;
    for(i = 0;i<Num;i++)
        Data[i] = *File_ptr++;
}
//==========================================================================
// ----Function: NEXTBYTE();
// -Description: 从文件中读取一字节数据并调整指针指向下一字节
// --Parameters: None
// -----Returns: 读到的 1 字节数据
//==========================================================================
unsigned char NEXTBYTE(void)
{
    return *File_ptr++;
}
```

JPG_Read_File 以及 NEXTBYTE 函数是必需要有的，而且函数名不可以改动，它们会被 JPG 解码库回调，以获取 JPG 文件的数据。正因如此，感兴趣的读者也可以适当修改这两个函数，以适应自身的应用要求；但要注意，如果进行修改请按照各程序的功能要求来修改，具体

如何操作并不限制。

JPG 解码的控制程序主要有两个函数，与 BMP 解码显示的控制代码有点类似。下面首先看一个供用户应用时调用的接口函数：

```
//=========================================================
// 函数：void E_GUI_Jpeg(Dis_Window * Win,unsigned char * jpeg_file)
// 描述：解码显示 jpeg 文件
// 参数：Dis_Window * Win      创建好的窗口
//          BYTE * jpeg_file   jpeg 文件首指针
// 返回：无
//=========================================================
void E_GUI_Jpeg(Dis_Window * Win,unsigned char * jpeg_file)
{
    DWORD pic_xw,pic_yw,pic_div = 1;
    WORD top,left;
    File_ptr = jpeg_file;
    JPG_Decode((unsigned char * )0);                  //先对文件进行解码
    //计算缩小的比例
    pic_xw = JPG_Head.Width_Size;
    pic_yw = JPG_Head.High_Sine;
    while((pic_xw>Win-> Witch)||(pic_yw>Win-> Hight))
    {
        pic_div++;
        pic_xw = pic_xw>>1;
        pic_yw = pic_yw>>1;
    }
    left = ((Win-> Witch+1)>>1) - (pic_xw>>1);
    top = ((Win-> Hight+1)>>1) - (pic_yw>>1);
    //进行文件解码显示
    JPEG_Show(Win,left,top,pic_div);
}
```

E_GUI_Jpeg 函数有两个参数，一个是要在 JPG 文件解码显示前创建好的窗口，即指定 JPG 图像要显示的区域；另外一个是 JPG 文件的首地址。

与 BMP 文件显示的代码类似，函数中首先调用 JPG_Decode 来进行 JPG 图像相关信息的提取，完成后可以通过访问 JPG_Head 结构体变量来获取类似于图像的宽、高的信息。而 JPG 文件解码显示的控制程序中加入了对显示图像的缩小计算，因为有可能传递进来的窗口区域在定义时比 JPG 图像的尺寸要小，这时就需要将 JPG 图像缩小显示，缩小的比例有 1、2、4、8 等。最后调用 JPEG_Show 函数来完成最终的显示。代码如下：

```
void JPEG_Show(Dis_Window * Win,unsigned int x,unsigned int y,unsigned char Pic_Div)
{
    int i,j,k,n,m;
    unsigned int t_x,t_y;
    unsigned short Pic_Buf[256];
    unsigned short Pic_DotIndex = 0;
    unsigned char Pic_Step,Win_Step;
    unsigned short Pic_Witch,Pic_Hight;
    Pic_Div--;
    Pic_Step = 1<<(Pic_Div);
    Win_Step = (16>>(Pic_Div)) - 1;
    Pic_Witch = JPG_Head.Width_Size;
    Pic_Hight = JPG_Head.High_Sine;

    for(i = 0;i<JPG_Head.High_Sine;i += 16)
    {
        for(j = 0;j<JPG_Head.Width_Size;j += 16)
        {
            JPG_MCU_Decode();                  //一次解出 16X16 点的图像数据
            for(k = 0;k<4;k++)
            {
                JPG_YCbCr_RGB();               //进行 YCbCr 至 RGB 格式的图像颜色转换
                t_x = (k&1) * 8;
                t_y = (k>>1) * 128;
                n = 0;
                for(n = 0;n<8;n += 1)
                {
                    for(m = 0;m<8;m += 1)
                    {
                        Pic_Buf[t_y + t_x + n * 16 + m] = (unsigned short)RGB_out[n * 8 + m];
                        Pic_DotIndex++;
                    }
                }
            }
            t_x = x + (j>>(Pic_Div));
            t_y = y + (i>>(Pic_Div));
            Dis_SetWindow(Win,t_x,t_y,t_x + Win_Step,t_y + Win_Step);
            for(n = 0;n<16;n += Pic_Step)
            {
```

```
                if((n+i)<Pic_Hight)
                {
                    for(m=0;m<16;m+=Pic_Step)
                    {
                        if((m+j)<Pic_Witch)
                            Dis_WindowFillDot(Win,Pic_Buf[n*16+m]);
                        else Dis_WindowFillDot(Win,0x0000);
                    }
                }
                else
                {
                    for(m=0;m<16;m+=Pic_Step)
                        Dis_WindowFillDot(Win,0x0000);
                }
            }
            Dis_EndWindow();
        }
    }
}
```

JPEG_Show 函数与 BMP 的解码显示函数也是类似的，进入函数后会首先针对图像显示的缩小比例进行一些中间变量的计算；然后有两个嵌套着的大循环保证 JPG 图像的所有像素点都被解码出来。

在解码过程中，每次调用 JPG_MCU_Decode 函数都会完成一个 16×16 点阵的图像数据解码，而这个数据块并不能直接送给 TFT 屏来显示，还需要调用 4 次 JPG_YCbCr_RGB 函数来对这 16×16 点阵数据进行转换，并将转换完成的数据暂存于数组 Pic_Buf[256]中。最后，根据缩小比例关系将一个 16×16 点阵的数据按比例要求来显示。

11.4 应用参考

使用 JPG 解码应用库来进行 JPG 文件的解码显示时，用户程序非常简单。JPG 文件解码显示程序的的主函数代码如下：

```
#include "STM32F10x_lib.h"
#include "STM32F10x_System.h"
#include "LCD_Extend.h"
#include "jpeg.h"
extern const unsigned char Lovery01[];
```

```
extern const unsigned char Lovery02[];
extern const unsigned char Lovery03[];
extern const unsigned char man01[];
void TimerDly(unsigned int Timer)
{
    unsigned int i = 0;
    while(Timer)
    {
        for(i = 0;i<1000;i++);
        Timer--;
    }
}
int main(void)
{
    Dis_Window Win;                                  //定义一个窗口
    System_Init();
    LCD_Init();                                      //LCD 初始化
    Dis_Window_Creat(&Win,0,0,239,319);              //初始化窗口
      while (1)
      {
        FillWindow(0,0,239,319,0x0000);
        FontSet(0,0xf800);
        PutString(5,10,"JPEG file Decode & Show Demo");
        TimerDly(80000);
        E_GUI_Jpeg(&Win,(unsigned char *)Lovery01);  //在 Win 窗口的范围中显示 JPG 文件
        TimerDly(80000);
        FillWindow(0,0,239,319,0x0000);
        E_GUI_Jpeg(&Win,(unsigned char *)Lovery02);  //在 Win 窗口的范围中显示 JPG 文件
        TimerDly(80000);
        FillWindow(0,0,239,319,0x0000);
        E_GUI_Jpeg(&Win,(unsigned char *)Lovery03);  //在 Win 窗口的范围中显示 JPG 文件
        TimerDly(80000);
        FillWindow(0,0,239,319,0x0000);
        E_GUI_Jpeg(&Win,(unsigned char *)man01);     //在 Win 窗口的范围中显示 JPG 文件
        TimerDly(80000);
      }
}
```

本程序共显示 4 张 JPG 图片，图 11－4 为原始图片。而实际显示效果如图 11－5 所示。

图 11－4　JPG 文件解码显示程序原始图片

图 11－5　JPG 文件解码显示程序显示效果图

第 12 章

基于 SD 卡文件系统的简易图像浏览器方案

12.1 方案简介

本章介绍一个基于 SD 卡文件系统的简易图像浏览器方案。该方案使用 ST 公司的 STM32F103R8/B/C/D 芯片作为主控 MCU，SD 卡通过 SPI 总线与 MCU 连接，采用 FAT 文件系统，显示模块采用第 7 章所介绍的 MzT24 模块。该方案将可以从 SD 卡的根目录下读取并解码显示 JPG、BMP 文件，同时将它们显示在 MzT24 模块上；而 JPG 文件的限制与第 11 章一样，JPG 文件中不能包含缩略图部分的内容，而 JPG 文件的格式还需要符合这里介绍的 JPG 解码应用库的解码限制。

方案中将直接使用第 7 章介绍的 STM32F103RC 驱动控制 MzT24 模块的 LCD 驱动程序，并使用第 8 章中介绍的功能扩展驱动程序以加快图形显示的速度；JPG 以及 BMP 文件解码显示程序将在第 10 章、第 11 章的程序上进行适当修改，以便于程序应用于文件系统的软件平台之上。而 SD 卡驱动程序以及 FAT 文件系统的代码使用了网络上开源的 EFSL(Embeded File System Library)文件系统代码，在此仅简要介绍。

12.1.1 方案硬件平台

STM32F103RX(X=8/B/C/D/E)系列 MCU 为 64 脚 ARM Cortex－M3 核心的微处理器；资源最少的为 STM32F103R8，拥有片内 20 KB 的 SRAM，64 KB 的片内程序 Flash；而 STM32F103RE 芯片有 64 KB 的片内 SRAM 以及 512 KB 的片内程序 Flash，并且具备 SD 卡接口。整个 STM32F103RX 系列的芯片都是 64 脚的封装，引脚兼容，仅仅是在一些片内硬件资源上有所区别；而它们的程序是通用的，当然是在程序中所使用的芯片内部硬件资源为整个系列的芯片都具备的前提下。

本章方案的程序可以在 STM32F103RX 系列的所有芯片上运行，但还是以 STM32F103RC 芯片为介绍对象。

STM32F103RC 与 SD 卡的连接实际上是与 SD 卡座的连接，这里使用 STM32F103RC 的 SPI1 总线及连接 SD 卡的数据总连接。此外还使用了两个端口来完成片选和检测卡插入状态的检测，分别是 SD 卡片选引脚(SD_CS)以及检测 SD 卡座是否有插入 SD 卡的检测引脚(SD_INS)。

STM32F103RC 与 MzT24 模块的连接与第 7 章中介绍的连接关系相同。方案的硬件框图如图 12－1 所示。

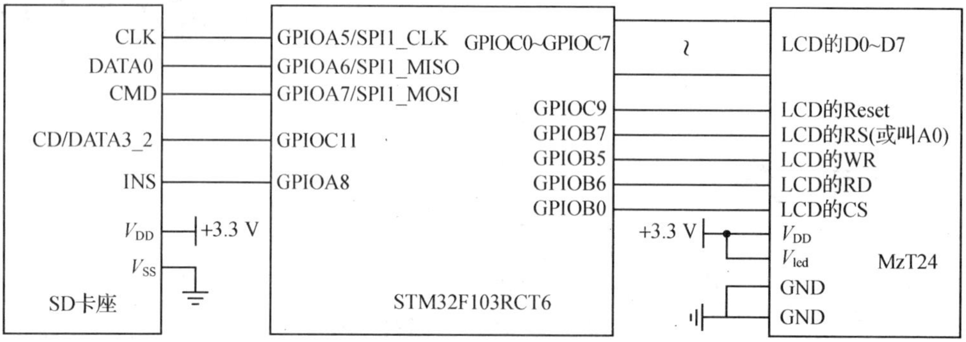

图 12－1　硬件连接框图

SD 卡座按照 MMC 卡规范，支持 SD 接口以及 SPI 接口。本方案使用 SPI 接口连接 SD 卡，CLK 的引脚重定义为 SPI 接口模式下的时钟输入，DATA0 引脚在 SPI 接口模式下为 SPI 总线的主输入/从发送(MISO)，而 CMD 引脚在 SPI 接口模式下为主输出/从输入(MOSI)。SD 卡座上的 INS 引脚具有检测 SD 卡是否插入卡座的功能，使用时需要将 SD 卡座外壳接地，而要求 INS 连接的 MCU 接口为上拉输入类型时，且 SD 卡未插入时，INS 引脚与 SD 卡座是不连通的，即检测到 INS 的电平为高电平。SD 卡插入后，INS 引脚会与 SD 卡座相连，则检测到 INS 为低电平。CD/DATA3_2 引脚在 SPI 接口模式下为 SD 卡的片选(CS)。本方案的电路原理如图 12－2 所示。

图 12－2 仅给出最核心的 STM32F103 芯片与 MzT24 模块、SD 卡座的电路原理图，而电源部分供电要求为 3.3 V，STM32F103 的 JTAG 连接或者程序下载的电路可以参考 STM32 的编程手册。STM32F103RX 系列芯片中，SPI1 模块与 GPIOA4～GPIOA7 端口可复用。

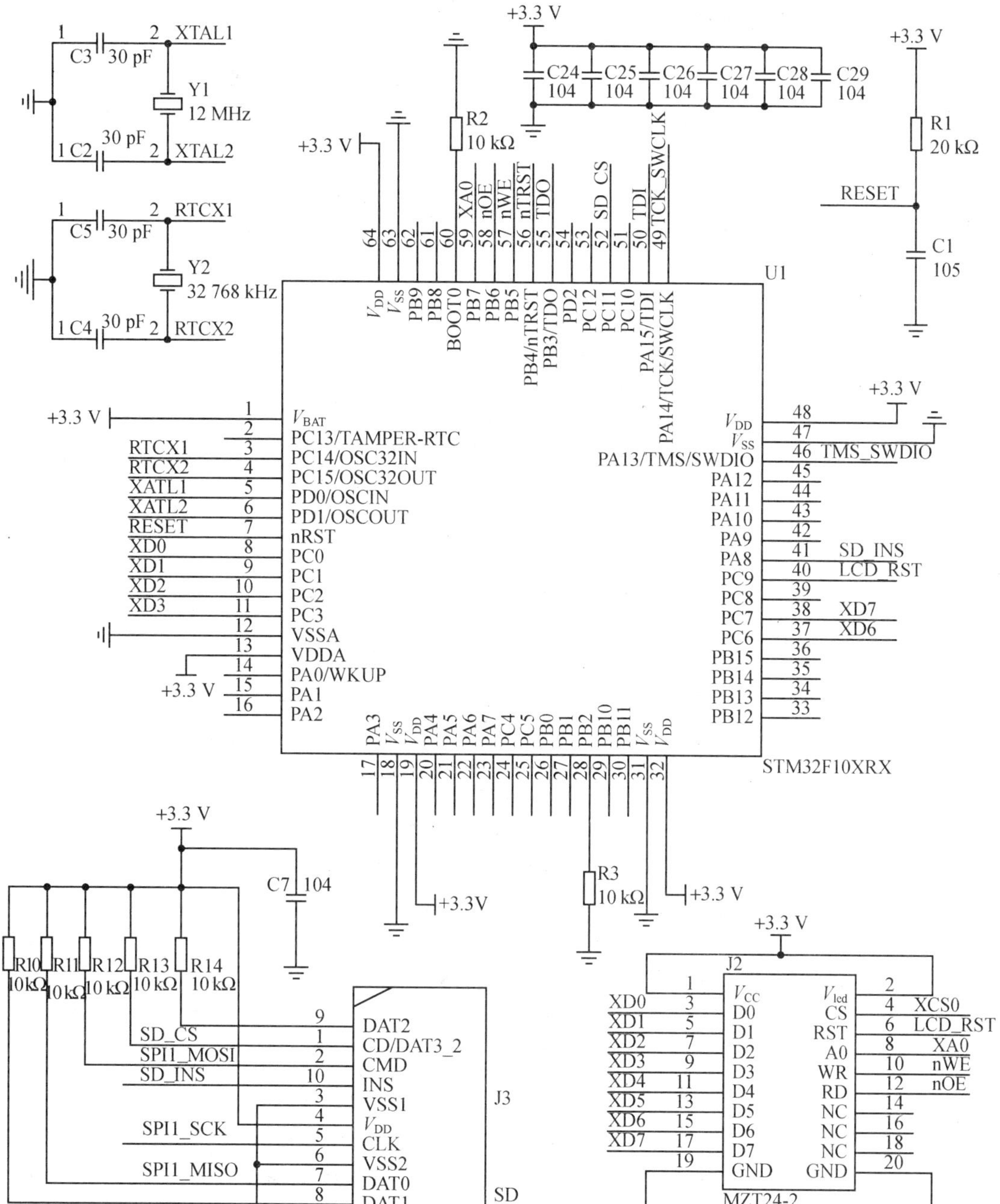

图 12－2　方案电路原理图

12.1.2 方案软件结构

基于 SD 卡的简易图像浏览器方案中的程序主要分为以下 4 大模块：

- 整体功能程序，属于应用程序层面，基于文件系统程序、LCD 驱动程序以及图像文件解码显示程序；
- 文件系统程序，包含 EFSL 文件系统、SD 卡驱动以及 SPI 接口程序；
- 显示驱动程序，包含通用 LCD 驱动程序及其 LCD 功能扩展驱动程序；
- 图像显示程序，主要为 JPG 文件解码显示程序、BMP 文件解码显示程序。

这 4 个模块程序之间的关系如图 12－3 所示。

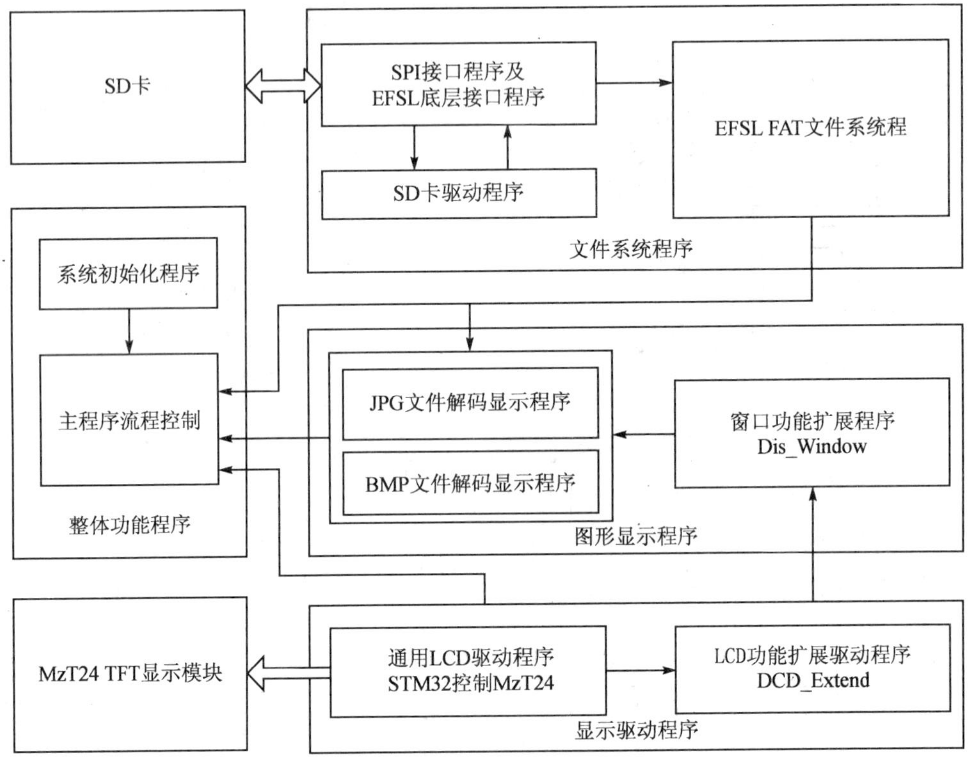

图 12－3 简易图像浏览器方案软件结构示意图

显示驱动程序主要由第 7 章介绍的 STM32F103RC 控制驱动 MzT24 模块的通用 LCD 驱动程序构成，附加上第 8 章介绍的 LCD 功能扩展程序以加快图形操作时的速度。而主程序流程控制将调用显示驱动程序输出一些信息，如 SD 卡插入状态显示、文件系统状态等。

图形显示程序由 JPG、BMP 文件解码显示程序以及窗口功能扩展程序构成；窗口功能扩展程序将调用显示驱动程序，而其又被 JPG、BMP 文件解码显示程序所调用；JPG、BMP 文件将通过文件系统程序读取图像文件的数据进行解码。

整体功能程序主要是系统的初始化(含有关于STM32F103RC芯片的各个功能模块的初始化)以及主程序流程控制;主程序流程控制中将调用显示驱动程序、图形显示程序以及文件系统程序的应用接口函数来完成本方案的功能控制。

文件系统程序主要由EFSL文件系统程序构成。EFSL属于纯软件层,需要在底层有存储介质的操作接口程序的支持;本章采用的是基于SD卡的文件系统,所以它还需要SD卡驱动程序的支持。

12.2 基于EFSL的SD卡FAT文件系统简介

EFSL的全称为Embeded File System Library,是一个开源的文件系统应用库项目;它建立起了一个文件系统应用库,可以使用在各种嵌入式系统之中,目前支持微软的FAT12、FAT16、FAT32文件系统。EFSL使用标准C语言编写,可以在各种C编译器中进行编译;将它移植到不同嵌入式系统中时仅需要编写从存储介质中读取、写入一个大小为512字节的扇区的函数,非常容易。

目前,EFSL的版本提供了几个供用户使用的应用接口,主要如下:

➤ 文件系统操作,主要是EFSL初始化、关闭文件系统;

➤ 目录操作,打开目录、获取当前目录下文件路径等功能接口;

➤ 文件操作,打开文件、写文件、读文件等对文件的操作功能接口。

EFSL最小资源时,可以仅占用1 KB的RAM资源,且可以通过对其配置(修改Config.h文件中的定义)来定义占用的RAM资源大小。而影响EFSL对文件系统操作速度最大的是缓冲扇区的数量,当然将其定义的数量越大,则文件系统的操作效率越高,这点用户可以参考EFSL的用户手册(efsl-manual)。

本章介绍的简易图像浏览器的方案是基于SD卡中FAT文件系统的,也说明EFSL需要有SD卡驱动程序的支持;而从反向角度来理解,SD卡驱动程序一端需要给EFSL提供对SD卡扇区的读取和写入数据的两个函数。另外,EFSL初始化时提供一个初始化SD卡的函数。

12.2.1 SD卡驱动程序

在12.1.1小节中介绍到,本方案的SD卡与STM32F103RC的连接使用SPI总线,所以实际的程序就将SD卡驱动程序分成了两部分:

➤ SD卡协议层相关的处理接口程序;

➤ STM32F103RC的SPI操作代码以及提供给EFSL的文件系统底层函数接口。

这样的安排可以保证用户再移植整个EFSL以及SD卡驱动程序到别的MCU平台上时仅需要对与MCU相关的SPI操作代码进行修改。有关SD卡的协议将不作介绍,感兴趣的读者可以找到 SDMMC 协议规范的文档进行了解。

EFSL 需要 SD 卡驱动程序提供的 3 个重要的底层接口函数分别为：

- if_readBuf，读取一个扇区的数据；
- if_writeBuf，写入一个扇区的数据；
- if_initInterface，初始化 SD 卡。

这 3 个函数都通过 SD 卡协议层的程序对 SD 卡进行操作，但初始化 SD 卡函数还会调用一些初始化 STM32F103RC 的 SPI1 接口的代码，如下：

```
//= = = = = = = = = = = = = = = = = = = = = = = = = = = = = = = = = = = = = = = = = = = =//
//函  数：    esint8 if_readBuf(hwInterface * file,euint32 address,euint8 * buf)
//参  数：    略
//返  回：    操作结果
//描  述：    读取存储介质中的一个 sector 的内容，这里存储介质为 SD 卡
//备  注：    该函数是 EFSL 的标准接口函数，需要用户自定义，根据存储介质来设计，函数名
//             需要保持与 EFSL 要求的一至：if_readBuf
//= = = = = = = = = = = = = = = = = = = = = = = = = = = = = = = = = = = = = = = = = = = =//
esint8 if_readBuf(hwInterface * file,euint32 address,euint8 * buf)
{
    return(sd_readSector(file,address,buf,512));
}
//= = = = = = = = = = = = = = = = = = = = = = = = = = = = = = = = = = = = = = = = = = = =//
//函  数：    esint8 if_writeBuf(hwInterface * file,euint32 address,euint8 * buf)
//参  数：    略
//返  回：    操作结果
//描  述：    写入存储介中的一个 sector 的内容，这里存储介质为 SD 卡
//备  注：    该函数是 EFSL 的标准接口函数，需要用户自定义，根据存储介质来设计，函数名
//             需要保持与 EFSL 要求的一至：if_writeBuf
//= = = = = = = = = = = = = = = = = = = = = = = = = = = = = = = = = = = = = = = = = = = =//
esint8 if_writeBuf(hwInterface * file,euint32 address,euint8 * buf)
{
    return(sd_writeSector(file,address, buf));
}
//= = = = = = = = = = = = = = = = = = = = = = = = = = = = = = = = = = = = = = = = = = = =//
//函  数：    esint8 if_initInterface(hwInterface * file, eint8 * opts)
//参  数：    略
//返  回：    操作结果  0 为正确初始化
```

```
//描　述:　　EFSL 中所使用的存储介质初始化函数
//备　注:　　该函数是 EFSL 的标准接口函数,需要用户自定义,根据存储介质来设计,函数名
//　　　　　 需要保持与 EFSL 要求的一至:if_initInterface
//=========================================================================//
esint8 if_initInterface(hwInterface* file, eint8* opts)
{
    euint32 sc;
    if_spiInit(file);
    if(sd_Init(file)<0)    {
        return(-1);
    }
    if(sd_State(file)<0){
        return(-2);
    }
    sd_getDriveSize(file, &sc);
    file->sectorCount = sc/512;                //这里将默认 SD 卡的每个 sector 为 512Bytes
    if( (sc%512) != 0) {
        file->sectorCount--;
    }
    if_spiSetSpeed(1);
    return(0);
}
```

其中,eint8 以及 eint32 的变量类型在 type.h 中有重定义,分别为 8 位宽度的 char 型变量和 32 位长度的整型变量;hwInterface 为结构体,可由用户自定义(但要保证结构体名字为 hwInterface),用以标识存储介质的类型以及大小等信息。

STM32F103RC 的 SPI 操作代码主要为 SD 卡协议层程序提供操作 STM32F103RC 芯片的 SPI1 总线的功能函数,主要的函数如下:

- SPI_Config　　SPI 总线初始化;
- if_spiInit　　SPI 总线初始化,并在初始化 SD 卡之前对 SD 卡进行预先的操作;
- if_spiSetSpeed　SPI 总线速度设置;
- if_spiSend　　SPI 总线字节发送,并返回当前 SPI 总线读取到的字节数据。

12.2.2　EFSL 应用函数接口

EFSL 主要给用户提供了 3 种类型的操作,文件系统操作、目录操作以及文件操作;除此

之外，还提供了时间日期方面的功能（可以在配置文件中选择是否使用时间日期功能）。3 个主要应用函数接口见表 12－1。

表 12－1　EFSL 主要应用函数接口

类　别	函数名	描　述
文件系统操作	efs_init	初始化硬件以及 EFSL 各层软件
文件操作	file_fopen	打开指定的文件，同时根据文件名及路径搜索该文件；若找到则将文件信息结构体变量进行初始化
	file_fclose	关闭已打开的文件，并将记录在 EFSL 中的该文件记录删除
	file_read	从已打开的文件中读取数据
	file_write	往已打开的文件中写入数据
目录操作	mkdir	生成一个新的目录/文件夹
	ls_openDir	打开一个目录，以便对该目录进行下一级的文件遍历查找
	ls_getNext	在当前打开的目录下获取下一个有效的文件信息，并将有效文件的信息保存到 dirlist －> currentEntry 中

使用 EFSL 文件系统时，还需要大致了解 3 个基本的结构体；最好可以参考 FAT 文件系统规范后再理解 EFSL 中各个结构体的意义，这样会有更深刻的体会。

与 EFSL 所提供的 3 种类型的操作一样，3 个基本的结构体分别记录着 3 个层次的内容，分别是：

- EmbeddedFileSystem　嵌入式文件系统结构体；
- DirList　目录列表结构体；
- EmbeddedFile　文件信息结构体。

EmbeddedFileSystem 结构体的内容如下：

```
struct EmbeddedFileSystem{
    hwInterface myCard;
    IOManager myIOman;
    Disc myDisc;
    Partition myPart;
    FileSystem myFs;
};
```

hwInterface 结构体将记录当前文件系统所在的存储介质的信息，由用户自定义其中的内容，一般会记录存储介质的大小以及类型等信息。

IOManager 结构体记录前 EFSL 与存储介质之间的缓冲区管理的信息，对应着 EFSL 当中的缓冲区管理程序。EFSL 的上层操作（目录、文件等操作）都基于缓冲区管理程序，再通过它与底层的存储介质进行数据交互。

Disc 结构体用于记录“盘”的信息。注意区分“盘”和存储介质的关系，“盘”指的是传统意义上的“磁盘”的概念，按 FAT 文件系统规范划分，具体请参考 FAT 文件系充规范的内容。

Partition 结构体用于记录当前分区的信息，一个“磁盘”中支持多个分区。FileSystem 结构体则记录有当前文件系统的总合信息，用于所有的 EFSL 对文件系统、目录、文件等的操作当中。

DirList 结构体的内容如下：

```
struct DirList{
    FileSystem *fs;
    euint16 cEntry,rEntry;
    ListDirEntry currentEntry;
    ClusterChain Cache;
};
struct ListDirEntry{
    euint8 FileName[LIST_MAXLENFILENAME];
    euint32 FileSize;
    euint8 Attribute;
};
```

DirList 结构体中也有一个 FileSystem 结构体的变量，用于记录当前 DirList 是与哪一个文件系统、哪一个分区以及哪一个盘关联。

ListDirEntry 结构体中记录当前目录所指向的文件/文件夹，并标识该文件/文件夹的属性、大小；调用 ls_getNext 函数，则可以从对应的 DirList 结构体变量中的 ListDirEntry 中获取文件/文件夹信息。

EmbeddedFile 是结构体 File 的重定义名，它的内容如下：

```
struct File{
    FileRecord DirEntry;
    FileLocation Location; /* Location in directory!! */
    FileSystem *fs;
    ClusterChain Cache;
    euint8      FileStatus;
    euint32 FilePtr;
    euint32 FileSize;
};
```

EmbeddedFile 结构体中可以记录针对文件的具体信息，所有的文件操作都会通过 EmbeddedFile 结构体变量来操作指定的文件；EmbeddedFile 结构体的变量在打开文件后标识有该文件的信息。

12.3 修改图像解码显示程序代码

第 10、11 章中介绍的 BMP、JPG 文件解码显示的程序都是针对图像文件存放在 STM32 的片内 Flash 当中的情况，而本章所有的图像文件保存于 SD 卡中，程序要读取图像文件则需要通过 EFSL 来对文件进行操作；因此，需要对 BMP、JPG 文件解码显示程序进行适当修改。

12.3.1 修改 BMP 文件解码显示程序

由于需要通过 EFSL 来读取 SD 卡中的文件内容，所以 BMP 文件解码显示程序中需要加载 EFSL 的一些头文件，如下：

```
#include "ls.h"
#include "efs.h"
```

而要能过 EFSL 来操作文件，还需要有两个重要的结构体变量，不过它们在例程中定义在别的地方，这里在 BMP.c 中对它们进行外部声明即可，如下：

```
extern EmbeddedFileSystem my_efs;
extern EmbeddedFile my_file;
```

在 BMP 文件解码程序中对两个函数进行修改，首先是 E_GUI_BMP 函数，需要将其参数进行修改，以便于调用可以传递要打开文件的 DirList 结构体变量以及文件名信息。

```
void E_GUI_BMP(Dis_Window *Win,unsigned char *Dir,unsigned char *FileName)
{
    US_COLORS *Colors_User;
    BITMAPFILEHEADER bmfHeader;
    BITMAPINFOHEADER bmiHeader;
    BYTE Data_Buf[4];
    unsigned int nColors = 1;
    DWORD pic_xw,pic_yw,pic_div = 1;
    WORD top,left;
    char FileDir[50],i = 0,j;
    while( *Dir!= 0)
    {
        FileDir[i++] = *(Dir++);
    }
    for(j = 0;j<8;j++)
    {
        FileDir[i+j] = *FileName++;
```

```
    }
    FileDir[i+j] = '.';
    FileDir[i+j+1] = 'B';
    FileDir[i+j+2] = 'M';
    FileDir[i+j+3] = 'P';
    FileDir[i+j+4] = 0x20;
    if(file_fopen(&my_file,&my_efs.myFs,(char *)(FileDir+1),'r')!= 0) return;
```

相比原来的程序，新添加的代码已用粗体标识；函数增加了两个参数，一个是文件的路径，另一是文件名。FileDir 数组用于保存文件的完整路径以及文件名，从传递进来的参数中获取路径信息以及文件名。最后打开文件前会对 FileDir 数组进行文件名后缀规范化处理。调用 file_fopen 函数打开指定的文件，如果返回值非零，则说明文件打开失败，退出 BMP 文件解码显示程序。

BMP 文件解码显示程序中，所有从 BMP 文件读取数据的操作都通过一个函数来完成。这里已经将其独立出来，需要针对 EFSL 的文件系统进行修改，如下：

```
void E_GUI_BMP_ReadFile(BYTE *buf,WORD Num)
{
/*    while(Num--)
    {
        *buf++ = *BMP_File_Pointer++;
    } */
    file_read(&my_file,Num,buf);
}
```

E_GUI_BMP_ReadFile 函数会在 BMP 文件解码程序对 BMP 文件进行解码时调用，从 BMP 文件中读取数据，在此，它将通过 EFSL 的文件操作函数 file_read 来从已打开的文件中读取数据。

12.3.2　修改 JPG 文件解码显示程序

JPG 文件解码显示程序的修改与 BMP 文件解码显示程序的修改类似，也需要将 EFSL 的两个头文件包含进来，且对两个必需的全局变量在程序中做外部声明。而 JPG 解码显示的主程序里，同样也需要修改函数的参数，以便于传递进来指定文件的路径以及文件名，并在函数中将文件打开。修改的代码与 BMP 文件解码显示程序一样，仅在规范化文件名时需要把文件名规范成为“.JPG”的文件类型。

与 BMP 文件解码显示程序类似，JPG 文件解码显示程序也通过固定的函数从文件中读取数据，也需要对它们进行修改，以适应当前的使用环境。

JPG 文件解码显示程序有两个从文件中读取数据的函数，一个是 JPG_Read_File 函数，它需要从文件中读取指定数量的数据；另一个是 NEXTBYTE 函数，功能是从当前文件中读取一个字节的数据，并把文件操作的数据指针移到下一个字节上。

修改后的程序如下：

```
void JPG_Read_File(unsigned char * Data,char Num)
{
    file_read(&my_file,Num,Data);//
}
unsigned char NEXTBYTE(void)
{
    unsigned char ucTemp;
    file_read(&my_file,1,&ucTemp);//
    return ucTemp;
}
```

12.4 整体功能程序简介

整体功能程序实际上就是本章介绍方案中的主程序部分，分别调用显示驱动程序、文件系统程序以及图像显示程序来实现整个方案的功能。程序主要分为 4 部分：

- 初始化，即初始化 STM32F103RC 的时钟等；
- 检测 SD 卡插入状态；
- 初始化 EFSL 文件系统；
- 循环搜索 SD 卡根目录下的 JPG 或 BMP 文件，并将其解码显示。

图 12-4 为整体功能程序的流程图。

程序将整体功能的所有代码都安排在了主程序中(main)，要先定义好几个全局变量，以供各个模块的程序使用。

```
EmbeddedFileSystem my_efs;
EmbeddedFile my_file;
DirList my_Dlist;
Dis_Window Win;
```

前 3 个结构体变量用于对 EFSL 的文件系统、目录以及文件的操作；Dis_Window 结构体在 8.2 节中已经有述，Win 变量将建立一个虚拟的绘图窗口，图像文件将在窗口中显示，如果图像尺寸大于该窗口，则会把图像缩小显示。

程序的开头将对 STM32F103RC 以及 LCD 进行初始化：

```
int main(void)
```

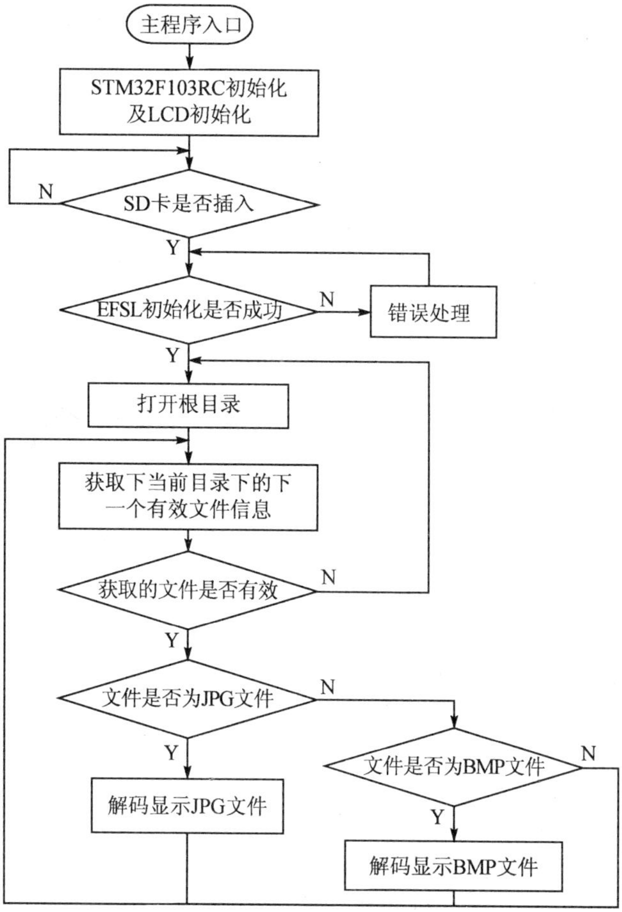

图 12-4　整体功能程序流程图

```
{
    System_Init();              //系统初始化,包含端口\中断\时钟的初始化,但有的驱动程序自身带
                                //有初始化的,不在这里初始,有需要时,在此进行初始化设置
    LCD_Init();                 //LCD 初始化
    TimerDly(200);
……
```

如 12.1.1 小节所述,使用 GPIOA8 端口检测 SD 卡的插入状态。该端口配置为带上拉的输入口,当检测到端口为高电平时,SD 卡没有插入。

```
int main(void)
{
    ……  //初始化
    if(GPIO_ReadInputDataBit(GPIOA,GPIO_Pin_8))             //检测 SD 卡是否插入
```

```
                                                        //如果 SD 卡没有插入则显示信息
    {
        FontSet(0,0xf800);//
        PutString(5,10,"No SD Card!!");
        while(1)
        {
            if(GPIO_ReadInputDataBit(GPIOA,GPIO_Pin_8) == 0)
            {
                TimerDly(200);
                if(GPIO_ReadInputDataBit(GPIOA,GPIO_Pin_8) == 0)
                {
                    ClrScreen(0);                       //如最终检测到 SD 卡插入,则此处清屏
                                                        //并退出死循环,进入下一步
                    break;
                }
            }
        }
    }
    FontSet(0,0xf800);                                  //显示信息
    PutString(5,10,"Simple Graphic View Demo");
    PutString(5,30,"SD Card Inser");
……
```

TimerDly 是一个软件延时程序。

最后是对 EFSL 进行初始化。如果初始化成功,则打开根目录,并在循环中不断查找根目录下的文件信息,若找到 JPG 文件,则调用 JPG 文件解码显示程序进行图像显示;如果找到 BMP 文件,则调用 BMP 文件解码显示程序进行图像显示。根目录下的文件遍历完成,则调用 ls_getNext 函数时会返回一个非零值,此时再重新打开根目录则又可以再次遍历根目录下一文件。

```
int main(void)
{
……//初始化,以及检测 SD 卡的代码
    if(efs_init( &my_efs, 0 )!= 0)                      //初始化 EFSL 的 FAT 文件系统
    {
        //如初始化失败,则显示 EFSL 错误
        FontSet(0,0xff00);
        FontMode(1,LCD_INITIAL_COLOR);
        PutString(0,50,"FAT Status:");
        PutString(90,50,"EFSL Error");
```

```
    Error_os();
}
else
{
    //EFSL 初始化成功,显示 SD 卡以及 FAT 的部分信息
    FontSet(0,0xff00);
    FontMode(1,LCD_INITIAL_COLOR);
    PutString(10,50,"FAT Status:");
    PutString(110,50,"EFSL OK!!!");
    //....
    switch(my_efs.myFs.type)
    {
        case FAT12:
            PutString(10,70,"FAT12 Format");
            break;
        case FAT16:
            PutString(10,70,"FAT16 Format");
            break;
        case FAT32:
            PutString(10,70,"FAT32 Format");
            break;
    }
}
if((ls_openDir(&my_Dlist,&(my_efs.myFs),"/")!= 0))  //打开根目录
{
    PutString(10,90,"Error!!");
    Error_os();
}
Dis_Window_Creat(&Win,0,0,239,319);
  while (1)
  {
    if(ls_getNext(&my_Dlist) == 0)                    //获取当前目录下的文件名
    {
        if((my_Dlist.currentEntry.FileName[8] == 'J')&&
         (my_Dlist.currentEntry.FileName[9] == 'P')    &&
         (my_Dlist.currentEntry.FileName[10] == 'G'))
        {          //如遇上 JPG 文件,则调用 E_GUI_Jpeg 进行文件的解码显示
            FillWindow(0,0,239,319,LCD_INITIAL_COLOR);
            E_GUI_Jpeg(&Win,"/",my_Dlist.currentEntry.FileName);
```

```
                TimerDly(30000);
            }
            else if((my_Dlist.currentEntry.FileName[8] == 'B')&&
             (my_Dlist.currentEntry.FileName[9] == 'M')&&
             (my_Dlist.currentEntry.FileName[10] == 'P'))
            {         //如遇上 BMP 文件,则调用 E_GUI_Jpeg 进行文件的解码显示
                FillWindow(0,0,239,319,LCD_INITIAL_COLOR);
                E_GUI_BMP(&Win,"/",my_Dlist.currentEntry.FileName);
                TimerDly(30000);
            }
        }
        else
        {                         //如获取当前目录下的下一个文件名不成功,则重新打开目录
                                  //使得可以重复的显示该目录下的图像文件
            if((ls_openDir(&my_Dlist,&(my_efs.myFs),"/")!= 0))
            {
                PutString(10,90,"Error!!");
            }
        }
    }
}
```

从程序中可以了解到,本章介绍的简易 SD 卡图像浏览器方案仅对存放于 SD 卡中根目录下的图像文件进行搜索并显示,而且仅能显示 BMP 和 JPG 文件。这里在很多错误处理方面并没有做太全面的功能设计,仅作为功能性的参考。

参考文献

[1] 何立民. MCS－51系列单片机应用系统设计. 北京:北京航空航天大学出版社,1990.

[2] 李朝青. 单片机原理及接口技术. 北京:北京航空航天大学出版社,1994.

[3] 李维諟,郭强. 液晶显示应用技术. 北京:电子工业出版社,2000.

[4] 王永虹,徐炜,郝立平. STM32系列ARM Cortex－M3微控制器原理与实践. 北京:北京航空航天大学出版社,2008.

[5] 赵亮. 单片机C语言编程与实例. 北京:人民邮电出版社,2003.

[6] 李宁. 基于MDK的STM32处理器开发应用. 北京:北京航空航天大学出版社,2008.

[7] David C. Kay. 图像文件格式大全. 北京:学苑出版社,1994.

北京航空航天大学出版社单片机与嵌入式系统图书推荐

（2008年1月后出版图书）

书名	作者	定价	出版日期
嵌入式系统教材			
嵌入式系统原理与应用技术	袁志勇	39.0	2009.11
嵌入式系统接口原理与应用	文全刚	42.0	2009.10
嵌入式实时操作系统 μC/OS -Ⅱ原理及应用(第2版)	任哲	30.0	2009.10
Linux技术与程序设计	余有明	32.0	2009.09
嵌入式系统原理与设计	徐端全	28.0	2009.09
嵌入式系统原理及应用——基于XScale和Windows CE 6.0	杨永杰	26.0	2009.08
嵌入式技术基础	陈长顺	29.0	2009.08
嵌入式系统设计与实践	杨刚	45.0	2009.03
ARM嵌入式程序设计	张喻	28.0	2009.01
ARM嵌入式系统基础教程(第2版)	周立功	39.5	2008.09
嵌入式系统软件设计中的数据结构	周航慈	22.0	2008.08
嵌入式系统中的双核技术	邵贝贝	35.0	2008.08
ARM9嵌入式系统设计基础教程	黄智伟	45.0	2008.08
ARM&Linux嵌入式系统教程(第2版)	马忠梅	34.0	2008.08
ARM、SoC设计、IC设计及其他嵌入式系统综合类			
GNU gcc嵌入式系统开发	董文军	45.0	2010.02
深入浅出ColdFire系列32位嵌入式微处理	谌利	42.0	2009.10
IAR EWARM V5嵌入式系统应用编程与开发	徐爱钧	59.0	2009.10
链接器和加载器	李勇译	28.0	2009.09
ARM Cortex-M3内核微控制器快速入门与应用	刘同法	48.0	2009.08
ARM Cortex-M3权威指南(含光盘)	宋岩译	49.0	2009.07
嵌入式系统设计从入门到精通——基于S3C2410与Linux	覃朝东	38.0	2009.03
嵌入式图形系统设计	怯肇乾	49.0	2009.03
嵌入式软件设计之思想与方法	张邦术	32.0	2009.01
嵌入式微控制器S08AW原理与实践	王威	39.0	2009.01
嵌入式Internet TCP/IP基础、实现及应用(含光盘)	潘琢金译	75.0	2008.10
ARM Linux入门与实践(含光盘)	程昌南	49.5	2008.10
ARM9嵌入式系统开发与实践(含光盘)	王黎明	69.0	2008.10
基于MDK的SAM3处理器开发应用	李宁	62.0	2010.01
基于MDK的STM32处理器开发应用	李宁	56.0	2008.10

书名	作者	定价	出版日期
STM32系列ARM Cortex-M3微控制器原理与实践(含光盘)	王永虹	49.0	2008.08
ARM处理器与C语言开发应用	范书瑞	32.0	2008.08
DSP			
电动机的DSP控制——TI公司DSP应用(第2版)	王晓明	49.0	2009.09
TMS320F240X DSP汇编及C语言多功能控制应用(含光盘)	林容益	65.0	2009.05
TMS320C6000DSP结构原理与硬件设计	于凤芹	48.0	2008.09
TMS320C55x DSP应用系统设计	赵洪亮	36.0	2008.08
TMS320X281xDSP应用系统设计(含光盘)	苏奎峰	42.0	2008.05
TMS320C672x系列DSP原理与应用	刘伟	42.0	2008.06
TMS320X281x DSP原理及C程序开发(含光盘)	苏奎峰	48.0	2008.02
单片机			
教材与教辅			
单片机原理与应用实例仿真(含光盘)	李泉溪	39.0	2009.08
单片机原理与应用	靳孝峰	39.0	2009.05
单片机应用系统设计(含光盘)	冯先成	35.0	2009.01
单片机快速入门(含光盘)	徐玮	36.0	2008.05
单片机项目教程(含光盘)	周坚	28.0	2008.05
51单片机基础教程	宁凡	24.0	2008.03
单片机应用设计培训教程——理论篇	张迎新	29.0	2008.01
单片机应用设计培训教程——实践篇	夏继强	22.0	2008.01
51系列单片机其他图书			
增强型8051单片机实用开发技术	陈桂友	38.0	2009.12
51单片机自学笔记(含光盘)	范红刚	47.0	2010.01
单片机接口模块应用与开发实例详解(含光盘)	薛小铃	49.0	2010.01
基于PROTEUS的电路及单片机设计与仿真(第2版)	周润景	44.0	2010.01
单片机及应用系统设计原理与实践	刘海成	59.0	2009.08
大学生创新竞赛实战—凌阳16位单片机应用	陈言俊	36.0	2009.08
单片机外围接口电路与工程实践	刘同法	79.0	2009.03
单片机C语言编程基础与实践	刘同法	32.0	2009.02
感悟设计:电子设计的经验与哲理	王玮	32.0	2009.05
51单片机工程应用实例(含光盘)	唐继贤	39.0	2009.01
匠人手记:一个单片机工作者的实践与思考	张俊	39.0	2008.04

书　　名	作　者	定价	出版日期
从 0 开始教你用单片机	**赵星寒**	**22.0**	**2009.01**
从 0 开始教你学单片机	赵星寒	25.0	2008.01

PIC 单片机

dsPIC 数字信号控制器入门与实战——入门篇(含光盘)	**石朝林**	**49.0**	**2009.08**
PIC 单片机轻松入门(含光盘)	**周　坚**	**29.0**	**2009.07**
电动机的 DSC 控制——微芯公司 dsPIC DSC 控制(含光盘)	**王晓明**	**56.0**	**2009.07**
PIC 单片机 C 程序设计与实践	后闲哲也	39.0	2008.07

其他公司单片机

ATmaga128 单片机入门与提高(含光盘)	**沈建良**	**65.0**	**2009.07**
Freescale 08 系列单片机开发与应用实例(含光盘)	**何此昂**	**39.0**	**2009.01**
MSP430 系列 16 位超低功耗单片机原理与实践(含光盘)	沈建华	48.0	2008.07
HT48Rxx I/O 型 MCU 在家庭防盗系统中的应用	吴孔松	32.0	2008.06
HT46xx AD 型 MCU 在厨房小家电中的应用	杨　斌	35.0	2008.06
HT46xx 单片机原理与实践(含光盘)	钟启仁	55.0	2008.09
AVR 单片机入门与实践	李　泓	38.0	2008.04
AVR 单片机原理及测控工程应用——基于 ATmega 48/ATmega 16	刘海成	39.0	2008.03

总线技术

CAN 总线技术	**杨春杰**	**28.0**	**2010.02**
圈圈教你玩 USB(含光盘)	**刘　荣**	**39.0**	**2009.01**
ET44 系列 USB 单片机控制与实践	董胜源	39.0	2008.09

书　　名	作　者	定价	出版日期

其　他

触摸感应技术及其应用——基于 Capsense	**翁小平**	**25.0**	**2010.01**
我和 LabVIEW——一个 NI 工程师的十年编程经验	**阮奇桢**	**45.0**	**2009.09**
nRF 无线 SOC 单片机原理与高级应用	**谭　晖**	**55.0**	**2009.09**
模拟电子技术	**靳孝峰**	**39.0**	**2009.08**
现代通信电源技术及应用	**徐小涛**	**39.0**	**2009.07**
数字逻辑原理与 FPGA 设计	**刘昌华**	**39.0**	**2009.08**
C 语言程序设计(计算机二级教程)	**马　俊**	**38.0**	**2009.09**
电子系统设计——专题篇	**黄　虎**	**38.0**	**2009.02**
短距离无线通信详解——基于 CYWM6935 芯片	**喻金钱**	**32.0**	**2009.01**
FPGA/CPLD 应用设计 200 例(上、下)	**张洪润**	**92.0**	**2009.01**
Verilog 嵌入式数字系统设计教程	**夏宇闻译**	**59.0**	**2009.07**
Verilog HDL 入门(第 3 版)	夏宇闻译	39.0	2008.10
SystemC 入门(第 2 版)(含光盘)	夏宇闻译	36.0	2008.10
Verilog 数字系统设计教程(第 2 版)	夏宇闻	40.0	2008.06
Altium Designer 快速入门	徐向民	45.0	2008.11
Protel DXP 2004 电路设计与仿真教程	李秀霞	33.0	2008.03
无线单片机技术丛书——CC1110/CC2510 无线单片机和无线自组织网络入门与实战	李文仲	29.0	2008.04
无线单片机技术丛书——ARM 微控制器与嵌入式无线网络实战	李文仲	55.0	2008.05

注：表中加底纹者为 2009 年后出版的图书。

以上图书可在各地书店选购，或直接向北航出版社书店邮购(另加 3 元挂号费)邮购电话：010－82316936

地址：北京市海淀区学院路 37 号北航出版社书店 5 分箱　邮购部收　邮编：100083　邮购 Email：bhcbssd@126.com

投稿联系电话：010－82317035、82317022　传真：010－82317022　投稿 Email：emsbook@gmail.com